中央本级重大增减支项目「名贵中药资源可持续利用能力建设」（2060302）资助
国家重点研发计划项目「中药材生态种植技术研究及应用」（SQ2017YFC170295）资助

丽水市特色中药材生态种植模式

陈发军　陈军华　主编

中国农业科学技术出版社

图书在版编目(CIP)数据

丽水市特色中药材生态种植模式／陈发军,陈军华主编. —北京：中国农业科学技术出版社， 2017.12

ISBN 978-7-5116-3199-2

Ⅰ.①丽… Ⅱ.①陈…②陈… Ⅲ.①药用植物-栽培技术

Ⅳ.①S567

中国版本图书馆 CIP 数据核字(2017)第 181668 号

责任编辑	闫庆健
文字加工	李功伟
责任校对	马广洋
出 版 者	中国农业科学技术出版社
	北京市中关村南大街 12 号　邮编:100081
电　　话	(010)82106632(编辑部)　　(010)82109702(发行部)
	(010)82109709(读者服务部)
传　　真	(010)82106625
网　　址	http://www.castp.cn
经 销 者	各地新华书店
印 刷 者	北京建宏印刷有限公司
开　　本	889mm×1194mm　1/16
印　　张	12.75　**彩插** 10 面
字　　数	304 千字
版　　次	2017 年 12 月第 1 版　2018 年 1 月第 2 次印刷
定　　价	45.00 元

《丽水市特色中药材生态种植模式》

编 委 会

主　编　　陈发军　　陈军华

副主编　　齐　川　　吴剑锋　　张春椿　　朱静坚

编　委　　(以姓氏笔画为序)

王银燕　　余　杨　　严晓芸　　吴庆燕

陈志航　　张善华　　孟月志　　邱桂凤

林　燕　　练美林　　姜娟萍　　韩扬云

序

　　浙江省丽水市古称处州，位于长江三角洲和闽江三角洲交汇处。境内有浙江九龙山、浙江凤阳山——百山祖两处国家级自然保护区和景宁望东垟高山湿地省级自然保护区，是瓯江、钱塘钱、闽江、飞云江等六江之源。此地生态环境优越，位居全国前列，有"浙江绿谷"之称。境内中药材资源丰富，蕴藏量大，已发现中药材资源 2 478 种，在全国 363 种中草药中，丽水分布有 251 种，占 69.1%。珍稀名贵药用植物有近百种，被誉为浙西南的"天然药园"和"华东药用植物宝库"。此山区地形复杂，地势高低悬殊，气候垂直差异明显，为中药材生产提供了良好的自然地理条件，在北魏景明年间（502-519）就已开始中药材人工种植。

　　中共丽水市委、市政府坚持"绿水青山就是金山银山"战略，大力促进农旅融合产业，提出以"食养""药养""水养""体养"和"文养"为载体，全力打造"秀山丽水、养生福地、长寿之乡"品牌，大力扶持中药材规模化生产、中药材资源保护利用和现代中药科技产业园区建设。自 2010 年将中药材产业列为九大农业主导产业以来，保持快速健康发展势头，社会高度关注。2016 年全市中药材种植面积达到 25.77 万亩，产量 2.40 万吨，产值 7.49 亿元。

　　丽水市中药材产业紧随我国南方中药材的发展而发展，在结合自身地理生态条件的发展过程中，形成了地方中药材生产特色。有三叶青、浙贝母、元胡、薏苡仁、厚朴、食凉茶、黄精、莲子、覆盆子等品种。种植过程中总结了一套生态种植模式，提高土地利用率和产出效益，降低中药材连作障碍影响。本书共收集生态中药材种植 29 个模式，分别阐述模式概况、特点与原理、推广应用史与应用效果、关键生产技术等，并编制了模式简表。这些资料、数据来自丽水中药材科研和生产实践，技术实用性强，对丽水中药材生产发展有指导意义。

　　在本书出版之际，谨以此序向全国读者推荐并祝中药材生产健康发展。

博士、研究员

中国中医科学院中药资源中心副主任

2017 年 12 月 20 日

前　言

丽水市地处浙西南山区，辖莲都、龙泉、青田、缙云、云和、庆元、遂昌、松阳、景宁九个县（市、区），总人口262万人，总面积1.73万平方千米，占浙江陆地面积的1/6，九山半水半分田。生态环境优越，有"秀山丽水、养生福地、长寿之乡"的美誉。境内地形复杂多变，地势高低悬殊，气候垂直差异明显，为中药材生产提供了良好的自然地理条件。

丽水中药材资源丰富，蕴藏量大，已发现中药材资源2 478种，全国363种中草药主要品种中，丽水分布有251种，占69.1%，珍稀名贵药用植物近百种，被誉为浙西南的"天然药园"。中药材种植历史悠久，在北魏景明年间（公元502—519年），莲都已种植处州白莲，丽水也是畲族的主要聚居地，畲族人民积累了具有民族特色的畲族医药。

丽水中药材产业发展迅速，所产药材品质良好，在国内外有知名度，2016年全市中药材种植面积达到25.77万亩，总产量2.40万吨，总产值7.49亿元。人工栽培的中药材品种共有61个，其中木本中药材11个，菌药3个，草本中药材47个。主要以丽水特色道地中药材品种为重点，有三叶青、浙贝母、元胡、薏苡仁、厚朴、食凉茶、黄精、莲子、覆盆子等。遂昌、缙云分别被省中药材产业协会评为"浙江中药材产业基地"和"浙江米仁产业基地"。且缙云米仁成功获得"国家地理标志保护产品"称号，处州白莲、遂昌菊米获国家地理标志注册商标，本润覆盆子获国家原生态农产品基地，龙泉唯珍堂铁皮石斛生态博览园、缙云西红花养生园获"浙江省中医药文化养生旅游示范基地"称号。

药材种植户为了提高土地利用率和产出效益，克服中药材连作带来的不利影响，充分发挥智慧，总结了一些中药材生态种植模式，经广大一线科技人员调查、试验、熟化、示范，进一步收集整理，形成《丽水市特色中药材生态种植模式》一书，共收集生态中药材种植模式29个。分别阐述模式概况、特点与原理、推广应用史与应用效果、关键生产技术等，大量资料和数据来自丽水中药材的科研、推广与生产实践，内容丰富翔实，技术可操作性强，可供广大中药材工作者和农民朋友参考和借鉴。

本书由丽水市科技局生产力促进中心、丽水市中药材产业发展中心组织科技人员，通过实地调研、座谈讨论等形式，编撰而成，其中"林下三叶青袋式仿野生栽培、铁皮石斛附生梨树仿野生栽培、锥栗林下套种多花黄精、浙贝母–甜玉米轮作、米仁–油菜轮作、青钱柳套种旱稻、西红花–单季稻轮作、浙贝母–单季水稻水旱轮作"等 8 个生态种植模式技术，作为"丽水山区特色中药资源生态种植模式收集整理"课题，列入中国中医科学院黄璐琦院士主持的"名贵中药资源可持续利用能力建设项目"子课题，在编撰过程中，得到了中国中医科学院、浙江省农技推广中心、浙江省种植业管理局等单位的大力支持，在此表示诚挚谢意。

由于作者水平有限，书中难免有不妥之处，敬请读者批评指正。

编者

2017 年 12 月

目 录

附录(一) 丽水市中药材栽培模式表

附录(二) 丽水市中药材面积、产量、产值表

三叶青（*Tetrastigma hemsleyanum*）是珍贵的林下药材，为葡萄科崖爬藤属多年生常绿草质蔓生藤本植物。异名：石猴子、石抱子、三叶扁藤、丝线吊金钟、金丝吊葫芦、金线吊葫芦、金线吊马铃薯、拦山虎、雷胆子、破石珠、土经丸、三叶对、小扁藤、阴灵子等。三叶青喜凉爽气候，多生于海拔300~1 000米山谷、灌丛、林间等阴凉的环境中，荫庇度在40%~50%，年均温度在16~22℃；雨季时，忌积水；夏季高温时，忌强光暴晒；冬季忌霜冻；喜疏松肥沃富含腐殖质的沙质壤土。

三叶青一般长度为3.0~6.0米。小枝纤细，有纵棱纹，块根呈纺锤形、椭圆形、卵圆形、葫芦形或不规则块状，单个或数个相连呈串珠状，长1.5~5.0厘米，直径0.2~2.5厘米。表面呈棕褐色至红褐色，有的皱缩有须根断琅点迹、瘤状突起或凹陷，有的表面较光滑。作为名贵中药，为我国特有的一种民间药用植物，以块根或全入药，性凉，味微苦辛，含多糖、皂苷和氨基酸等具有提高免疫力机能的功效；含有黄酮类、甾体类化合物，具有抑制肿瘤细胞生长的作用，是无法替代的"植物抗生素"。主要分布于福建、浙江、广西壮族自治区（以下简称广西）、湖南等10多个长江以南的省份。

截至2016年，丽水市三叶青种植面积达到1 948亩（1亩≈667平方米，15亩=1公顷，全书同），比2015年增加872亩，种植势头强劲，种植广度大，丽水市九县（市、区）基本全部有种植三叶青，一方面原因是近年来三叶青需求量大，市场价格坚挺，另一方面，丽水市三叶青种植技术较为成熟，产量有保证，其中遂昌、莲都、庆元种植面积较大，下一步，丽水市将继续推广三叶青高效种植模式及相关种植技术，切实为山区农民增加收入。

第一节　毛竹林下三叶青袋式仿野生栽培模式

一、模式概述

竹林林下套种三叶青是一种复合经营模式，对减少水土流失、除草剂等化学药剂的使用、增强森林生态稳定性与抗逆性具有重要意义；也是发展生态农业、绿色无公害的中药材产品、提高林业综合效率、增加农民收入的有效途径。林下套种三叶青等名贵中药材是提高林地使用效率，增加林产品供给的有效措施。

目前野生三叶青资源正面临枯竭甚至灭绝的窘境，丽水市农业科学院自2006年开始收集野生三叶青资源开展人工育苗繁殖技术，并在竹林等林下探索人工仿野生栽培模式。三叶青喜凉爽气候，适温在25℃左右山林地生长，采用毛竹林无纺布袋式栽培，充分借助毛竹林下优越的自然生态环境及天然"遮阴"条件，且三叶青块根全部生长在栽培袋内，大大降低了采收难度，提高了综合效益。增加农民收入的有效途径。2009年开始莲都、遂昌、龙泉等地相继开展了毛竹林下三叶青袋式仿野生栽培模式，目前丽水市三叶青人工种植面积1 200亩，其中毛竹林下袋式仿野生栽培面积500余亩。该生态模式能够既能充分利用丽水市林下丰富、优越的自然生境，对减少水流失、除草剂等化学药剂的使用、增强森林生态稳定性抗逆性具有重要意义；也是发展生态农业、绿色无公害中药材产品、提高林业综合效率、增加农民收入的有效途径。据测算，三叶青种植3~4年后成熟开挖，预计每袋可收三叶青块根（鲜药）0.1~0.15千克，按照目前400元左右每千克的鲜药，袋均产值可达40~60元，袋均可创利润30~40元，亩产值可达2万余元。

二、生产技术

（一）三叶青栽培模式

1. 产地选择

宜选择生态条件良好，海拔在200~800米、年均温在-5~38℃的高畦、利于排水的熟化梯田，禁选低洼排水不良、连片、雨季易积水的平原区域水田或刚开垦的山地；水源清洁，要求周围5千米内无"三废"污染等其他污染源，并距离交通主干道200米以外的生产区域，不应在非适应区种植。土壤环境应符合GB15618规定的二级标准；灌溉水质应符合GB5084规定的旱作农田灌溉水质量标准；环境空气应符合GB3095规定的二级标准。

2. 种苗生产

三叶青繁殖以野生浙江三叶青扦插繁殖为主，也有以块根繁殖。扦插繁殖可在3—6月、8—9月进行，插穗保留3~5个芽，15~20厘米长，健壮植株每年可发藤5~10条，每条50~100厘米，由此推算，一株健壮植株一年可繁殖苗20株左右，繁殖系数大。扦插繁殖基质可以用①黄心土；②黄心土:腐殖土（泥炭）=1:1。

（1）插穗选取及处理。在母本株上选择生长健壮的2年生枝条，修剪成2~3节的插穗，上部留1叶，扦插前用生长激素IBA500毫克/升+甲基托布津（70%粉剂）500倍液整段浸1分钟处理，于2月上旬至6月下旬或10月中旬至12月下旬扦插。

（2）基质及方法。以70%细泥土+20%泥炭+5%珍珠岩+3%缓释肥+2%草木灰作扦插基质，用50孔穴盘扦插。

（3）练苗。扦插2~3个月后，适当延长通风和提高光照，以提高种苗适应外部环境的能力。

（4）出圃。生长健壮、无病虫害，根系发达，根3条以上，叶3张以上，叶片嫩绿或翠绿即可出圃。

3. 整地做畦

施腐熟栏肥或专用有机肥250~400千克、磷肥50千克、草木灰50千克或三元复合肥（N:P:K=12:18:21）50千克，整成耕深25厘米，耙细整平。做龟背形畦，宽50~60厘米、高25~35厘米。每垄种一行，也可考虑地面黑膜覆盖。以方便日常管理和投产后地下块根的采挖。畦之间开排水沟，使沟沟相通，排水良好。

4. 栽植

在每年的春季及初夏雨水多时，一般在3月底至5月初，此时日均气温已上升到10℃以上，地表土壤温度上升，土壤10厘米左右无冰冻，可以有效防止低温冻害对三叶青幼苗的伤害，提高三叶青栽植的成活率。根据林地情况，坡度较小的地方，可全垦整地，挖畦种植，留出排水沟。坡度较大的地方，带状整地单行种植或者直接挖种植穴栽植。注意浇透定根水。

要求随起苗随栽，栽植时苗木要扶正压实、根系舒展。株间距 20~30 厘米，株行距 30~50 厘米。在种植穴中混合一份泥炭（腐殖土）:有机肥=8:1 的基质。栽植后保持遮阴通风，土壤湿润。

5. 袋式栽培

毛竹林开好条状水平带，一般每亩放置 1 500~2 000 袋。无纺布袋直径 30 厘米，高 30 厘米，每袋种植三株，基质按腐熟栏肥三份、竹林土六份、草木灰一份配置。袋式栽培利于采挖。

6. 管理

（1）除草。三叶青定植后需定期进行人工除草松土，为三叶青幼苗提供一个疏松、通风的生长环境。每年中耕除草 3~4 次，幼龄期每年 5—11 月人工除草 2~3 次。1 年后每年人工除草 1 次，中耕培土和除草以不伤根、不压苗为原则。林地杂草应及时清除，要做到有草必除，最好采用手工拔除，切勿用锄头，以免伤到三叶青根系，影响块根的产量。

（2）查苗补苗。定植 1 个月后，要对苗进行一次检查，发现枯苗、缺苗，应在每年种植季节及时补苗，以保证全苗。

7. 水肥管理

采用蓄水池进行灌溉，多雨季节及时排水，控制基质湿度在 15%~30%。施肥采用有机肥，每年追肥 2 次，第一次在 2—3 月植株抽芽前，第二次在 11—12 月块根膨大期，每亩用三元复合肥（N:P:K=12:18:21）15 千克，用水溶解后灌根。

8. 施肥培土

种植三叶青前可用草木灰作为基底肥，施用量为 22.5~30.0 吨/公顷。草木灰富含钾、磷、钙、镁等营养元素，能有效促进三叶青插穗腋芽生长，同时具有防治三叶青落叶、抑制病虫害、广谱杀菌作用。为了保证质量（药效），禁用化肥。三叶青以块根入药，因此在整个生长过程中要防止其根系外露和烂根，要注意适时培土，以免影响三叶青的产量。

9. 控制光照

在春末、夏季、秋初应酌情遮挡 60%~80% 的太阳光，秋后及冬季和初春时节仅需遮挡 30%~40% 的阳光。在林间空隙大的地方可以搭建荫棚，此处新生长的竹子可以保留。

10. 病虫害防治

三叶青从野生转为人工栽培，抗病虫害能力较强，目前尚未发现危害较重的病虫害。但如果在夏季雨水多时，没有做到及时排水，造成大量积水，可能引发叶青根腐病、霉菌病和叶斑病以及出现蛴螬的虫害。坚持贯彻保护环境、维持生态平衡的环保方针及预防为主、综合防治的原则，采取农业防治、生物防治和化学防治相结合，做好三叶青病虫害的预防预报工作，提高防治效果，将病虫害危害造成的损失降低到最小。

（1）根腐病。根腐病主要是由木贼镰孢病原引起，表现症状为三叶青植株根部发黑腐烂，导致整株死亡。

防治根腐病措施：发病初期可以使用 50% 甲基托布津可溶性粉剂 800~1 000 倍液喷洒。

（2）霉菌病。在潮湿的环境中，由于三叶青生长过于旺盛或者种植密度过大，容易造成三叶青间不通风，叶片下表面容易出现白色菌丝团，严重时导致三叶青成片死亡。

防治霉菌病措施：发病初期及时剪除病叶，并用 50% 多菌灵可溶性粉剂 600~1 000 倍液喷洒叶片，连续喷洒 3 次。

（3）叶斑病。初期三叶青叶片表面产生圆形或不规则深褐色病斑，病斑不断扩大严重时导致全株叶片枯死。

防治叶斑病措施：用 65% 代森锌 500~600 倍液或 1:1:150 波尔多液防治。

（4）茎腐病。防治措施采用 30% 恶霉灵灌根 2 000~3 000 倍，6~7 天/次，连续 3 次；

（5）蛴螬。一是采用稀释 300~500 倍的竹醋液防病避虫。采用信息素等诱杀害虫，使用生物农药、天敌等防治病害虫。二是采用 0.4% 氯虫苯甲酰胺每亩 2~3 克，定植时撒施。

11. 采收

三叶青在种植 3 年以后，植株颜色呈褐色时，表明三叶青已经进入成熟期，可以在秋后或者初冬进行采收。勿过早或过晚采收。过早采收块根不壮实，产量较低；过晚采收受霜冻影响质量低。采收前浇洒少量水，保证土壤疏松，挖取块根，除去泥土，洗净，可切片鲜用，也可烘干。藤蔓可用于育苗。

（二）毛竹林下栽培三叶青关键技术

毛竹林林下套种三叶青是一种复合经营模式，既能充分利用丽水市林下丰富、优越的自然生境，对减少水流失、除草剂等化学药剂的使用、增强森林生态稳定性抗逆性具有重要意义；也是发展生态农业、绿色无公害中药材产品、提高林业综合效率、增加农民收入的有效途径。

1. 毛竹林选择

选择郁闭度在 0.6~0.8 的生态公益林或用材竹林，土层厚度 >30 厘米，含腐殖质丰富的偏酸性土壤，坡度 <30°。根据竹林密度，如果密度过大，进行过成熟竹材砍伐，三叶青采收期间基本不进行竹材砍伐，以免损伤林下种植苗，其次清理杂草、杂灌，并在毛竹林下空地开挖种植沟。林地选择是种植的关键环节。三叶青林地选择尤为苛刻，尤其喜欢时隐时现的阳光，湿润的气候，有极强的地域选择性。宜选土质疏松、肥沃、呈微酸性及排水良好的背阳的林地。在已抚育间伐后的中龄林或近熟林，林分郁闭度 0.6 左右的林下种植最佳。林地选定后，将杂草除尽，15 天后用除草剂除草，待恶性杂草枯萎后在树蔸周围深翻地 30 厘米左右，打碎土块，耙平并拣出树根、草根、石块等杂物，并做畦，畦高 20~25 厘米，畦宽 60~80 厘米，树蔸四周各做 1 个畦。

2. 整地

根据竹林密度，如果密度过大，进行过成熟竹材砍伐，三叶青采收期间基本不进行竹材砍伐，以免损伤林下种植苗。如果密度过小，前期搭建遮阳网，注意留笋养竹。其次清理杂草、杂灌。

3. 林地管理

（1）除草松土。三叶青定植后需定期进行人工除草松土，为三叶青幼苗提供一个疏松、通风的生长环境。每年中耕除草 4 次，中耕培土和除草以不伤根、不压苗为原则。林地杂草应及时清除，要做到有草必除，最好采用手工拔除，切勿用锄头，以免伤到三叶青根系，影响块根的产量。

（2）施肥培土。种植三叶青前可用草木灰作为基底肥，施用量为 22.5~30.0 吨/公顷草木灰富含钾、磷、钙、镁等营养元素，能有效促进三叶青插穗腋芽生长，同时具有防治三叶青落叶、抑制病虫害、广谱杀菌作用。为了保证质量（药效），禁用化肥。三叶青以块根入药，因此在整个生长过程中要防止其根系外露和烂根，要注意适时培土，以免影响三叶青的产量。

（3）控制光照。三叶青喜荫凉环境，长时间的太阳光直射，三叶青不能存活。在春末、夏季、秋初应酌情遮挡 70% 左右的太阳光，秋后及冬季和初春时节则需稍高的光照度。

第二节　果园下三叶青袋式仿野生栽培模式

一、模式概述

由于在野生条件下，三叶青对生长环境条件要求相对苛刻，人工仿野生栽培一般采用塑料大棚和普通荫棚栽培模式。在对三叶青仿野生栽培模式和野生三叶青生长环境的调查研究过程中发现，遮阴是三叶青栽培成功的关键。遂昌县有水干果园面积5733.3公顷，其中红提120公顷，猕猴桃逾93.3公顷，柑橘逾400公顷，利用果园的自然遮阴条件，在果园下种植三叶青，发展果药套种模式。

2014年12月下旬，对园下袋式和常规种植的三叶青进行实地查看，发现袋式种植的三叶青的结块根情况比大田和直接种植在地里的三叶青明显块根要多，种植6~7个月的三叶青每袋在20~30颗，种植3~4年后产量每袋（2株苗）可在100~200克，按照放置3.00万~3.75万袋/公顷计算，园下袋式种植三叶青的模式可以收获鲜品2 250~3 750千克/公顷，产值可以达到90~150万元/公顷，经济效益十分显著。

二、生产技术

（一）三叶青栽培模式

1. 产地选择

宜选择生态条件良好，海拔在200~800米、年均温在-5℃~38℃的高畦、利于排水的熟化梯田，禁选低洼排水不良、连片、雨季易积水的平原区域水田或刚开垦的山地；水源清洁，要求周围5千米内无"三废"污染等其他污染源，并距离交通主干道200米以外的生产区域，不应在非适应区种植。土壤环境应符合GB15618规定的二级标准；灌溉水质应符合GB5084规定的旱作农田灌溉水质量标准；环境空气应符合GB3095规定的二级标准。

2. 种苗生产

三叶青繁殖以野生浙江三叶青扦插繁殖为主，也有以块根繁殖。扦插繁殖可在3—6月、8—9月进行，插穗保留3~5个芽，15~20厘米长，健壮植株每年可发藤5~10条，每条50~100厘米，由此推算，一株健壮植株一年可繁殖苗20株左右，繁殖系数大。扦插繁殖基质可以是黄心土；也可以是黄心土:腐殖土（泥炭）=1:1。

（1）插穗选取及处理。在母本株上选择生长健壮的2年生枝条，修剪成2~3节的插穗，上部留一叶，扦插前用生长激素IBA500毫克/升+甲基托布津（70%粉剂）500倍液整段浸1分钟处理，于2月上旬至6月下旬或10月中旬至12月下旬扦插。

（2）基质及方法。以70%细泥土+20%泥炭+5%珍珠岩+3%缓释肥+2%草木灰作扦插基质，用50孔穴盘扦插。

（3）练苗。扦插2~3个月后，适当延长通风和提高光照，以提高种苗适应外部环境的能力。

（4）出圃。生长健壮、无病虫害，根系发达，根3条以上，叶3张以上，叶片嫩绿或翠绿即可出圃。

3. 整地做畦

施腐熟栏肥或专用有机肥250~400千克、磷肥50千克、草木灰50千克或三元复合肥（N:P:K=12:18:21）50千克，整成耕深25厘米，耙细整平。做龟背形畦，宽50~60厘米、高

25~35 厘米。每垄种一行，也可考虑地面黑膜覆盖。以方便日常管理和投产后地下块根的采挖。畦之间开排水沟，使沟沟相通，排水良好。

4. 栽植

在每年的春季及初夏雨水多时，一般在 3 月底至 5 月初，此时日均气温已上升到 10℃以上，地表土壤温度上升，土壤 10 厘米左右无冰冻，可以有效防止低温冻害对三叶青幼苗的伤害，提高三叶青栽植的成活率。根据林地情况，坡度较小的地方，可全垦整地，挖畦种植，留出排水沟。坡度较大的地方，带状整地单行种植或者直接挖种植穴栽植。注意浇透定根水。要求随起苗随栽，栽植时苗木要扶正压实、根系舒展。株间距 20~30 厘米，株行距 30~50 厘米。在种植穴中混合一份泥炭（腐殖土）:有机肥=8:1 的基质。栽植后保持遮阴通风，土壤湿润。

5. 袋式栽培

一般每亩放置 2 000~2 500 袋。无纺布袋直径 30 厘米，高 30 厘米，每袋种植三株，基质按腐熟栏肥三份、园土六份、草木灰一份配置。

6. 管理

（1）除草。三叶青定植后需定期进行人工除草松土，为三叶青幼苗提供一个疏松、通风的生长环境。每年中耕除草 3~4 次，幼龄期每年 5—11 月人工除草 2~3 次。1 年后每年人工除草 1 次，中耕培土和除草以不伤根、不压苗为原则。林地杂草应及时清除，要做到有草必除，最好采用手工拔除，切勿用锄头，以免伤到三叶青根系，影响块根的产量。

（2）查苗补苗。定植 1 个月后，要对苗进行一次检查，发现枯苗、缺苗，应在每年种植季节及时补苗，以保证全苗。

7. 水肥管理

采用蓄水池进行灌溉，多雨季节及时排水，控制基质湿度在 15%~30%。施肥采用有机肥，每年追肥 2 次，第一次在 2—3 月植株抽芽前，第二次在 11—12 月块根膨大期，每亩用三元复合肥（N:P:K=12:18:21）15 千克，用水溶解后灌根。

8. 施肥培土

种植三叶青前可用草木灰作为基底肥，施用量为 1.5~2 吨/亩。草木灰富含钾、磷、钙、镁等营养元素，能有效促进三叶青插穗腋芽生长，同时具有防治三叶青落叶、抑制病虫害、广谱杀菌作用。为了保证质量（药效），禁用化肥。三叶青以块根入药，因此在整个生长过程中要防止其根系外露和烂根，要注意适时培土，以免影响三叶青的产量。

9. 控制光照

在春末、夏季、秋初应酌情遮挡 60%~80% 的太阳光，秋后及冬季和初春时节仅需遮挡 30%~40% 的阳光。在林间空隙大的地方可以搭建荫棚，此处新生长的竹子可以保留。

10. 病虫害防治

三叶青从野生转为人工栽培，抗病虫害能力较强，目前尚未发现危害较重的病虫害。但如果在夏季雨水多时，没有做到及时排水，造成田内大量积水，可能引发叶青根腐病、霉菌病和叶斑病以及出现蛴螬的虫害。坚持贯彻保护环境、维持生态平衡的环保方针及预防为主、综合防治的原则，采取农业防治、生物防治和化学防治相结合，做好三叶青病虫害的预防预报工作，提高防治效果，将病虫害危害造成的损失降低到最小。

（1）根腐病。根腐病主要是由木贼镰孢病原引起，表现症状为三叶青植株根部发黑腐烂，导致整株死亡。

防治根腐病措施：发病初期可以使用 50% 甲基托布津可溶性粉剂 800~1 000 倍液喷洒。

（2）霉菌病。在潮湿的环境中，由于三叶青生长过于旺盛或者种植密度过大，容易造成三叶青间不通风，叶片下表面容易出现白色菌丝团，严重时导致三叶青成片死亡。

防治霉菌病措施：发病初期及时剪除病叶，并用50%多菌灵可溶性粉剂600~1 000倍液喷洒叶片，连续喷洒3次。

（3）叶斑病。初期三叶青叶片表面产生圆形或不规则深褐色病斑，病斑不断扩大严重时导致全株叶片枯死。

防治叶斑病措施：用65%代森锌500~600倍液或1:1:150波尔多液防治。

（4）茎腐病。防治措施采用30%恶霉灵灌根2 000~3 000倍，6~7天/次，连续3次。

（5）蛴螬。① 采用稀释300~500倍的竹醋液防病避虫。采用信息素等诱杀害虫，使用生物农药、天敌等防治病害虫。② 采用0.4%氯虫苯甲酰胺每亩2~3克，定植时撒施。

11. 采收

三叶青在种植3年以后，植株颜色呈褐色时，表明三叶青已经进入成熟期，可以在秋后或者初冬进行采收。勿过早或过晚采收。过早采收块根不壮实，产量较低；过晚采收受霜冻影响质量低。采收前浇洒少量水，保证土壤疏松，挖取块根，除去泥土，洗净，可切片鲜用，也可烘干。藤蔓可用于育苗。

（二）果园套种三叶青技术要点

1. 果园选择

一般选择在海拔800米以下的无水土污染、交通方便、靠近水源、灌溉方便、土层深厚、肥沃、疏松、富含有机质、保水保肥性良好、土壤酸碱度适中的壤土、砂壤土果园或吊瓜园下种植。要求大气环境符合《大气环境质量标准（GB3095—1996）》二级标准；土壤环境符合《土壤环境质量标准（GB15618—1995）》二级标准；灌溉水符合《农田灌溉水质标准（GB5084—1992）》。利用果园的自然遮荫条件和某些藤本植物藤枝叶的遮荫，果园或吊瓜园的遮阴密度既不能太密也不能太稀疏，以能遮挡60%~70%的阳光为宜，以时有时无、若隐若现的阳光照射为佳，也可以是常绿果园如胡柚、椪柑的园下空闲地。要求土层深厚、富含有机质的肥沃地，近水源，不积水，交通便利，同时果园以坐北朝南为最佳，一般不选择夏天有太阳西晒的园地种植。

2. 栽培要点

（1）施肥培土。种植三叶青前可用草木灰作为基底肥，施用量为1.5~2吨/亩。草木灰富含钾、磷、钙、镁等营养元素，能有效促进三叶青插穗腋芽生长，同时具有防治三叶青落叶、抑制病虫害、广谱杀菌作用。为了保证质量（药效），禁用化肥。三叶青以块根入药，因此在整个生长过程中要防止其根系外露和烂根，要注意适时培土，以免影响三叶青的产量。

（2）果园管理。俗话说"三分种七分管"。种植后要根据天气情况，保持土壤的湿润，以确保种植的成活率。一般情况下，视天气情况每隔2~3天浇水1次，种植10~15天成活后可结合浇水加一些复合肥的稀释液，促进三叶青苗生长健壮。勤除草，尽量在10月前使苗健壮、茂盛。当苗长超过30~40厘米时，要及时打顶修剪。成活后的的水分管理以偏干为宜，有条件的地方，在11月后可通过减少树体的遮阴增加光照，促进地下部分的生长。在冬天结冰前要对种植袋用稀疏的树枝或稻草进行覆盖保暖，以防治三叶青受冻。不管是在何种园下套种，都要以满足三叶青的遮阴条件来进行整枝修剪。否则遮阴度太高，三叶青没有产量，遮阴度太稀则三叶青会因光照太强而死亡。三叶青定植后需定期进行人工除草松土，为三叶青幼苗提供一个疏松、通风的生长环境。每年中耕除草4次，中耕培土和除草以不伤根、不压苗为原则。林地杂草应及时清除，要做到有草必除，最好采用手工拔除，切勿用锄头，以免伤到三叶青根系，影响块根的产量。

（3）种植密度问题。种植袋摆放的密度以不影响田间操作为原则。一般放 3 万袋/公顷为佳，以利用土地资源，提高产量，增加效益（图 1-1、图 1-2、图 1-3、图 1-4）。

图 1-1　毛竹林下套种三叶青种植模式

图 1-2　毛竹林下套种三叶青种植模式

图 1-3　橘园套种三叶青

图 1-4　葡萄套种三叶青

铁皮石斛，学名：*Dendrobium officinale Kimura et Migo*，为兰科石斛兰属多年生草本植物，喜在温暖、潮湿、半阴半阳的环境中生长。分布于福建、浙江、广西、云南等地。《中国药典 2005 年版》石斛功能：益胃生津，滋阴清热。茎圆柱形，高 15~50 厘米，粗 4~8 毫米。叶鞘带肉质，矩圆状披针形，长 3~6.5 厘米，宽 0.8~2 厘米，顶端略钩。总状花序生于具叶或无叶茎的中部，有花 2~4 朵；花淡黄绿色，稍有香气；萼片长 1.2~2 厘米；花瓣短于萼片，唇瓣卵状披针形，长 1.3~1.6 厘米，宽 7~9 毫米，先端渐尖或短渐尖，近上部中间有圆形紫色斑块，近下部中间有黄色胼胝体。花期 4—6 月。表面黄色，基部稍有光泽，具纵纹，节上有花序柄痕及残存叶鞘；叶鞘短于节间，常与节间上部留下环状间隙，褐色，鞘口张开。质硬而脆，易折断，断面纤维状。鲜品茎直径 3~6 毫米，表面黄绿色或黑绿色，叶鞘灰白色。气微，嚼之有黏性。

铁皮石斛为亚热带附生性植物，其野生植株大多生长在亚热带、湿度较大并有充足散射光的深山老林中，且常附生于深山老林的树干或树枝上，或生长于林中的山岩石缝或石槽间。所以人工栽培要选择温暖、湿润及阴凉的环境，生长期年平均温度在 18~21℃，无霜期 250~300 天；海拔在 400~800 米范围内，年降水量 1 000 毫米以上，生长处的空气相对湿度以 80% 以上为适宜。丽水市得天独厚的立地条件，非常适合铁皮石斛仿野生种植。

铁皮石斛除作为保健药材外，还可以融入丽水市发展"绿水青山就是金山银山"的生态发展理念中，新兴的都市型旅游农业、休闲农业、生态农业等范畴，开展铁皮石斛采摘、铁皮石斛养生餐饮等特色项目。此外，铁皮石斛花期具有较高的观赏价值，加之"中华九大仙草之首"的头衔，寓意吉祥，亦可作为馈赠佳品高档盆花销售。截至 2016 年，丽水市铁皮石斛种植面积为 1 479 亩，发展势头良好，每年其种植面积均在增加，全市九县（市、区）均有种植，年产铁皮石斛 144 吨（干），产值 7 200 万元，丽水市铁皮石斛设施化栽培模式较为成熟，铁皮石斛产量稳中有增，有效带动了山区农民收入。种植铁皮石斛已成为农业增效、农民增收的新亮点。

第一节　铁皮石斛附生梨树仿野生栽培模式

一、模式概述

铁皮石斛是传统名贵珍稀中药材，具有益胃生津、滋阴清热等独特的功效，由于长期无节制采挖使天然的铁皮石斛濒临灭绝，野生铁皮石斛成为稀有植物。近年来全国人工特别是大棚种植铁皮石斛发展迅速，导致铁皮石斛价格回落明显，但是在梨树上等仿野生栽培的铁皮石斛的品质明显优于设施内生产的铁皮石斛，而且价格坚挺。近些年，大棚种植铁皮石斛取得一定成效，但是设施内生产的铁皮石斛品质较野生石斛相差较大。用衰老梨树进行附生栽培，生产的铁皮石斛品质接近于野生铁皮石斛，2012年丽水市龙泉市科远铁皮石斛专业合作社引进老梨树，探索在梨树上等树上进行铁皮石斛仿野生栽培的生态种植，该模式能够使铁皮石斛在成长中吸收着树木的天然养分，并得到优质水和空气的浸润，最大程度上还原了它的原始生长环境，能真正生产出高品质的有机生态铁皮石斛。该生态模式能够最大程度上还原了它的原始生长环境，结合能真正生产出高品质的有机生态铁皮石斛。据统计，目前大棚种植的铁皮石斛价格在 600~800 元/千克，而该模式种植的铁皮石斛价格高达 2 500 元/千克，每株梨树平均产值可以达 6 000 元，最高甚至可达万元以上。同时该种植模式需要衰老梨树，能够对老果园梨树的再利用改造起到相辅相成的作用。

二、生产技术

（一）铁皮石斛主要栽培模式

铁皮石斛的繁殖方法分为有性繁殖和无性繁殖两大类，目前生产上主要采用无性繁殖方法。

1. 有性繁殖

石斛种子极小，每个蒴果约有 20 000 粒，呈黄色粉末状，通常不发芽，只在养分充足、湿度适宜、光照适中的条件下才能萌发生长，一般需在组培室进行培养。

2. 无性繁殖

（1）分株繁殖。在春季或秋季进行，以 3 月底 4 月初铁皮石斛发芽前为好。选择长势良好、无病虫害、根系发达、萌芽多的 1~2 年生植株作为种株，将其连根拔起，除去枯枝和断枝，剪掉过长的须根，老根保留 3 厘米左右，按茎数的多少分成若干丛，每丛须有茎 4~5 枝，即可作为种茎。

（2）扦插繁殖。在春季或夏季进行，以 5—6 月为好。选取 3 年生生长健壮的植株，取其饱满圆润的茎段，每段保留 4~5 个节，长 15~25 厘米，插于蛭石或河沙中，深度以茎不倒为度，待其茎上腋芽萌发，长出白色气生根，即可移栽。一般在选材时，多以上部茎段为主，因其具顶端优势，成活率高，萌芽数多，生长发育快。

3. 附主选择

附主选择铁皮石斛为附生植物，附主对其生长影响较大。铁皮石斛既不同于粮食作物也不同于其他经济作物，粮食作物和其他经济作物都是靠主根、侧根、须根在土壤中吸收水分和养分，而铁皮石斛则是靠裸露在外的气生根在空气中吸收养分和水分；粮食和其他作物的载体是土壤，而铁皮石斛的载体是岩石、砾石或树干。

4. 栽种方法

铁皮石斛栽种宜选在春（3—4 月）栽种为宜。主要是充分利用阳春三月，气候回升，风和日暖，春雨如油，万物复苏的黄金季节，适宜的温湿度、日照、雨水等条件，有利于刺激其茎基部的腋芽迅速萌发，同时长出供幼芽吸收养分、水分的气生根，达到先根、后芽的生长目的。

5. 管理

浇水　铁皮石斛栽种后应保持湿润的气候条件，要适当浇水，但严防浇水过多，切忌积水烂根。

追肥　栽种铁皮石斛时不须施肥，但成活以后必须施肥，才能提高铁皮石斛的产量和质量。一般于栽种后第二年开始进行追肥，每年一二次。第1次为促芽肥，在春分至清明前后进行，以刺激幼芽发育；第2次为保暖肥，在立冬前后进行，使植株能够贮存养分，从而安全越冬。通常都是用油饼、豆渣、牛粪、猪粪、肥泥加磷肥及少量氮肥混合调匀，然后在其根部薄薄地糊上一层。由于铁皮石斛根部吸收营养的功能较差，为促进其生长，在其生长期内，常每隔1~2个月，用2%的过磷酸钙或1%的硫酸钾进行根外施肥。

6. 修枝

每年春季发芽前或采收铁皮石斛时，应剪去部分老枝和枯枝，以及生长过密的茎枝，以促进新芽生长。

7. 病虫害防治

铁皮石斛病虫害防治遵循"预防为主，防治结合，综合治疗"的方针。采用科学合理的栽培管理技术，培育壮苗，增强植株自身抗性，尽量减少农药的使用；定期清理栽培场所周围的杂草，地面喷洒石灰水消毒，勤于观察，及时销毁病株；加强隔离措施，温室与外界联通处设置防虫网，加强温室通风换气。在防治工作中，禁止使用高毒、高残留农药，农药安全使用标准和农药合理使用准则参照 GB4285 和 GB/T8321 执行。

（1）病害防治。

① 黑斑病：病害时嫩叶上呈现黑褐色斑点，斑点周围显黄色，逐渐扩散至叶片，严重时黑斑在叶片上互相连接成片，最后枯萎脱落。该病害常在初夏（3—5月）发生。

防治方法：用 1:1:150 波尔多液或 50%多菌灵可湿性粉剂 1 000 倍液喷施。

② 炭疽病：受害植株叶片出现深褐色或黑色病斑，严重的可感染至茎枝。1—5 月为该病害的主要发病期。

防治：用 50%多菌灵可湿性粉剂 1 000 倍液或 50%甲基硫菌灵悬浮剂 1 000 倍液喷雾，以预防并控制该病对新株的感染。

③ 叶枯病：栽培中避免空气湿度过大，基质长期积水。防治可采用 50%退菌特可湿性粉剂 1 000 倍稀释液喷雾，隔 10 天喷 1 次，连喷 3~4 次。

（2）虫害防治。

① 蜗牛：该害虫主要躲藏在叶背面啃吃叶肉或咬筋为害花瓣，年内可多次发生，一旦发生，为害极大，常常可于一个晚上就能将整个植株吃得面目全非。

防治方法：用麸皮拌敌百虫，撒在害虫经常活动的地方进行毒饵诱杀；在栽培床及周边环境撒施 6%四聚乙醛颗粒剂或用 65%五氯酚钠可溶性粉剂等农药，亦可撒生石灰、饱和食盐水。注意栽培场所的清洁卫生，枯枝败叶要及时清除场外。

② 蚜虫：为防止有翅蚜虫迁飞危害，温室与外界联通处要安装防虫网。温室内可采用黄色粘虫板，诱杀飞进的蚜虫，并起指示作用。药剂防治可采用阿克泰 3 000 倍溶液、5%吡虫啉 2 000 倍溶液、生物肥皂等药剂防治。

8. 采收与初加工

（1）采收。铁皮石斛适宜采收时间为 12 月至次年 3 月，一般在休眠之后，开花之前进行采收，防止开花消耗大量养分，影响铁皮石斛品质。人工栽培的通常在栽培 2~3 年后便可陆续采收。采老留新时，一般只采收 2 年生以上植株的地上部分，保留 1 年生新鲜植株，但随着植株寿命的延长，铁皮石斛长势逐渐衰弱，产量下降，建议栽培 6 年后，更换新的组培苗重新进行栽培。全部采收一般在栽培 3~4 年后将植株连根拔起进行采收。除采收茎秆外，铁皮石斛花也具有较高的营养价值，可在花苞刚刚打开时进行采收。

（2）初加工。铁皮石斛入药应用一般分为鲜铁皮石斛和干铁皮石斛两大类。

① 鲜铁皮石斛加工：采回的鲜铁皮石斛不去叶及须根，直接供药用，或将采回的石斛除去须根和枝叶，用湿沙贮存备用，也可平装竹筐内，盖以蒲席贮存，但需注意空气流通，忌沾水而致腐烂变质。

② 干铁皮石斛传统加工：主要有2种：一是水烫法。将鲜铁皮石斛除去叶片及须根，在水中浸泡数日，使叶鞘质膜腐烂后，用刷子刷去茎秆上的叶鞘质膜或用糠壳搓去质膜。晾干水气后烘烤，烘干后用干稻草捆绑，竹席盖好，使不透气，再烘烤，火力不宜过大，而且要均匀，烘至七八成干时，再行搓揉1次并烘干后，取出喷少许沸水，然后顺序堆放，用草垫覆盖好，使颜色变成金黄色，再烘至全干即成。二是热炒法。将上述依法净制后的鲜铁皮石斛置于盛有炒热的沙锅内，用热沙将其压住，经常上下翻动，炒至有微微爆裂声，叶鞘干裂而撬起时，立即取出置放于木搓衣板上反复搓揉，以除尽残留叶鞘，用水洗净泥沙，在烈日下晒干，夜露之后于次日再反复搓揉，如此反复二三次，使其色泽金黄，质地紧密，干燥即得。

（二）附生梨树仿野生栽培主要技术要点

1. 基地选择

基地应选择适合铁皮石斛的生长的多雾、湿润、空气畅通、水质优越的无污染的生态环境，梨树以选择树龄在20年以上的翠冠梨为好，树龄越大树体表皮越发粗糙，越适合于铁皮石斛扎根附生。

2. 树体处理

在铁皮石斛移植之前，对梨园进行全园清理，先清理枯枝、病、虫枝，适当修剪，使树膛内空间开阔，并对主干进行刮皮处理，以防止蛞蝓上树危害铁皮石斛，同时深翻施有机肥，保证梨树有充足的生长养分。

3. 移植上树

春季3—5月选择经炼苗一年后抗寒性强、多糖含量高、高产稳产、无严重病害的铁皮石斛种苗，同时采集野外苔藓，将石斛植入苔藓基层，然后围绕树干自下而上一圈一圈地捆绑种植，利用苔藓强吸水性起到保水、保肥、透气的特殊功效。上下圈间隔35厘米左右，每圈至少3丛，丛距8厘米左右，每丛3~5株。捆绑时，用无纺布或稻草自上而下呈螺旋状缠绕铁皮石斛的根系，露出茎基。同时，可把部分茎条贴树捆绑，促进茎条高芽萌发。

4. 树体管理

冬季应对梨树进行适量的修剪，确保梨树落叶期有日光照射铁皮石斛，修剪过程中尽量减少对铁皮石斛的损坏。对树干基部进行刮皮防虫，清除虫卵和粗老的树皮，基部周边清除杂草，推荐使用竹醋液（除草醋）生物农药。

5. 水肥管理

种植后，每天喷水雾一二次，每次1~2小时。湿度是铁皮石斛野外附生生长的首要条件，正常情况下，生长季节梨园内空气湿度应保持在80%以上，冬季保持适当干燥，空气湿度60%左右；夏天高温干旱天气，应增加喷雾次数和时间，把栽培环境相对湿度控制在75%~90%。晴天15时后进行喷雾保湿，雨后不进行喷雾，以免湿度过高影响石斛正常生长。适度的光照能促进铁皮石斛的健壮生长，夏季在散射光条件下，树下和树堂内温度保持在23~26℃，铁皮石斛生长良好，气生根生长快，嫩茎壮实。

6. 病虫害防治

该生态种植模式中梨树主要作用在提供附主，铁皮石斛病虫害发生初期，采用人工、物理防治措施，在不能有效控制病虫害的情况下，优先选用生物农药和高效广谱、低毒低残留的农药，不同的农药相互搭配使用，以增强防治效果。

7. 采收

栽培后第 2 年开始采收，共可采收 5 年。采收时间为每年 12 月至开花前，最佳采收时间为花蕾开花前。

8. 应用效果

该生态模式能够最大程度上还原了它的原始生长环境，结合能真正生产出高品质的有机生态铁皮石斛。据统计，目前大棚种植的铁皮石斛价格在 600~800 元/千克，而该模式种植的铁皮石斛价格高达 2 500 元/千克，每株梨树平均产值可以达 6 000 元，最高甚至可达万元以上。同时该种植模式需要衰老梨树，能够对老果园梨树的再利用改造起到相辅相成的作用。

第二节　铁皮石斛设施化栽培模式

一、模式概述

铁皮石斛由于生长条件十分苛刻，除了生长在高山岩石阴面或森林树干上外，通常只开花难结果，在自然条件下，经开花授粉的铁皮石斛，结果率仅为 17.3%，繁殖极为困难，加上生长发育缓慢，叶面积小，光合强度低，对温度、湿度等小气候条件要求十分高，因此野生铁皮石斛的产量极为稀少，更因民间长期过度采挖，致使野生资源濒临绝种。设施化栽培有效的解决了这一点，且经过科学检测，人工设施化栽培铁皮石斛的有效成分远远高于野生铁皮石斛，设施化栽培也可以达到《中国药典》规定的铁皮石斛有效成分含量，并且产量稳定，生长条件可控，解决了野生铁皮石斛产量低，有效成分含量不稳定的问题。

丽水市 2010 年左右在莲都区碧湖平原建立了当时最大的设施标准化铁皮石斛种植基地，随后庆元、龙泉等相继出现规模化、标准化铁皮石斛种植基地，标志着丽水市设施化栽培铁皮石斛达到一定水平，经估算，全市铁皮石斛平均亩产量 160 千克（鲜品），按照基地收购价 600 元/千克计算，亩产值达 90 000 元，除去人工、种苗等费用，亩效益达 50 000 元，种植效益非常高，虽然效益较高，但种植铁皮石斛前期投入较高，对设施化栽培模式要求也较高。

二、生产技术

（一）铁皮石斛主要栽培模式

铁皮石斛的繁殖方法分为有性繁殖和无性繁殖两大类，目前生产上主要采用无性繁殖方法。

1. 有性繁殖

石斛种子极小，每个蒴果约有 20 000 粒，呈黄色粉末状，通常不发芽，只在养分充足、湿度适宜、光照适中的条件下才能萌发生长，一般需在组培室进行培养。

2. 无性繁殖

① 分株繁殖：在春季或秋季进行，以 3 月底或 4 月初铁皮石斛发芽前为好。选择长势良好、无病虫害、根系发达、萌芽多的一二年生植株作为种株，将其连根拔起，除去枯枝和断枝，剪掉过长的须根，老根保留 3 厘米左右，按茎数的多少分成若干丛，每丛须有茎 4 枝或 5 枝，即可作为种茎。

② 扦插繁殖：在春季或夏季进行，以 5—6 月为好。选取三年生生长健壮的植株，取其饱满圆润的茎段，每段保留 4 个或 5 个节，长 15~25 厘米，插于蛭石或河沙中，深度以茎不倒为度，待其茎上腋芽萌发，长出白色气生根，即可移栽。一般在选材时，多以上部茎段为

主，因其具顶端优势，成活率高，萌芽数多，生长发育快。

3. 附主选择与选地整地

附主选择铁皮石斛为附生植物，附主对其生长影响较大。铁皮石斛既不同于粮食作物也不同于其他经济作物，粮食作物和其他经济作物都是靠主根、侧根、须根在土壤中吸收水分和养分，而铁皮石斛则是靠裸露在外的气生根在空气中吸收养分和水分；粮食和其他作物的载体是土壤，而铁皮石斛的载体是岩石、砾石或树干。一般栽培用的基质为：洋松的锯木屑；木质中药渣；直径 1 厘米以下的石灰岩颗粒；5 厘米以下的砂页岩石碎块；石灰岩颗粒加锯木屑；河沙；碎砖块加锯木屑；稻壳等。

4. 栽种方法

铁皮石斛栽种宜选在春（3—4 月）、秋（8—9 月）季栽种为好，尤以春季栽种比秋季栽种更宜。主要是充分利用阳春三月，气候回升，风和日暖，春雨如油，万物复苏的黄金季节，适宜的温湿度、日照、雨水等条件，有利于刺激其茎基部的腋芽迅速萌发，同时长出供幼芽吸收养分、水分的气生根，达到先根、后芽的生长目的。秋季种植是利用秋天的适宜温度（适宜在小阳春前）引发根系生长，但根的质量、数量、长速都不及春季。在湿润条件满足、遮阴条件较好的地方，夏季亦可生长出一部分根、幼芽。一般采用荫棚栽种法：将小砾石拌少量细沙土（焦泥灰和细沙土），作宽 40 厘米、长 120 厘米、高 17 厘米的高畦，将铁皮石斛种苗分株后栽于畦内，密度以 20 厘米×20 厘米一窝，在上面盖 7~10 厘米厚的细砂或小砾石，压紧。畦上搭 1.7 米的荫棚，向阳面挂一草帘，以利调节温湿度和通透新鲜空气，并经常保持畦面的湿润。

5. 管理

浇水 铁皮石斛栽种后应保持湿润的气候条件，要适当浇水，但严防浇水过多，切忌积水烂根。

追肥 栽种铁皮石斛时不须施肥，但成活以后必须施肥，才能提高铁皮石斛的产量和质量。一般于栽种后第二年开始进行追肥，每年 1~2 次。第一次为促芽肥，在春分至清明前后进行，以刺激幼芽发育；第二次为保暖肥，在立冬前后进行，使植株能够贮存养分，从而安全越冬。通常都是用油饼、豆渣、牛粪、猪粪、肥泥加磷肥及少量氮肥混合调匀，然后在其根部薄薄地糊上一层。由于铁皮石斛根部吸收营养的功能较差，为促进其生长，在其生长期内，常每隔一二个月，用 2% 的过磷酸钙或 1% 的硫酸钾进行根外施肥。荫棚栽培的铁皮石斛主要施用腐熟农家肥的上清液，施肥水时间及次数主要根据棚内湿度而定，棚内湿度大时少施，久旱无雨时勤施，涝时少施，要注意棚内温、湿度变化，灵活掌握。

6. 除草

种在荫棚内的铁皮石斛，常常会有杂草滋生，直接与铁皮石斛的根部竞争养分，影响其养分吸收，为保证其生长，必须随时将杂草拔除。

一般情况下，铁皮石斛种植后每年除草二次，第一次在 3 月中旬至 4 月上旬，第二次在 11 月间。除草时将长在铁皮石斛株间和周围的杂草及枯枝落叶除去即可。但在夏季高温季节，不宜除草，以免影响其正常生长。

7. 调节荫蔽度

铁皮石斛栽培中应注意荫蔽度的调节，荫棚栽培的铁皮石斛，冬季应揭开荫棚，使其透光，以保证其植株得到适宜的光照和雨露，利于更好生长发育。

8. 修枝

每年春季发芽前或采收铁皮石斛时，应剪去部分老枝和枯枝，以及生长过密的茎枝，以促进新芽生长。

9. 翻蔸

铁皮石斛栽种 5 年以后，植株萌发很多，老根死亡，基质腐烂，病菌侵染，使植株生长不良，故应根据生长情况进行翻蔸，除去枯朽老根，进行分株，另行栽培，以促进植株的生长和增产增收。

10. 病虫害防治

铁皮石斛病虫害防治遵循"预防为主，防治结合，综合治疗"的方针。采用科学合理的栽培管理技术，培育壮苗，增强植株自身抗性，尽量减少农药的使用；定期清理栽培场所周围的杂草，地面喷洒石灰水消毒，勤于观察，及时销毁病株；加强隔离措施，温室与外界联通处设置防虫网，加强温室通风换气。在防治工作中，禁止使用高毒、高残留农药，农药安全使用标准和农药合理使用准则参照 GB4285 和 GB/T8321 执行。

（1）病害防治。

① 黑斑病：病害时嫩叶上呈现黑褐色斑点，斑点周围显黄色，逐渐扩散至叶片，严重时黑斑在叶片上互相连接成片，最后枯萎脱落。该病害常在初夏（3—5 月）发生。

防治：用 1:1:150 波尔多液或 50%多菌灵可湿性粉剂 1 000 倍液喷施。

② 炭疽病：受害植株叶片出现深褐色或黑色病斑，严重的可感染至茎枝。1—5 月为该病害的主要发病期。

防治：用 50%多菌灵可湿性粉剂 1 000 倍液或 50%甲基硫菌灵悬浮剂 1 000 倍液喷雾，以预防并控制该病对新株的感染。

③ 叶枯病：栽培中避免空气湿度过大，基质长期积水。防治可采用 50%退菌特可湿性粉剂 1 000 倍稀释液喷雾，隔 10 天喷 1 次，连喷 3~4 次。

（2）虫害防治。

① 蜗牛：该害虫主要躲藏在叶背面啃吃叶肉或咬筋为害花瓣，年内可多次发生，一旦发生，为害极大，常常可于一个晚上就能将整个植株吃得面目全非。

防治：用麸皮拌敌百虫，撒在害虫经常活动的地方进行毒饵诱杀；在栽培床及周边环境撒施 6%四聚乙醛颗粒剂或用 65%五氯酚钠可溶性粉剂等农药，亦可撒生石灰、饱和食盐水。注意栽培场所的清洁卫生，枯枝败叶要及时清除场外。

② 蚜虫：为防止有翅蚜虫迁飞危害，温室与外界联通处要安装防虫网。温室内可采用黄色粘虫板，诱杀飞进的蚜虫，并起指示作用。药剂防治可采用阿克泰 3 000 倍溶液、5%吡虫啉 2 000 倍溶液、生物肥皂等药剂防治。

11. 采收与初加工

（1）采收。铁皮石斛适宜采收时间为 11 月至翌年 3 月，一般在休眠之后，开花之前进行采收，防止开花消耗大量养分，影响铁皮石斛品质。人工栽培的通常在栽培 2~3 年后便可陆续采收。采老留新时，一般只采收二年生以上植株的地上部分，保留一年生新鲜植株，但随着植株寿命的延长，铁皮石斛长势逐渐衰弱，产量下降，建议栽培 6 年后，更换新的组培苗重新进行栽培。全部采收一般在栽培 3~4 年后将植株连根拔起进行采收。除采收茎秆外，铁皮石斛花也具有较高的营养价值，可在花苞刚刚打开时进行采收。

（2）初加工。铁皮石斛入药应用一般分为鲜铁皮石斛和干铁皮石斛两大类。

① 鲜铁皮石斛加工：采回的鲜铁皮石斛不去叶及须根，直接供药用，或将采回的石斛除去须根和枝叶，用湿沙贮存备用，也可平装竹筐内，盖以蒲席贮存，但需注意空气流通，忌沾水而致腐烂变质。

② 干铁皮石斛传统加工。主要有 2 种：一是水烫法。将鲜铁皮石斛除去叶片及须根，在水中浸泡数日，使叶鞘质膜腐烂后，用刷子刷去茎秆上的叶鞘质膜或用糠壳搓去质膜。晾干水气后烘烤，烘干后用干稻草捆绑，竹席盖好，使不透气，再烘烤，火力不宜过大，而且要均匀，烘至七八成干时，再行搓揉 1 次并烘干后，取出喷少许沸水，然后顺序堆放，用草垫覆盖好，使颜色变成金黄色，再烘至全干即成。二是热炒法。将上述依法净制后的鲜铁皮石斛置于盛有炒热的沙锅内，用热沙将其压住，经常上下翻动，炒至有微微爆裂声，叶鞘干裂而撬起时，立即取出置放于木搓衣板上反复搓揉，以除尽残留叶鞘，用水洗净泥沙，在烈日下晒干，夜露之后于次日再反复搓揉，如此反复 2 次或 3 次，使其色泽金黄，质地紧密，干燥即得（图 2-1、图 2-2、图 2-3、图 2-4）。

图2-1　铁皮石斛附生梨树仿野生栽培

图2-2　铁皮石斛附生梨树仿野生栽培

图2-3　铁皮石斛设施化栽培

图2-4　铁皮石斛设施化栽培

多花黄精，学名：*Polygonatum cyrtonema*，百合科黄精属多年生草本药食同源植物，是我国特有植物，生长于海拔 500~2 100 米的地区，一般生于灌丛、林下和山坡阴处。根状茎肥厚，通常连珠状或结节成块，少有近圆柱形，直径 1~4 厘米。茎高 50~200 厘米，通常具 5~30 枚叶。叶互生，椭圆形、卵状披针形至矩圆状披针形，少有稍作镰状弯曲，长 10~18 厘米，宽 2~7 厘米，先端尖至渐尖。花序具 2~7 花，伞形，总花梗长 1~4 厘米，花梗长 0.5~1.5 厘米；苞片微小，位于花梗中部以下，或不存在；花被黄绿色，全长 18~25 毫米，裂片长约 3 毫米；花丝长 3~4 毫米，两侧扁或稍扁，具乳头状突起至具短绵毛，顶端稍膨大乃至具囊状突起，花药长 3.5~4 毫米；子房长 3~6 毫米，花柱长 12~15 毫米。浆果黑色，直径约 1 厘米，具 3~9 颗种子。花期 4—5 月，果期 6—9 月。

黄精又名老虎姜、鸡头参，为百合科黄精属多年生草本植物。中国药典规定，中药材黄精以多花黄精、滇黄精、黄精等三种类型的干燥根茎入药，而分别称为姜形黄精、大黄精和鸡头黄精，其中以姜形黄精质量最佳。浙江地区黄精野生分布以多花黄精、长梗黄精两种类型为主；在栽培种植过程中，也主要是采用多花黄精、长梗黄精的种子和根状茎为繁殖材料。

截至 2016 年，丽立市黄精种植面积达 2 560 亩，主要集中在庆云县、云和县、龙泉市及松阳县，比 2015 年种植面积增加 1 000 余亩，种植面积大幅度增加，其中庆元县种植面积达 1 420 亩，为丽水市黄精种植起到了示范带动作用，下一步丽水市将继续推进黄精高产栽培模式，探索黄精高效种植模式，全力带动丽水市黄精产业发展。

第一节　锥栗林下套种多花黄精种植

一、模式概述

黄精又名老虎姜、鸡头参，为百合科黄精属多年生草本植物。中国药典规定，中药材黄精以多花黄精、滇黄精、黄精等 3 种类型的干燥根茎入药，而分别称为姜形黄精、大黄精和鸡头黄精，其中以姜形黄精质量最佳。浙江地区黄精野生分布以多花黄精、长梗黄精两种类型为主；在栽培种植过程中，也主要是采用多花黄精、长梗黄精的种子和根状茎为繁殖材料。

中药材黄精因野生资源渐趋枯竭价格正逐年上涨，丽水市庆元县从 2012 年开始驯化野生多花黄精，并在锥栗林下套种，锥栗林套种多花黄精，就是利用锥栗林及周围的森林环境和多花黄精的生态习性，在不影响锥栗生长发育的前提下，合理的地利用林地种植多花黄精，促使锥栗和黄精增产增收。这种栽培模式是近年来丽水市庆元县发展起来的主要的林药复合经营模式。研究锥栗林下多花黄精栽培模式，提高林地利用率，促进农民增产增收，推动生态林业和中药材产业共同发展，具有重要的现实意义。锥栗林下种植多花黄精产生的经济、生态和社会效益非常明显。据测算，1 亩锥栗林套种多花黄精 3 000 株（50%左右的利用率），种植 3~4 年采收，可产干黄精 500 千克，按目前 100 元/千克计算，新增产值 5 万元，加上锥栗的年产值 2 000 元左右，年均亩产值可达万元以上。

二、生产技术

（一）锥栗林选择

选择无严重病虫害、枝下高至少 2 米、海拔 200~800 米、郁闭度可控制在 0.6°~0.7°的锥栗林作为套种多花黄精的林分。且林分土壤疏松、肥沃，中性或偏微酸性，土壤湿度 25%~30%，坡度小于等于 25°角；林分土壤疏松、肥沃、湿润、偏微酸性。

（二）黄精栽培模式

1. 种子育苗和根状茎育

（1）种子育苗。种子育苗播种时间在 2 月上旬至下旬为宜；根茎育苗播种时间 10 月上旬至 12 月中旬为宜。种子育苗，将种子经砂藏法处理，即将秋季采摘的新鲜成熟黄精种子经去外皮、消毒，然后拌 3~5 倍体积的干净湿砂，放在（5±2）℃的温控箱内或阴凉、通风的室内保湿贮藏 3~4 个月取出待播。

整地播种。选择土层深厚、质地疏松的砂质壤土作苗地，经深翻、精打细耙整成畦面宽 80 厘米、沟宽 30 厘米的苗床，床面铺一层农家腐熟有机肥或草本灰与床面土混合均匀，按行距 25 厘米开深 3~5 厘米小沟，将浸种 12 小时后的种子均匀植入沟内，每行播 20 粒左右，覆平沟旁细土，上面覆盖一薄层碎小秸秆或地膜，然后架设棚架、盖遮阳网防雨、遮阴。

（2）根茎育苗。选择抗病虫能力强、优质高产、有健壮萌芽的二年生多花黄精的根状茎作为种苗。种植前先将根茎切成段，每段必须有 2~3 节，至少带一二个芽，重 40 克~60 克，切口用草木灰进行伤口处理，凉干后立即种植。

整地及施基肥。秋末前作倒茬后，及时进行清地、深翻。清理多余的果木枝条、杂木、杂草、枯枝等，将郁闭度调控在 0.6~0.7。每亩施入充分腐熟的厩肥、菌棒糠等有机肥 1 500~2 000 千克、过磷酸钙（或钙镁磷）100 千克、硫酸钾（有草本灰可减少硫酸钾用量）50 千克，然后耙平耙细混合均匀，作面宽 1.0~1.2 米、沟宽 0.3 米、高 0.3 米的畦，待栽。同时，在地块四周通顺沟渠，利于排水防涝。按行距 40 厘米、株距 20 厘米开穴，亩栽种 6 000 穴左右（林下、果园内套种 4 000 穴左右），视种茎大小亩用种量 180~420 千克之间（林下、果园内套种 120~280 千克）。

2. 育苗管理

出苗前，主要做好苗床湿度管理。出苗后，及时、小心揭去秸秆或地膜，勤松土、锄草，多次薄施苗肥，适时喷溉，创造阴凉的生长环境，促进幼苗快速生长。一般露地育苗，多数种子只能长根不长叶片，少数种子能长成 1~2 张小叶片，且出苗不整齐，第二年可长出 2~4 片叶，3~4 年可出圃；采用大棚和连栋大棚设施育苗 2~3 年可出圃。

3. 移栽方法

9 月下旬至 12 月中旬均可移栽，经过栽培试验，丽水市 10 月移栽效果最佳，移栽过迟，虽能成活，但长势弱或当年不出苗，对产量影响较大。

移栽时，按深 8~10 厘米挖穴，每穴放入黄精苗一株，要求顶芽朝上且芽头朝向一致，然后用土覆平，上面覆盖稻草或其他作物秸秆，浇透水。注意不同大小种茎要分开种植，以便管理。

4. 中耕锄草

黄精中耕锄草一般每年进行 3~4 次。幼苗期杂草相对生长较快，要及时的进行中耕锄草。勤锄草和松土的同时，注意宜浅不宜深，避免伤根。生长过程中也要经常培土，可以把垄沟内的泥巴培在黄精根部周围，在加快有机肥腐烂的同时，也可以防止根茎风吹倒伏或见光。

5. 施肥

黄精生长期一般年应追肥 3 次，第一次在展叶期（3 月上中旬）施提苗肥，每亩施腐熟人粪 200~400 千克、尿素 5~10 千克，混合对水 1 000 千克均匀泼施；第二次在盛花期（4 月上中旬）施肥，每亩施复合肥 30~60 千克；第三次在挂果期（5 月中旬至 6 月中旬）施肥，每亩施复合肥 30~60 千克，并根据植株长势，叶面喷施"黄金钾""海生素""喷施宝"等，以延长功能叶片的寿命。随着生长周期的逐渐延长或黄精植株的长大，需肥量将逐年增加，在第 2~4 周年施肥量控制时，可在上述施肥量范围内逐年加大用量。

6. 遮阴

3 月上旬黄精出苗后，无自然荫蔽条件的地块则需搭设遮荫棚，棚高 2 米左右，四周通风，到 9 月下旬左右可除去荫棚。林下、果园及其他高秆作物套种黄精，可利用自然荫蔽条件遮阴。一般林下间作黄精遮荫效果好，遮阳网次之，人工搭设荫棚也可，其透光率调控在30% 左右为最佳。

7. 摘除花蕾

以地下根状茎为收获目标的黄精在现蕾初期及时将其摘除，以阻断养分向生殖器官聚集，从而使养分向地下根茎积累。一般本地黄精现蕾开花期为 3 月中旬至 4 月下旬，即陆续将黄精花蕾摘除。

8. 病虫害防治

（1）病害。叶斑病、黄斑病。为黄精的主要病害，由真菌中半知菌属芽枝霉引起。为害叶片，从叶尖开始出现不规则的黄褐色斑，逐渐向下蔓延，雨季更为严重，直至叶片枯黄。

防治：收获后清洁田园，将枯枝病残体集中烧毁，消灭越冬病原；发病前和发病初期发病前和发病初期喷 1:1:100 波尔多液，或用 50% 退菌特 1 000 倍液，7~10 天喷 1 次，连喷 3 次或 4 次；或用 65% 代森锌可湿性粉剂 500~600 倍液喷洒，7~10 天喷 1 次，连喷 2~3 次。

（2）虫害。

① 黄精的害虫主要是为害幼苗的小地老虎、蛴螬等，为害幼苗及根状茎。

防治：每亩用 2.5% 敌百虫粉 2~2.5 千克或 15% 毒·辛颗粒剂 1 千克，加细土 50 千克拌匀后，沿黄精行开沟撒施防治。

② 蚜虫。危害叶子及幼苗。

防治：用 50% 杀螟松乳油 1 000~2 000 倍液或乐果乳油 1 500~2 000 倍液喷雾防治。

③ 棉铃虫。为鳞翅目夜蛾科害虫，幼虫为害蕾、花、果。

防治：用黑光灯诱杀成虫。或在幼虫盛发期用 2.5% 溴氰菊酯乳油 2 000 倍液，或 20% 杀灭菊酯乳油 2 000 倍液，或用 50% 辛硫磷乳油 1500 倍液喷雾。也可以用日本追寄蝇、螟蛉悬茧姬蜂等天敌进行生物防治。

9. 采收

黄精栽后，一般 2~3 周年采收。特殊情况，最短 1 周年或最迟 4 周年采收。本地区黄精在 11 月中旬到 12 月底，茎秆上叶片完全脱落，为最佳采收期。选择在无烈日、无雨的阴天或多云天气采收，如果在晴天采收应选择在 15 时以后进行。按黄精垄栽方向，依次将黄精根茎带土挖出，去掉地上残存部分，再用木条刮去泥土（注意不要弄伤块根），如有机械损伤根茎，另行处理。注意在产地加工以前不要去掉须根、不要用水清洗。

(三) 锥栗栽培模式

1. 园地选择

一要选择交通便利或便于交通规划建设及适应农业机械化生产要求的场地，方便农业生产资料和产品等运输；二要选择地势平缓、土壤肥沃、土层深厚的地方，节省果园土壤改造投入，降低生产成本，提高生产效益；三要选择背风向阳、光照充足的阳坡、半阳坡地，满足锥栗果树生长结果需要。

2. 整地

造林地要在植苗的前一年秋季进行全面整地、起垄（垄宽 66 厘米），造林时在垄沟定点挖好种植穴（长×宽×高为 0.8 米×0.8 米×0.6 米），每穴施入农家肥 2 千克。如果不能全面整地，可先铲出草皮，挖好种植穴，待种植后再进行人工整地。

3. 造林密度

造林密度是决定锥栗产量和品质的关键因素，生产上一般造林密度为株行距（3~4）米×4 米（每各种 40~55 株），矮化栽培的在种植 10~15 年后进行间伐，使造林密度为株行距 4 米×5 米（每亩种 33 株）。

4. 苗木选择

应选择锥栗的优良品种，苗木要求健壮无病虫害，以就近取苗为好。苗龄采用二年生嫁接苗。

5. 植苗时间与方法

植苗时间与方法与常规造林相同，即在 1 月中旬进行，就近取苗，边起边栽；如苗木失水，植苗要三埋两踩一提苗，不要窝根，防止透风。早春干旱严重的，植后要浇水，注意在被风吹摇动后要扶正、踩实和培土。

6. 主要管理措施

进行 1 次全面修剪，把栗树上的幼芽枝、徒长枝、病虫枝、密生枝全部剪除，留下健壮的结果母枝；每亩施有机肥 1 000 千克，采用穴施；7—8 月进行除草、松土、施肥。间作后，每两年于行间进行 1 次深翻、除草、松土；冬季树叶脱落、修剪枝条后，应进行 1 次全面清园，将脱落的枯叶、果苞及各种枝条、杂草全部集中烧毁，为翌年生长提供一个良好的生态环境。

7. 采收时期

锥栗果实于 9 月至 10 月上旬成熟，坚果成熟后有一个后熟的过程，在完全成熟、坚果自然脱落后方可采收，不宜在果苞内摘采，采收的坚果可以按大小分为三级，即大果、中果、小果，最后按分级进行包装、销售或入冷库贮藏。

第二节　黄精套种玉米栽培模式

一、模式概述

鲜食玉米与黄精套种栽培可以成为解决农民种植黄精等中药材长期收益风险与短期收益矛盾的有效途径之一。黄精系百合科黄精属多年生草本植物，为滋补上品，集药用、食用、观赏和美容价值于一体。黄精长期以野生资源供应市场，随着人们对黄精多种功能价值认识的不断深入，其需求量与日俱增，导致野生资源被严重破坏，已远不能满足市场需要，人工栽培是解决黄精产业可持续发展的主要渠道。但黄精种植周期较长，一般栽培后 3~4 年才能收获，品种和技术配套不完善，加上药材市场波动较大，导致预期收益风险较大，因此土地保产增收是黄精推广种植的关键之一。由于黄精的喜阴湿特点，许多地方采用黄精间作玉米、黄精套种果树等栽培模式，取得了一定成效，但根据近年来鲜食玉米发展的趋势，进行黄精与鲜食玉米套种模式可以取得更明显的效益。鲜食玉米发展前景好，生产周期短，见效快；同时玉米为喜光作物，植株较高，与耐阴作物黄精进行合理搭配，可达到长短效益结合、温光资源高效利用的目标，是一种值得推广的种植模式。笔者对浙中山区鲜食玉米不同种植密度与黄精间套作配套栽培模式措施进行探讨，旨在为提高黄精种植的综合效益提供科学依据。甜玉米植株较高大、喜光高产、收获周期短，黄精植株矮小、喜阴耐寒、收获周期较长，因此，二者间作套种无论从生态习性、植株特性、生产周期上，还是经济效益上均可优势互补，节约成本、提高经济效益、合理利用土地，是我国部分山区实现高效益农业的一条有效途径。每亩种植约 3 000 株/亩综合效益值最高。目前丽水市黄精正处于批量投产期，按照目前的市场价格 100 元/千克（干）计算，黄精每亩完全产出效益将突破万元，甜玉米采用分批播种育苗，分批上市，以减轻货源过于集中上市带来的市场销售风险，于 3 月中下旬套种于温郁金中，6 月中旬收获；甜玉米平均亩产 1 000 千克，单价 2 元/千克，甜玉米秸秆 1 600 千克，单价 0.3 元/千克亩产值 2 480 元，效益显著。

二、生产技术

（一）黄精栽培模式

1. 种子育苗和根状茎育

（1）种子育苗。种子育苗播种时间在 2 月上旬至下旬为宜；根茎育苗播种时间 10 月上旬至 12 月中旬为宜。种子育苗，将种子经砂藏法处理，即将秋季采摘的新鲜成熟黄精种子经去外皮、消毒，然后拌 3~5 倍体积的干净湿砂，放在（5±2）℃的温控箱内或阴凉、通风的室内保湿贮藏 3~4 个月取出待播。

整地播种。选择土层深厚、质地疏松的砂质壤土作苗地，经深翻、精打细耙整成畦面宽 80 厘米、沟宽 30 厘米的苗床，床面铺一层农家腐熟有机肥或草本灰与床面土混合均匀，按行距 25 厘米开深 3~5 厘米小沟，将浸种 12 小时的种子均匀植入沟内，每行播 20 粒左右，覆平沟旁细土，上面覆盖一薄层碎小秸秆或地膜，然后架设棚架、盖遮阳网防雨、遮阴。

（2）根茎育苗。选择抗病虫能力强、优质高产、有健壮萌芽的二年生多花黄精的根状茎作为种苗。种植前先将根茎切成段，每段必须有二三节，至少带一二个芽，重 40~60 克，切口用草木灰进行伤口处理，晾干后立即种植。

整地及施基肥。秋末前作倒茬后，及时进行清地、深翻。清理多余的果木技条、杂木、杂草、枯枝等，将郁闭度调控在 0.6~0.7。每亩施入充分腐熟的厩肥、菌棒糠等有机肥 1 500~2 000 千克、过磷酸钙（或钙镁磷）100 千克、硫酸钾（有草本灰可减少硫酸钾用量）50 千克，然后耙平耙细混合均匀，作面宽 1.0~1.2 米、沟宽 0.3 米、高 0.3 米的畦，待栽。同时，在地块四周通顺沟渠，利于排水防涝。按行距 40 厘米、株距 20 厘米开穴，亩栽种 6 000 穴左右（林下、果园内套种 4 000 穴左右），视种茎大小亩用种量 180~420 千克之间（林下、果园内套种 120~280 千克）。

2. 育苗管理

出苗前，主要做好苗床湿度管理。出苗后，及时、小心揭去秸秆或地膜，勤松土、锄草，多次薄施苗肥，适时喷溉，创造阴凉的生长环境，促进幼苗快速生长。一般露地育苗，多数种子只能长根不长叶片，少数种子能长成一二张小叶片，且出苗不整齐，第二年可长出2~4片叶，3~4年可出圃；采用大棚和连栋大棚设施育苗2~3年可出圃。

3. 移栽方法

9月下旬至12月中旬均可移栽，经过栽培试验，丽水市10月移栽效果最佳，移栽过迟，虽能成活，但长势弱或当年不出苗，对产量影响较大。

移栽时，按深8~10厘米挖穴，每穴放入黄精苗一株，要求顶芽朝上且芽头朝向一致，然后用土覆平，上面覆盖稻草或其他作物秸秆，浇透水。注意不同大小种茎要分开种植，以便管理。

4. 中耕锄草

黄精中耕锄草一般每年进行三四次。幼苗期杂草相对生长较快，要及时的进行中耕锄草。勤锄草和松土的同时，注意宜浅不宜深，避免伤根。生长过程中也要经常培土，可以把垄沟内的泥巴培在黄精根部周围，在加快有机肥腐烂的同时，也可以防止根茎风吹倒伏或见光。

5. 施肥

黄精生长期一般年应追肥3次，第一次在展叶期（3月上中旬）施提苗肥，每亩施腐熟人粪200~400千克、尿素5~10千克，混合兑水1 000千克均匀泼施；第二次在盛花期（4月上中旬）施肥，每亩施复合肥30~60千克；第三次在挂果期（5月中旬至6月中旬）施肥，每亩施复合肥30~60千克，并根据植株长势，叶面喷施"黄金钾""海生素""喷施宝"等，以延长功能叶片的寿命。随着生长周期的逐渐延长或黄精植株的长大，需肥量将逐年增加，在第2~4周年施肥量控制时，可在上述施肥量范围内逐年加大用量。

6. 遮阴

3月上旬黄精出苗后，无自然荫蔽条件的地块则需搭设遮阴棚，棚高2米左右，四周通风，到9月下旬可除去荫棚。林下、果园及其他高秆作物套种黄精，可利用自然荫蔽条件遮阴。一般林下间作黄精遮荫效果好，遮阳网次之，人工搭设荫棚也可，其透光率调控在30%左右为最佳。

7. 摘除花蕾

以地下根状茎为收获目标的黄精在现蕾初期及时将其摘除，以阻断养分向生殖器官聚集，从而使养分向地下根茎积累。一般本地黄精现蕾开花期为3月中旬至4月下旬，即陆续将黄精花蕾摘除。

8. 病虫害防治

（1）病害。叶斑病、黄斑病。为黄精的主要病害，由真菌中半知菌属芽枝霉引起。为害叶片，从叶尖开始出现不规则的黄褐色斑，逐渐向下蔓延，雨季更为严重，直至叶片枯黄。

防治方法是收获后清洁田园，将枯枝病残体集中烧毁，消灭越冬病原；发病前和发病初期发病前和发病初期喷1:1:100波尔多液，或用50%退菌特1000倍液，7~10天喷1次，连喷3~4次；或用65%代森锌可湿性粉剂500~600倍液喷洒，7~10天喷1次，连喷2次或3次。

（2）虫害。

① 黄精的害虫主要是为害幼苗的小地老虎、蛴螬等，危害幼苗及根状茎。

防治方法：每亩用2.5%敌百虫粉2~2.5千克或15%毒·辛颗粒剂1千克，加细土50千克拌匀后，沿黄精行开沟撒施防治。

② 蚜虫：为害叶子及幼苗。

防治方法：用50%杀螟松乳油1 000~2 000倍液或乐果乳油1 500~2 000倍液喷雾防治。

③ 棉铃虫：为鳞翅目夜蛾科害虫，幼虫为害蕾、花、果。

防治方法是用黑光灯诱杀成虫。在幼虫盛发期用 2.5%溴氰菊酯乳油 2 000 倍液，或 20%杀灭菊酯乳油 2 000 倍液，或用 50%辛硫磷乳油 1 500 倍液喷雾。也可以用日本追寄蝇、螟蛉悬茧姬蜂等天敌进行生物防治。

9. 采收

黄精栽后，一般 2~3 周年采收。特殊情况，最短 1 周年或最迟 4 周年采收。本地区黄精在 11 月中旬到 12 月底，茎秆上叶片完全脱落，为最佳采收期。选择在无烈日、无雨的阴天或多云天气采收，如果在晴天采收应选择在 15 时以后进行。按黄精垄栽方向，依次将黄精根茎带土挖出，去掉地上残存部分，再用木条刮去泥土（注意不要弄伤块根），如有机械损伤根茎，另行处理。注意在产地加工以前不要去掉须根、不要用水清洗。

（二）玉米栽培模式

1. 品种选择

选用适销对路、高产、优质、抗性强的品种，如先甜 5 号、力禾 308、华珍、香珍等。

2. 育苗定植

以 1 月中下旬播种育苗为宜。宜选用半紧凑品种，如绵单 118 等。采用肥团育苗，按 1 000 千克菜园土加 150 克尿素、3 千克过磷酸钙和 300 千克有机肥混合堆沤 5~7 天后做成直径为 4~5 厘米的肥团，每团播 1 粒精选种子，播种后及时盖上细土，浇透水后盖上地膜，要求地膜四周一定要压严。播种后 2~3 天要对育苗床进行温度和水分观察，出苗前苗床温度不超过 35℃，出苗后床内温度控制在 25~28℃，如果肥团土表干旱应适当补充水分，并保持土壤湿润，以利于出苗整齐。当玉米苗达一叶时，揭膜炼苗。当玉米苗达一叶一心时，即可移栽，栽培密度为定植 3 000 株/亩。

3. 查苗补苗

当移栽苗成活后要及时查苗，补苗，换去弱小苗，保证苗齐、苗全、苗壮。补苗后及时浇足定根水。

4. 合理追肥

要做到分次施用，重施攻苞肥。苗期，用尿素 5 千克/亩对清粪水施用；大喇叭口期重施攻苞穗肥，用碳铵 40 千克/亩或尿 10~15 千克/亩对 2 000 千克/亩猪粪水施用，施后进行中耕培土；抽雄后视苗情补施尿素 3~4 千克/亩攻粒肥，防止叶片早衰。

5. 人工辅助授粉

玉米隔行去雄、人工辅助授粉可提高单产 5%~10%，特别是在干旱年份，雌雄蕊不协调时人工授粉增产更明显。其方法是：去雄后在玉米抽雄吐丝期选择晴天上午 9~11 时，用木棒在行间摇动植株，隔天进行 1 次，连续 2~4 次。

6. 及时防治病虫害

主要的病虫害有玉米螟、纹枯病、大斑病和小斑病等，可选用阿维菌素、井冈霉素、苯醚甲环唑等药剂进行防治。

病虫害防治

① 大、小斑病：用 50%百菌清、70%甲基托布津、75%代森锰锌其中任选 1 种用 500 倍液喷雾每隔 7 天喷施，连续 2 次或 3 次。

② 纹枯病：用 20%井冈霉素可湿性粉剂 50 克/亩对水 50~60 千克，喷雾防治 2 次或 3 次。施药前要剥除基部叶片，施药时要注意将药液喷到雌穗及以下的茎秆上，以取得较高的防治效果。

③锈病：在植株发病初期用 25% 粉锈宁可湿性粉剂 500~1 500 倍液喷雾，每 10 天喷 1 次，喷施 2 次或 3 次。

④地下害虫：玉米苗期、幼虫 3 龄前用敌杀死常规喷雾，幼虫 3 龄后用乐斯本等农药拌新鲜菜叶或青草制成毒饵，于傍晚投放在玉米植株四周防治土蚕、毛虫。

⑤玉米螟：大喇叭口期用杀虫双大粒剂投在玉米心叶内进行防。

7. 及时采收

鲜食甜玉米在授粉后 20 天左右，当花丝变褐色、玉米子粒表面有光泽时即可收获，采收过晚皮厚渣多，甜度下降。用干净的网袋包装后即可上市。甜玉米采收后可溶性糖含量迅速下降，子粒皱缩，味淡渣多，风味变差，因此应及时销售供食用或加工。

（三）套种注意事项

由于玉米株高较高，且生长茂盛，因此对黄精造成了较大程度的遮阴，这对喜阴的黄精生长有利，但是在黄精生长的中后期，玉米生长正值旺盛时期，此时黄精则处于营养体产物向地下块茎转移的时期，玉米种植密度过大，导致过于低光照条件下地上部徒长和生殖生长过旺，影响光合产物向块茎转移，因此玉米种植密度过高对黄精生长并不利（图 3-1、图 3-2、图 3-3、图 3-4）。

图 3-1 锥栗林下套种多花黄精种植

图 3-2 锥栗林下套种多花黄精种植

图 3-3 龙泉上垟黄精大田种植基地

图 3-4 龙泉上垟黄精大田种植基地

浙贝母，学名：*Fritillaria thunbergii*，多年生草本药材，多以其鳞茎入药，具清肺化痰，制酸，解毒之功效。可治感冒咳嗽，胃痛吐酸，痈毒肿痛。苦寒性较大，清热力较强，功偏清肺化痰，多用治痰热郁肺或风热咳嗽，痰黄而稠等。清热开郁散结力较强，常用治痰火凝结之瘰疬、瘿瘤、肺痈、乳痈、皮肤痈肿等。原产浙江象山县，称"象贝"，大者称大贝，小者称"珠贝"。鳞茎半球形，直径1.5~6厘米，有2~3片肉质的鳞片。茎单一，直立，圆柱形，高50~80厘米。叶无柄；茎下部的叶对生，罕互生，狭披针形至线形，长6~17厘米，宽6~15毫米；中上部的叶常3~5片轮生，罕互生，叶片较短，先端卷须状。植株长50~80厘米。叶在最下面的对生或散生，向上常兼有散生、对生和轮生的，近条形至披针形，长7~11厘米，宽1~2.5厘米，先端不卷曲或稍弯曲。花1~6朵，淡黄色，有时稍带淡紫色，顶端的花具3~4枚叶状苞片，其余的具2枚苞片；苞片先端卷曲；花被片长2.5~3.5厘米，宽约1厘米，内外轮的相似；雄蕊长约为花被片的2/5；花期3~4月，果期5月。浙贝母喜温和湿润、阳光充足的环境。根的生长要求气温在7~25℃，25℃以上根生长受抑制。平均地温达6~7℃时出苗，地上部生长发育温度范围为4~30℃，在此范围内，生长速度随温度升高，生长加快。开花适温为22℃左右。-3℃时植株受冻，30℃以上植株顶部出现枯黄。鳞茎在地温10~25℃时能正常膨大，-6℃时将受冻，25℃以上时就会出现休眠。现主产浙江东阳、缙云、磐安等地，是中药"浙八味"之一，年用量2 500~3 000吨。浙江有300多年的贝母生产历史，常年生产面积3万亩左右，一般亩产量在180千克以上，亩产值可达1.7万~2.5万元。缙云县常年面积3 000亩以上，个别年份亩产值达2.8万元以上。由于亩投入种子等生产成本需上万元，加上市场价格波动较大以及连作障碍等因素，导致生产面积持续扩大相对不易。

第一节　浙贝母–单季稻水旱轮作栽培模式

一、模式概述

浙江磐安到缙云的好溪流域，沿溪两岸形成了大面积的冲积土，加上经过农民多年的管理培育，使田块土层深厚、疏松肥沃、排水良好，温光条件也适宜"浙八味"中的大多数中药材生产，尤其是贝母生产已经有长久的历史。农民也积累了较丰富的实际生产经验，区域生产面积上万亩，而且多年来，贝母生产区域大致是保持稳定的。虽然，贝母不宜连作，连作将会产生一定程度的生产障碍，但是，为了追求较高的经济效益，20世纪90年代以来，缙云、磐安等主产区农民千方百计寻求和探索贝母高产栽培模式，与水稻进行轮作，有效避免了贝母连作障碍问题，基本确保了能每年生产贝母，实现了钱粮双丰收。据2013—2014年对该模式农户的调查，贝母产量可达900千克/亩，产值2.7万元/亩，用种量要350千克/亩左右，种子成本1.2万元/亩，再扣除其它工本费0.2万元/亩，利润1.3万元/亩。可收稻谷550千克/亩，两季作物总产值2.865万元/亩，净收益1.4万元/亩。由于干贝母可贮藏性强，为了追求较高的经济效益，当前多数农民都把种植贝母作为一项贮藏增收项目。近年来，农民什么来钱种什么的思想理念不断深化，稳定粮食面积难度逐步加大，各级政府的粮食安全形势日趋严峻，政府要稳粮和农民要赚钱的矛盾日益突现。为有效缓解这种矛盾，基层农技部门加大对农作制度创新和实践，开展了水、旱轮作和粮、经轮作模式试验总结，其中贝母-水稻轮种模式以其简单易学、稳粮增效的特点在浙江缙云、磐安一带得到较大面积推广应用。贝母-水稻轮种是药粮兼顾的高效栽培模式，经过几年的探索实践，栽培模式逐渐成熟。该技术利用各种农作物的不同生产周期，合理利用土地资源，环环相扣，大大提高了单位土地产出率，既提高了农民收入，又不影响粮食生产，真正达到了千斤粮万元钱的目的。水旱轮作还有效解决了贝母等中药材连作障碍问题，该模式在浙江磐安、缙云壶镇一带种植已经多年，收益效果好，对在浙江、上海、江苏、江西等有贝母生产传统的地方，具有良好的推广前景。

二、生产技术

（一）茬口安排

10月中下旬至11月上旬在单季稻收割后尽早进行免耕或翻耕作畦播种贝母，5月贝母采收，然后及时灌水翻耕待插秧。水稻5月12—20日播种，选用优质高产中迟熟杂交水稻品种，规模生产户可推广机械化育秧，秧龄20天左右进行机械化插秧。小规模生产户提倡采用旱育秧，旱育秧移栽秧龄20~28天。

（二）贝母种植

1. 种子准备

选择商品性好，生育期适中且产量高的优良品种，如浙贝1号等，并选用大小均匀，无病虫，无损伤，具有两个芽，直径3~4厘米的鳞茎作种子。

2. 整理田块

选择河流、山脚、大溪两侧的冲积土为最好，要求土层深厚、疏松肥沃、排水良好、阳光充足的砂质土壤。稻田在晚稻收割后及时进行田块翻耕整理。播前施土杂肥料2 000千克+饼肥料200千克+钙镁磷肥50千克或焦泥灰500千克/亩作基肥，深翻入土，犁好耙平做成微显龟背形畦面，畦宽1.2米、沟宽0.3米，四周开避水沟，以利排水防渍。也可以采取免耕栽培法，即在单季稻收割后的硬板田不翻耕，直接做畦，做成畦宽1~1.2米，沟宽0.4米。

3. 播种方法

浙江大部分地方于10月中下旬播种，前作收获早的可在9月下旬种植，最迟10月底前完成播种。新生产地域可根据见到个别鳞茎在潮湿情况下根已伸出鳞片时已表明到了下种季节。从气温来看，当气温达到22~27℃时即可下种。采用宽畦条播，沟深8~12厘米，不宜过深或过浅，一般种子大的和靠畦边的适当深播，种子小的和畦中间的适当浅播，播时将芽头向上，边放种边覆土10厘米左右，行株距为（20~25）厘米×（15~20）厘米，亩种15 000~17 000穴，亩需种子350千克左右。覆土后畦面覆盖稻草或其他农作物秸秆，再把沟内土壤清理到秸秆上面，防止被风吹而散落。

4. 田间管理

贝母不宜中耕，12月中旬宜用除草剂进行一次除草。翌年春季要勤拔小草，一般进行三次。浙贝从2—4月需水多一点，如果这一段缺水植株生长不好，直接影响鳞茎的膨大，影响产量。整个生长期水分不能太多，也不能太少。如遇干旱天气，可于晚上进行沟灌，次日清晨排除积水，雨水过多时，要及时清沟排水。收前一周不要浇水。追肥为冬肥、苗肥、花肥三次进行，施冬肥很重要，用量大，浙贝地上部生长仅有3个月左右，肥料需要期比较集中，仅是出苗后追肥不能满足整个生长的需要，而冬肥能够满足整个生长期，能源源不断地供给养分，因此冬肥应以迟效性肥料为主。在重施基肥的基础上，12月浇施1 000千克/亩人粪尿，2月上中旬齐苗后施10千克/亩尿素，3月中下旬摘花打顶后再施一次速效肥促鳞茎膨大。为了使鳞茎充分得到养分，花期要摘花，选择晴天将顶端6~10厘米的花穗摘除，不能摘得过早或过晚，当花长2~3朵时采为合适。

5. 病虫害防治

① 灰霉病：是由真菌引起的一种病害。发病后先在叶片上出现淡褐色的小点，以后扩大成椭圆形或不规则形病斑，边缘有明显的水渍状环，不断扩大形成灰色大斑；花被害后，干缩不能开花，花柄绞缢干缩，呈淡绿色。一般在3月下旬至4月初开始发生，4月中旬盛发，危害严重。本病以分生孢子在病株残体上越冬或产生菌核落入土中，成为第二年初次浸染的来源。

防治方法是浙贝收获后，清除被害植株和病叶，最好将其烧毁，以减少越冬病原；发病较严重的土地不直重茬；加强田间管理，合理施肥，增强浙贝的抗病力；发病前，在3月下旬喷射1:1:100的波尔多液，7~10天1次，连续3次或4次。

② 黑斑病：由一种真菌引起的病害。发病是从叶尖开始，叶色变淡，出现水渍状褐色病斑，渐向叶基蔓延，病部与健部有明显界限，一般在3月下旬开始发生危害，直至浙贝地下部枯死。如在清明前后春雨连绵则受害较重，浙贝黑斑病以菌丝及分生孢子在被害植株和病叶上越冬，第二年再次浸染危害。

防治方法：同灰霉病。

③ 软腐病：是一种病原细菌引起的病害。鳞茎受害部分开始为褐色水渍状，蔓延很快，受害后鳞茎变成糟糟的豆腐渣状，或变成黏滑的"鼻涕状"；有时停止危害，而表面失水时则成为一个似虫咬过的空洞。腐烂部分和健康部分界明显。表皮常不受害，内部软腐干缩后，剩下空壳，腐烂鳞茎具特别的酒酸味。

防治方法是选择健壮无病的鳞茎作种；如起土贮藏过夏的，应挑选分档，摊晾后贮藏；选择排水良好的砂壤上种植，并创造良好的过夏条件。药剂防治：配合使用各种杀菌剂和杀螨刘，在下种前浸种。如下种前用20%可湿性三氯杀螨砜800倍加80%敌敌畏乳剂2 000倍再加40%克瘟散乳剂1 000倍混合液浸种10~15分钟，有一定效果；防治螨、蛴螬等地下害虫，消灭传播媒介，防止传播病菌，以减轻危害。

④ 干腐病：是一种真菌引起的病害。鳞茎基都受害后呈蜂窝状，鳞片被害后呈褐色皱褶状。这种鳞茎种下后，根部发育不良，植株早枯，新鳞茎很小。

防治方法：同软腐病。

⑤ 虫害防治：主要害虫是蛴螬，蛴螬是金龟子幼虫，又名"白蚕"。危害浙贝鳞茎的主要是铜绿金龟子幼虫。其他金龟子幼虫也危害。蛴螬在4月中旬开始危害浙贝鳞茎，浙贝过复期危害最盛，到11月中旬以后停止危害。被害鳞茎成麻点状或凹凸不平的空洞状，似老鼠啃过甘薯一样。成虫在5月中旬出现，傍晚活动，卵散产于较湿润的土中，喜在未腐熟的厩肥上产卵。

防治方法是冬季清除杂草，深翻土地，消灭越冬虫口；施用腐熟的厩肥、堆肥，并覆土盖肥，减少成虫产卵；整地翻土时，拾取幼虫作鸡鸭饲料；下种前半月每亩施30千克石灰氮，撒于上面后翻入，以杀死幼虫；用90%晶体敌百虫1 000~1 500倍浇注根部周围土壤。

6. 采收加工

播后第二年五月上中旬，当茎叶枯萎后立即采收，不宜过早或过晚，收后放室内摊开晾晒，以防发酵。选择无病虫、大小均匀贝母做种子后，及时将其它贝母进行加工。提倡无硫切片烘干，禁止采用硫黄熏蒸。

加工方法：加工前洗净鳞茎上的泥土，除去杂质，沥干水。将鳞茎按大小分档。对大个鲜浙贝母用手工或切片机切成片，厚度为2~4毫米。将浙贝母片均匀摊在烘筛（垫）上，厚度2~4厘米，放入烘干机内，加热并打开风机开始除湿，随着时间的推移，温度逐渐升高，温度稳定在50~60℃（根据不同的机型，注意做好预热阶段、等速干燥阶段、降速干燥阶段的温度、进排气口及循环风口和时间的调节或设定），烘至用手轻压易碎（含水量≤13%）即可。天气晴好，将鲜贝母片均匀摊在垫上，在太阳下晒干。待冷却后，即装入薄膜袋或其他包装容器内，密封干燥储存待售。

（三）水稻种植

1. 品种选择

选用甬优15号、甬优12号及浙优18等增产潜力大，米质优，抗性好组合。

2. 大田准备

在5月下旬，对贝母收获后的田块进行翻耕整理。整田时施足基肥：每亩碳铵30千克、过磷酸钙50千克、氯化钾15千克。移栽前一周整田待插，做到土肥充分相融，表土软硬适中，田面平整光洁无杂草，便于插秧和肥水管理。

3. 培育壮秧

省工且生产规模大的可采用机械化育秧，一般农户应选用旱育方式育秧。适期早播，要求各组合在5月10—12日播种，大田亩用种量0.6~0.7千克。播前要进行种子消毒，预防恶苗病及其他种子带菌病害的发生，可用25%咪鲜胺乳油1 500倍液等药剂浸种16~20小时，后清水洗净，用35%丁硫克百威加吡虫啉拌种。播种时力求种子分布均匀。秧田整地前7天用草甘膦杀灭老草，播种覆土后亩用丁恶合剂100毫升对水50千克喷雾或用50%丁草胺100毫升加水50千克喷雾。移栽前3~5天亩用尿素7.5~10千克作起身肥。

4. 适时移栽

秧龄在21~25天，大多数达到三叶一芯时进行移栽。移栽时应剔除病弱苗，选取多蘖壮秧，采用宽行窄株方式进行栽插，栽足基本亩，每亩1万丛左右，要做到浅插匀插，以插入土2~3厘米为宜，既有利于促进分蘖早生快发，又有利于生育中后期株间通风透光，抑制病害发生，提高结实期光合强度，实现穗大粒多获高产。

5. 施好两肥

及时追肥，移栽后7~10天及时亩施尿素10千克。重视穗肥，生育中后期施用穗肥，能提高成穗率，促进壮秆大穗，叶色落黄早、群体小的适当早施重施，并可施2次，群体过大，叶色偏深的旺长水稻、穗肥等叶色明显落黄时适量减施，一般亩施尿素15千克，氯化钾12.5千克。

6. 水浆管理

移栽至有效分蘖期浅水勤灌，80%够苗期至拔节期多次轻搁田，搁田程度因苗而定：群体小、叶色黄要迟搁轻搁，群体适宜的在80%够苗时搁田，群体大，叶色深的要多次搁田，长穗期间湿润间歇灌溉。

7. 大田除草

移栽后水田杂草种类很多，危害严重的有莎草、稗草等，可结合施分蘖肥、用30%丁苄可湿性粉剂每亩80克或用田草星30克等除草剂拌肥撒施除，并建立3~5厘米水层3~5天。

8. 病虫防治

防治螟虫及纵卷叶螟可用20%三唑磷75~100毫升或40%毒死蜱100毫升或10%阿维氟酰胺30毫升加水50千克喷施。防治稻虱选用25%稻虱净30克或10%阿维氟酰胺30毫升加水60千克喷施。防治纹枯病可在拔节到齐穗期选用5%井冈霉素400毫升或20%井冈霉素粉剂50克加水50千克。防治黑条矮缩病要从秧田到大田分蘖阶段，选用10%吡虫啉40克加水50千克喷施。稻曲病应在抽穗前5~10天选用5%井冈霉素水剂或20%三唑酮乳油75毫升加水50千克喷雾。

9. 适时收获

穗部谷粒全部变硬，穗轴上干下黄，70%枝梗黄枯，稻谷成熟度90%~95%为水稻成熟标准，切莫割青而影响产量和品质。

第二节　浙贝母-甜玉米轮作栽培模式

一、模式概述

贝母适宜种植在较低海拔的山丘缓坡地或梯田，并选择排水良好、疏松肥沃的沙质壤土，土壤pH值5~7较为适宜。喜欢温暖湿润、光照充足的环境，生长温度4~30℃，浙江、上海、江苏等地的温、光、水资源条件均能满足贝母-玉米两熟作物生产。缙云比邻浙江最大的中药材市场磐安县，常年开展中药材生产，草本药材面积在一万亩以上，其中贝母是主要草本中药材之一，主要分布在壶镇、东方、新建、舒洪等乡镇，常年种植面积达2 500亩以上，为振兴市场、保障药材原材料供应，起到积极作用。也为农民增收提供了较好途径。随着农民什么来钱种什么的思想理念不断深化，稳定粮食面积难度逐步加大，各级政府的粮食安全形势日趋严峻。为有效缓解这种矛盾，缙云县农技部门加大对农作制度创新和实践，开展粮、经轮作模式试验总结，其中贝母-甜玉米轮种模式以其简单易学、稳粮增效的特点在浙江缙云、磐安一带得到较大面积推广应用。该模式可实现鲜贝母产量达850千克/亩，产值2.975万元/亩；玉米产量2 500千克/亩，产值800元/亩，两季作物总产值3.055万元/亩，扣除种子、肥料和农药等物耗成本及用工费用1.6万元/亩，净收益达到1.455万元/亩。近年来随着消费者对甜玉米需求的增加，部分农户已以种植甜玉米代替了老熟玉米，玉米生产效益还可以增加一倍以上。该模式为不同科作物套种生产，能有效解决中药材连作障碍、土壤恶化等问题，有利于耕地可持续生产；作物间可以利用高矮秆的空间优势，提高复合产量及复合产值；粮-经结合型模式实现了千斤粮万元钱目标。

二、生产技术

（一）茬口安排

不同品种的形状和生育期存在差异，品种选择决定布局安排。贝母品种以选择浙贝1号为佳，该品种质量好、产量高、市场价格也高于其他品种；春玉米选择生育期适中、株型紧凑和穗位高的丹玉13和丹玉26等品种，以保证间套作物的通风透光性良好。9月中下旬到10月中下旬，秋作收获后，将地整平做成畦宽1.2米、沟宽0.3米为一个布局单位，四周开避水沟以利于排水防渍。畦面种植贝母，采用宽畦条播，春季在畦边套种两行春玉米。合理的的密度是夺取丰收的关键，过密或过稀都将影响产量。贝母根据鳞茎大小来确定相应的种植密度，鳞茎大的种植稍稀一点，小的则需密一点，以直径3~4厘米的鳞茎作种子为佳，行距为20厘米、株距为15厘米。春玉米耐密性较差，不宜密植，丹玉13种植密度为2 500株/亩较适宜，丹玉26种植密度2 200株/亩，在原贝母畦的两边上每边种一行，种植穴距畦边20厘米，形成行间距80厘米、株距35厘米。

(二) 贝母种植

1. 种子准备

选择商品性好，生育期适中且产量高的优良品种，如浙贝1号等，并选用大小均匀，无病虫，无损伤，具有两个芽，直径3~4厘米的鳞茎作种子。

2. 整理田块

选择河流、山脚、大溪两侧的冲积土为最好，要求土层深厚、疏松肥沃、排水良好、阳光充足的砂质土壤。稻田在晚稻收割后及时进行田块翻耕整理。播前施土杂肥料2 000千克+饼肥料200千克+钙镁磷肥50千克或焦泥灰500千克/亩作基肥，深翻入土，犁好耙平做成微显龟背形畦面，畦宽1.2米、沟宽0.3米，四周开避水沟，以利排水防渍。也可以采取免耕栽培法，即在单季稻收割后的硬板田不翻耕，直接做畦，做成畦宽1~1.2米，沟宽0.4米。

3. 播种方法

浙江大部分地方于10月中下旬播种，前作收获早的可在9月下旬种植，最迟10月底前完成播种。新生产地域可根据见到个别鳞茎在潮湿情况下根已伸出鳞片时已表明到了下种季节。从气温来看，当气温达到22~27℃时即可下种。采用宽畦条播，沟深8~12厘米，不宜过深或过浅，一般种子大的和靠畦边的适当深播，种子小的和畦中间的适当浅播，播时将芽头向上，边放种边覆土10厘米左右，行株距为（20~25）厘米×（15~20）厘米，亩种15 000~17 000穴左右，亩需种子350千克。覆土后畦面覆盖稻草或其他农作物秸秆，再把沟内土壤清理到秸秆上面，防止被风吹而散落。

4. 田间管理

贝母不宜中耕，12月中旬宜用除草剂进行一次除草。翌年春季要勤拔小草，一般进行3次。浙贝从2—4月需水多一点，如果这一段缺水植株生长不好，直接影响鳞茎的膨大，影响产量。整个生长期水分不能太多，也不能太少。如遇干旱天气，可于晚上进行沟灌，次日清晨排除积水，雨水过多时，要及时清沟排水。收前一周不要浇水。追肥为冬肥、苗肥、花肥3次进行，施冬肥很重要，用量大，浙贝地上部生长仅有3个月左右，肥料需要期比较集中，仅是出苗后追肥不能满足整个生长的需要，而冬肥能够满足整个生长期，能源源不断地供给养分，因此冬肥应以迟效性肥料为主。在重施基肥的基础上，12月浇施1 000千克/亩人粪尿，2月上中旬齐苗后施10千克/亩尿素，3月中下旬摘花打顶后再施一次速效肥促鳞茎膨大。为了使鳞茎充分得到养分，花期要摘花，选择晴天将顶端6~10厘米的花穗摘除，不能摘得过早或过晚，当花长2~3朵时采为合适。

5. 病虫害防治

（1）灰霉病。是由真菌引起的一种病害。发病后先在叶片上出现淡褐色的小点，以后扩大成椭圆形或不规则形病斑，边缘有明显的水渍状环，不断扩大形成灰色大斑；花被害后，干缩不能开花，花柄绞缢干缩，呈淡绿色。一般在3月下旬至4月初开始发生，4月中旬盛发，为害严重。本病以分生孢子在病株残体上越冬或产生菌核落入土中，成为第二年初次浸染的来源。

防治方法：浙贝收获后，清除被害植株和病叶，最好将其烧毁，以减少越冬病原；发病较严重的土地不直重茬；加强田间管理，合理施肥，增强浙贝的抗病力；发病前，在3月下旬喷射1:1:100的波尔多液，7~10天1次，连续3次或4次。

（2）黑斑病。由一种真菌引起的病害。发病是从叶尖开始，叶色变淡，出现水渍状褐色病斑，渐向叶基蔓延，病部与健部有明显界限，一般在3月下旬开始发生危害，直至浙贝地下部枯死。如在清明前后春雨连绵则受害较为重，浙贝黑斑病以菌丝及分生孢子在被害植株和病叶上越冬，第二年再次浸染危害。

防治方法：同灰霉病。

（3）软腐病。是一种病原细菌引起的病害。鳞茎受害部分开始为褐色水渍状，蔓延很快，受害后鳞茎变成糟糟的豆腐渣状，或变成黏滑的"鼻涕状"；有时停止危害，而表面失水时则成为一个似虫咬过的空洞。腐烂部分和健康部分界明显。表皮常不受害，内部软腐干缩后，剩下空壳，腐烂鳞茎具特别的酒酸味。

防治方法：选择健壮无病的鳞茎作种；如起土贮藏过夏的，应挑选分档，摊晾后贮藏；选择排水良好的砂壤上种植，并创造良好的过夏条件。药剂防治：配合使用各种杀菌剂和杀螨刘，在下种前浸种。如下种前用20%可湿性三氯杀螨砜800倍加80%敌敌畏乳剂2 000倍再加40%克瘟散乳剂1 000倍混合液浸种10~15分钟，有一定效果；防治螨、蛴螬等地下害虫，消灭传播媒介，防止传播病菌，以减轻危害。

（4）干腐病。是一种真菌引起的病害。鳞茎基都受害后呈蜂窝状，鳞片被害后呈褐色皱褶状。这种鳞茎种下后，根部发育不良，植株早枯，新鳞茎很小。

防治方法：同软腐病。

（5）虫害防治。主要害虫是蛴螬，蛴螬是金龟子幼虫，又名"白蚕"。危害浙贝鳞茎的主要是铜绿金龟子幼虫。其他金龟子幼虫也危害。蛴螬在4月中旬开始危害浙贝鳞茎，浙贝过复期危害最盛，到11月中旬以后停止危害。被害鳞茎成麻点状或凹凸不平的空洞状，似老鼠啃过甘薯一样。成虫在5月中旬出现，傍晚活动，卵散产于较湿润的土中，喜在未腐熟的厩肥上产卵。

防治方法：冬季清除杂草，深翻土地，消灭越冬虫口；施用腐熟的厩肥、堆肥，并覆土盖肥，减少成虫产卵；整地翻土时，拾取幼虫作鸡鸭饲料；下种前半月每亩施30千克石灰氮，撒于上面后翻入，以杀死幼虫；用90%晶体敌百虫1 000~1 500倍浇注根部周围土壤。

6. 采收加工

播后第二年5月上中旬，当茎叶枯萎后立即采收，不宜过早或过晚，收后放室内摊开晾晒，以防发酵。选择无病虫、大小均匀贝母做种子后，及时将其他贝母进行加工。提倡无硫切片烘干，禁止采用硫黄熏蒸。

加工方法：加工前洗净鳞茎上的泥土，除去杂质，沥干水。将鳞茎按大小分档。对大个鲜浙贝母用手工或切片机切成片，厚度为2~4毫米。将浙贝母片均匀摊在烘筛（垫）上，厚度2~4厘米，放入烘干机内，加热并打开风机开始除湿，随着时间的推移，温度逐渐升高，温度稳定在50~60℃（根据不同的机型，注意做好预热阶段、等速干燥阶段、降速干燥阶段的温度、进排气口及循环风口和时间的调节或设定），烘至用手轻压易碎（含水量≤13%）即可。天气晴好，将鲜贝母片均匀摊在垫上，在太阳下晒干。待冷却后，即装入薄膜袋或其他包装容器内，密封干燥储存待售。

（三）玉米栽培模式

1. 品种选择

选用品质好，口感清甜，皮薄无渣，色味香，生育期适中、产量高的金茂 3 号等超甜玉米品种。老熟用春玉米选择生育期适中、株型紧凑和穗位高的丹玉 13 和丹玉 26 等品种。

2. 浸种播种

用 25℃左右温水浸种 4 小时后，捞起沥干，用湿毛巾包好，使其温度保持 30℃进行催芽，一般经过 2~3 天，等种子刚露芽即可播种。播种时间为 3 月 20 日左右。

3. 适时移栽

4 月 15 号左右，叶龄 3 叶时移栽。甜玉米间种在贝母之间，叶片伸展方向与行向垂直，有利于通风透光。行株距 0.6 米×0.4 米，栽 2 800 株/亩左右，过密影响通风透光和光合作用，过稀影响产量。

4. 科学管理

移栽时用进口复合肥 40 千克/亩进行穴施，栽后要浇足水份促使发根。成活后用碳铵 20 千克/亩对水 500 千克稀释进行追肥。拔节前用尿素 15 千克/亩对水 500 千克混匀进行浇施促进拔节，雄花抽出前施 15:15:15 复合肥 25 千克/亩作穗粒肥。甜玉米苗期和孕穗灌浆期最需要水分，苗期缺水易造成死苗，灌浆到收获缺水易造成玉米秃头或玉米籽粒干瘪，所以如遇天气干旱要及时浇水或灌水。

5. 病虫防治

主要害虫有地老虎、玉米螟、蚜虫等。地老虎可造成大批死苗，玉米螟可咬死成年植株。苗期用 1.8%阿维菌素 10 毫升/亩对水 10 千克喷雾防治地老虎。抽穗前后用 1%甲维盐或 48%毒死蜱乳油 800 毫升/亩对水 50 千克灌心或喷雾防治玉米螟，连续用药 2 次或 3 次。用 10%吡虫啉粉剂 10 克对水 50 千克喷雾防治蚜虫。玉米病害主要有叶斑病、纹枯病及锈病等，用 10%世高颗粒粉剂 30 克/毫升/亩对水 50 千克防治叶斑病，用 5%井冈霉素 100 倍液防治纹枯病，用 25%三唑酮 1 500 倍液防治锈病。甜玉米是鲜食商品，防病治虫要做到无公害无残留，要严格掌握农药安全间隔期。

6. 适时收获及时上市

甜玉米在雌穗花丝刚变黑时是收获适期，此时正是甜玉米灌浆即将完毕，籽粒饱满甜度最好的时候，收获前可先剥几个玉米看看，然后确定是否可以收获上市。该模式甜玉米收获一般在 6 月下旬至 7 月上旬收获完毕。老玉米在 7—8 月收获结束（图 4-1、图 4-2）。

图 4-1　浙贝母-单季稻水旱轮作栽培

图 4-2　浙贝母-单季稻水旱轮作栽培

薏苡，也称米仁，为禾本科一年生草本植物，是一种药粮两用作物。以去除外壳的种皮和种仁入药。主产浙江、湖南、河北、江苏、福建等省。有健脾利湿、清热排脓功能。对癌症以及多发性疣有疗效。薏苡种仁富含脂肪、多种氨基酸、大量的维生素 B_1、维生素 B_2 以及钙、磷、镁、钾等，是我国传统的食品资源之一，可做成粥、饭、各种面食供人们食用。尤对老弱病者更为适宜。薏苡种仁卵形，长约 6 毫米，直径为 4~5 毫米，背面为椭圆形，腹面中央有沟，内部胚和胚乳为白色、糯性，不粘牙之感。颖果卵圆形，外壳坚硬有黑褐色条纹。未成熟时外壳淡紫红色，成熟果实灰白色，有油润光泽。浙江主产地在缙云和泰顺，常年生产面积在 1.8 万~3 万亩。丽水市缙云县薏苡生产历史悠久，生产品种以当地农家种"缙云米仁"最为突出。多年来"缙云米仁"以色白、粒大、质糯、口感佳而享誉省内外。药份含量也较高，常年被浙江康莱特制药公司大量定单收购，产品供不应求。为充分保护和开发利用缙云米仁种质资源，浙江省农业厅给予了种质资源开发利用项目支持。近年来，薏苡生产面积不断扩大，单产逐年提高，生产技术不断完善，产量达 300 千克/亩，产值达 2 400 元/亩以上。并已在丽水景宁、云和以及江西省等引种并建立基地。薏苡大田中生长时间为 6 月到11 月上旬，利用 11 月到翌年 5 月进行荷兰豆种植可增加 2 900 元/亩产值，亩效益可翻一倍。

第一节　薏苡/西瓜–荷兰豆套种栽培模式

一、模式概述

薏苡喜欢温暖湿润气候，怕干旱，耐肥，生长期长，适生范围较广。各类土壤均可种植，对盐碱地、沼泽地的盐害和潮湿的耐受性较强，但以向阳、肥沃的壤土或粘壤上栽培为宜。忌连作，也不宜与禾本科作物轮作。缙云县有着几十年的薏苡生产历史，在多年的生产过程中，产量水平虽然有所提高，但随着劳动力工资的不断攀升，薏苡生产效益呈下降趋势。2010 年开始，缙云县双溪口乡农业技术综合服务站协同浙江康莱特米仁有限公司在双溪口乡姓潘村开始薏苡、西瓜、荷兰豆套种生产，获得成功。该种植模式得到县农业局的重视和支持，并列入 2011 年市农业丰收项目。通过两年的示范推广，应用面积一千多亩，成为全乡农产业的一个新亮点，农民增收的一项新途径。春季荷兰豆平均每亩产量 665 千克，亩产值2 928 元；西瓜每亩产量 2 779 千克，亩产值 3 891 元；薏苡每亩量 305 千克，亩产值 2 352元，合计每亩总收入 9 171 元。生产效益比单种薏苡增加两倍以上，比春粮–单季稻模式增加两倍。其表现的优点有：一是药/瓜–粮套、轮作可实现稳粮增效，获得钱粮双丰收；二是薏苡为禾本科高需肥作物，与荷兰豆这豆科作物轮作可实现用地与养地结合，一定程度上缓解不宜连作的障碍；三是薏苡收获后可留1~1.5米的薏苡秆，成为荷兰豆茎蔓攀爬的纯天然支架，减少立架工本，提高经济效益；四是薏苡是高秆作物，与西瓜这匍匐性作物套种有利于充分利用光照和生长空间，加上冬季与荷兰豆轮作，实现季节、土地和空间的合理利用。

二、生产技术

（一）茬口安排

薏苡于4月至5月初，地温12℃以上时种植。开沟宽20厘米，畦宽1.2米，种植3行，按行距50厘米，株距35厘米，在畦边10厘米处开挖种植穴，每穴种3棵或4棵。将种子播入沟内盖土压实与地面相平。育苗移植的，在苗高15厘米左右时或3~4片真叶时按株距35厘米移植大田，采收期霜降至立冬前（10月下旬至11月上中旬）。西瓜于4月初育苗，5月上中旬移栽，采用大棚或拱棚营养钵育苗，苗龄30天左右时移载，于荷兰豆行间略偏畦边按株距60厘米种植，每畦两行。西瓜可于薏苡基本封行前收获。荷兰豆播种期10月下旬至11月上中旬，收获期次年4月初开始收获，至5月10日左右采收结束，采收期40天左右。播种密度上，行距与薏苡相同，株距小一半，在薏苡株间种植。

（二）薏苡栽培模式

1. 种子准备与处理

在大田生产过程进行筛选，选取生长整齐、病害较轻、杂株较少的为种子收获田，同时进行去杂，将黑穗病株和杂株及时割除，选留生长健壮、品种特征表现明显的作下年种子。收获的种子必须自然晒干，不可烘干。每亩需准备种子5~6千克。黑穗病是薏苡主要病害，为预防危害，播种前必须作种子处理，常用方法有3种：一是沸水浸种，用清水将种子浸泡一夜，装入篾箕，连篾箕在沸水中拖过，同时快速搅拌，以使种子全部受烫，入水时间在5~8秒，立即摊开，晾干水气后播种，每次处理种子不宜过多，以避免部分种子不能烫到，烫的时间不能超过10秒，以防种子被烫死不能发芽；二是生石灰浸种，将种子浸泡在60~65℃的温水中10~15分种，捞出种子用布包好，用重物压沉入5%的生石灰水里浸泡24~48小时，取出以清水漂洗后播种；三是用1:1:100的波尔多液浸种24~48小时后播种。为避免播种后被鸟类啄食造成缺苗，播前可用毒饵拌种。

2. 整地播种

选择向阳，肥沃的壤土或黏土地及低洼涝地种植为宜。干旱严重环境不宜种植。选好地后，翻地20~25厘米，施入土肥130~200千克/亩耙细整平，做成1.4米宽的畦（含沟20厘米）。如在山坡种植一般不做畦，但要开好排水沟和栏山堰，防止雨季雨水冲刷。

于4月至5月初，地温12℃以上时即可种植，可直播或育苗移植。直播提倡穴播：按行距50厘米，株距35厘米，开挖3~5厘米深的穴，每穴种3粒或4粒。将种子播入沟内盖土3~5厘米压实与地面相平。如果没有施入土肥的，种植时可以加入高效复合肥每亩约30千克做底肥，7~10天出苗，大田用种量3~4千克/亩。育苗移植应在苗高15~20厘米时或3~4片真叶时移植大田。

3. 中耕除草

由于薏苡幼苗与一些杂草相似，一定要及时除草，防止草、药齐长影响产量。除草可先用"阔锄"等阔叶化学除草剂。人工除草通常进行3次。第一次结合间苗进行；第二次在苗高30厘米上下时，浅锄，特别要注意勿伤根部；第三次在苗高50厘米、植株尚未封畦前进行，注意不要弄断苗茎，并适时培土，以避免后期倒伏。

4. 肥水管理

薏苡前期为提苗，应着重施氮肥，后期为促壮杆孕穗，应多施磷钾肥。第一次中耕除草时，施人畜粪尿 1 500~2 000 千克/亩，或用过磷酸钙 50 千克/亩加硫酸铵 10 千克/亩；第二次中耕除草前，用复合肥 30~50 千克/亩，在离植株 10 厘米处开穴施入，中耕时覆土；第三次在开花前于根外喷施 1%~2% 的磷酸二氢钾溶液，磷酸二氢钾用量掌握在 1~1.5 千克/亩。薏苡播种后如遇春旱，应及时浇水灌溉，供其发芽。拔节、孕穗和扬花期，如久晴不雨，更要灌水，以防土壤水分不足，果粒不满，出现空壳。雨季也要注意清沟排水，避免长时间积水。

5. 人工辅助授粉

薏苡是风媒花，雄花少，在无风情况下，雌花未全部授粉易出现秕粒。可由两人牵绳从茎顶横拖过，摇动植株，使花粉传播到雌花上，3~5 天一次，直至扬花结束为止。

6. 病虫害防治

薏苡的病害主要有：叶枯病、黑穗病等，害虫主要有玉米螟、黏虫等，由于薏苡是药食两用性，对病虫害防治方法和用药就得有更高的要求。坚持以防为主，特别强调播前种子消毒。用药防治只是防止减产的补救措施，而且强调农药有效成分的安全间隔期。提倡使用生物源农药和矿物源农药及新型高效、低毒、低残留农药。

黑穗病除了注意选种和种子消毒处理外；还应实行轮作，避免连作，与豆类、棉花、马铃薯等轮作为宜。叶枯病发病初期喷 1:1:100 波尔多液，或用 65% 可湿性代森锌 500 倍液。

虫害主要有黏虫和玉米螟。防治方法：在玉米螟卵孵化期，田间喷施 100 亿个孢子/毫升的 Bt 乳剂 200 倍液喷雾，成虫期用糖醋毒液诱杀；为从根本消灭黏虫，应挖土灭蛹。早春将玉米、薏苡茎秆烧毁，消灭越冬幼虫；5 月和 8 月夜间点黑光灯诱杀。

7. 收获与加工

采收期霜降至立冬前（10 月下旬至 11 月中旬）；以植株下部叶片转黄时 80% 果实成熟为适宜收割期，不可过迟，避免成熟种子脱落减产。只割茎上部，尽量多留秆子被荷兰豆作支架。堆放 3~5 天，晒干后脱粒。脱粒后晒干或烘干，扬去杂质进行贮藏。出售时以薏苡粒饱满、无杂质、干燥为佳品。将净种子用碾米机碾去外壳和种皮，筛或风净后即成商品食材或药材。注意要根据近期使用量进行定量加工。加工成薏苡米后很难长时间保存。

（三）西瓜栽培

1. 育苗与施肥

播种育苗品种选用浙蜜三号。于 4 月初育苗，5 月上中旬移栽，采用大棚或拱棚营养钵育苗。营养土选干净的肥土，晒干打碎，过筛后按 2:1 比例加入腐熟畜栏粪混和，再加适量腐熟人粪尿和含少量硫酸钾复合肥。一般 100 个营养钵施 0.5 千克复合肥。营养土拌匀后，闷堆 2~3 天，装钵时含水量以手捏成团、落地能散为度。

2. 小苗移栽与施肥

小拱棚育苗一般秧龄 28~32 天应及时移栽，移栽应施足肥，一般要求在荷兰豆中间略偏一边开沟，亩施复合肥 30~40 千克，复盖泥土后偏另一边挖穴，株距 50~60 厘米，每穴放一株幼苗，定植后采用地膜平铺覆盖，并及时注意破膜放苗。

3. 翻耕、松土与施肥

5 月下旬荷兰豆收获后，全面翻耕畦面，疏松土壤促进根系生长，并把荷兰豆的豆蔓铺在西瓜苗两边，以改善田间小气候，有利瓜苗伸蔓，提高西瓜坐果率。每隔 7 天追施 1 次稀薄人粪尿，共 2 次或 3 次。苗长 70 厘米时施重肥一次，离根 20 厘米处挖小穴，每亩施 50 千克腐熟菜籽饼，施后覆土，促使根系向纵深生长。重施结果肥。当果实有鸡蛋大小时，每亩施复合肥 25 千克；果实有碗口大时，追施第二次结果肥，用量如前。

4. 田间管理

搞好清沟排水等田间管理工作。西瓜较耐干旱，但又是需要水分甚多的作物，在幼苗期幼苗移栽之后，都应尽量少浇水以至不浇水，促使幼苗形成发达的根系。随着植株的生长，西瓜需水量也逐渐增加，一般在开花座果之前，还要控制水分防止疯长。当座果以后，应保证充足的水分供应以利于果实膨大、增加重量。在采收前 7~10 天则不宜浇水，使果实积累糖分。如此方可获得品质良好而硕大的果实。同时做好整枝、保花、保果、压蔓等措施。

5. 病虫害防治

西瓜的主要病害是炭疽病，枯萎病和病毒病等。

（1）炭疽病。幼苗期表现为茎部缢缩，变为黑褐色，从而引起猝倒。叶部受害时，初为小的黄色水浸状圆形斑点，斑点扩大以后变为黑色，叶片随之枯缩死亡。防重于治，常用的药剂为 50% 的苯来特、多菌灵、托布津、甲基托布津 500~700 倍液。

（2）枯萎病。也叫蔓割病，是一种土传病害，幼苗、成株均可发病。发病初期白天萎蔫，夜晚恢复"正常"。病情严重后萎蔫不能恢复直到完全枯萎死亡。病株根系有坏死病痕，维管束变褐。发病之初，扒开根际土壤暴晒并灌注多菌灵、托布津药液，有一定的防治效果。最有效的方法是嫁接育苗栽培，但必须选用适宜的砧木，既能防治枯萎病又不致影响西瓜果实的品质。

（3）防治虫害预防病毒病用 20% 双甲脒乳油 1 500 倍液加 25% 吡虫啉或 50% 乙酰甲胺磷 1 000 倍液喷洒防治蓟马；用 40% 乐果乳油 1 000 倍液或 20% 速灭杀丁 2 000 倍液等药液喷洒防治蚜虫。防治好这两个虫子基本能预防病毒病的发生。

（四）荷兰豆生产技术

1. 备种与播种

品种选用小荚荷兰"豆成驹三十日""奇珍 76"等，播种前精选粒大、饱满、整齐和无病虫害的种子，播种期于 10 月下旬至 11 月中旬播种，露地越冬，次年 4—5 月采收。播种过早，冬前生长过旺，冬季寒潮来临时容易冻死；播种过迟，在冬前植株根系没有足够的发育，次春抽蔓迟，产量低。播前开沟深施有机肥每亩 1 500~2 000 千克，过磷酸钙 20~30 千克或复合肥 10~15 千克，于薏苡株间或靠薏苡行一侧开穴播种，行距 50 厘米，行内株间距 17~20 厘米，每穴播 2~6 粒种子，土壤湿润时覆土 5~6 厘米，土壤干燥时覆土稍厚些。每亩用种 10 千克，播后亩用丁草胺 3 两喷雾封杀除草。

2. 田间管理

越冬前须进行一次培土，以保温防冻，次年春松土除草。视杂草情况结合小培土中耕除草 1~2 次。封行后，若杂草丛生可用盖草灵除草。苗期忌积水，遇大雨要及时清沟排水。苗期如果基肥不足，亩施 5 千克尿素或结合中耕除草浇施人粪尿一次，现蕾开花时开始浇小水，干旱时可提前浇水。同时结合浇水每亩追施速效氮肥 10 千克或浇人粪尿 500~1 000 千克，加速营养生长，促进分枝，随后松土保墒，待基部荚果已坐住，浇水量可稍大，并追施磷、钾肥。每亩可用 20~30 千克复合肥和过磷酸钙 10~15 千克浇施或沟施。结荚期可在叶面喷施 0.3% 磷酸二氢钾。这样，可增加花数、荚数和种子粒数。结荚盛期保持土壤湿润，促使荚果发育。待结荚数目稳定，植株生长减缓时，减少水量，防止植株倒伏。结荚期亩用磷酸二氢钾 100 克加硼砂 50 克加水 50 千克喷 2 次或 3 次，或用光肥高利达荷兰豆专用型 1500 倍液喷施 2 次或 3 次。在苗期卷须刚出时开始要及时靠人工引蔓上薏苡秆架，薏苡秆如果太矮的，要补立 170~180 厘米的竹杆架，按逆时针方向引蔓，任其在架上生长。

3. 病虫防治

豌豆虫害主要有蚜虫及潜叶蝇，尤其是潜叶蝇危害较重，病害有白粉病、锈病、茎腐病和花叶病毒病，选用高效低毒的无公害生产推荐药剂防治。

4. 采收

小荚荷兰豆是食用嫩荚，一般在开花受精后（即花谢后）7 天左右嫩荚就停止生产，种子开始发育，因此一定要在受精后种粒未膨起时适时采收，即谢花后 7 天左右。因其有陆续开花结荚特性，故要分批采摘，通常 1~3 天采收一次，在盛采期一天采一次，一般亩产在 650 千克。

第二节　薏苡油菜轮作栽培模式

一、模式概述

薏苡喜欢温暖湿润气候，怕干旱，耐肥，生长期长，适生范围较广。各类土壤均可种植，对盐碱地、沼泽地的盐害和潮湿的耐受性较强，但以向阳、肥沃的壤土或黏壤上栽培为宜。忌连作，也不宜与禾本科作物轮作。缙云县有着几十年的薏苡生产历史，在多年的生产过程中，产量水平虽然有所提高，但随着劳动力工资的不断攀升，薏苡生产效益呈下降趋势。21 世纪初开始，缙云县农业局技术人员分别协同双溪口乡农业技术综合服务站、新建镇农业技术综合服务站在双溪口乡姓潘村、新建镇丹址村的薏苡收获后的田块上进行冬种油菜生产，获的满意的效果。随后几年，在其他各乡镇村得到推广种植，面积迅速扩大，多年来该种植模式应用面积一直稳定在 1 000 多亩，成为薏苡生产田开展冬种的一个常用生产模式，也是农民增收的一项新途径。油菜平均每亩产量 250 千克，亩产值 1 250 元；薏苡每亩产量 305 千克，亩产值 2 440 元，合计每亩总收入 3 690 元。生产效益比单种薏苡增加一倍以上。其表现的优点有：一是药-油轮作既可稳定油料生产面积，满足人们对植物油增长的需求，又可增加亩产效益；二是薏苡为禾本科高需肥作物，与油菜这十字花科作物轮作可实现用地与养地结合，解决了薏苡连作不高产的问题；三是薏苡收获后可留 1~1.5 米的薏苡杆，一定程度上成为作物防倒的支架，提高油菜抗倒能力；四是夏秋作物薏苡与冬季油菜作物轮套种有利于充分利用光照和生长空间，实现季节、土地和空间的合理利用。连片的油菜田既能让田园实现绿色过冬，有可提供春季美丽的油菜花景色，美化田园，助推美丽乡村建设。

二、生产技术

（一）茬口安排

薏苡于 4 月至 5 月初，地温 12℃以上时种植。开沟宽 30 厘米，畦宽 1.2 米，种植 3 行，按行距 50 厘米，株距 35 厘米，在距畦边 10 厘米处开挖种植穴，每穴种 3 棵或 4 棵。将种子播入沟内盖土压实与地面相平。育苗移植的，在苗高 15 厘米左右时或 3 片或 4 片真叶时按株距 35 厘米移植大田，采收期霜降至立冬前（10 月下旬至 11 月上中旬）。油菜播种期 9 月下旬到 10 月上旬，移栽时间 11 月上旬，收获期次年 5 月中旬。油菜播种密度为 8 000 株左右，每畦 3 行与薏苡相同，株距比薏苡小一倍。

（二）薏苡栽培模式

1. 种子准备与处理

在大田生产过程进行种子筛选，选取生长整齐、病害较轻、杂株较少的为种子收获田，同时进行去杂，将黑穗病株和杂株及时割除，选留生长健壮、品种特征表现明显的作下年种子。收获的种子必须自然晒干，不可烘干。每亩需准备种子 5~6 千克。黑穗病是薏苡主要病害，为预防危害，播种前必须作种子处理，常用方法有 3 种：一是沸水浸种，用清水将种子浸泡一夜，装入箩箕，连箩箕在沸水中拖过，同时快速搅拌，以使种子全部受烫，入水时间在 5~8 秒，立即摊开，晾干水气后播种，每次处理种子不宜过多，以避免部分种子不能烫到，烫的时间不能超过 10 秒，以防种子被烫死不能发芽；二是生石灰浸种，将种子浸泡在 60~65℃ 的温水中 10~15 分种，捞出种子用布包好，用重物压沉入 5% 的生石灰水里浸泡 24~48 小时，取出以清水漂洗后播种；三是用 1:1:100 的波尔多液浸种 24~48 小时后播种。为避免播种后被鸟类啄食造成缺苗，播前可用毒饵拌种。

2. 整地播种

选择向阳，肥沃的壤土或粘土地及低洼涝地种植为宜。干旱严重环境不宜种植。选好地后，翻地 20~25 厘米，施入土肥 130~200 千克/亩耙细整平，做成 1.5 米宽的畦（含沟 30 厘米）。如在山坡种植一般不做畦，但要开好排水沟和栏山堰，防止雨季雨水冲刷。

于 4 月至 5 月初，地温 12℃ 以上时即可种植，可直播或育苗移植。直播提倡穴播：按行距 50 厘米，株距 35 厘米，开挖 3~5 厘米深的穴，每穴种 3~4 粒。将种子播入沟内盖土 3~5 厘米压实与地面相平。如果没有施入土肥的，种植时可以加入高效复合肥每亩约 30 千克做底肥，7~10 天出苗，大田用种量直播 4~5 千克/亩，育苗移植 3~4 千克/亩。育苗移植应在苗高 15~20 厘米时或 3~4 片真叶时移植大田。

3. 中耕除草

由于薏苡幼苗与一些杂草相似，一定要及时除草，防止草、药齐长影响产量。除草可先用"阔锄"等阔叶化学除草剂。人工除草通常进行 3 次。第一次结合间苗进行；第二次在苗高 30 厘米上下时，浅锄，特别要注意勿伤根部；第三次在苗高 50 厘米，植株尚未封畦前进行，注意不要弄断苗茎，并结合中耕除草进行培土，以避免后期倒伏。

4. 肥水管理

薏苡前期应着重施氮肥，后期为促壮杆孕穗，应多施磷钾肥。第一次中耕除草时，施人畜粪尿 1 500~2 000 千克/亩，或用过磷酸钙 50 千克/亩加硫酸铵 10 千克/亩；第二次中耕除草前，用复合肥 30~50 千克/亩，在离植株 10 厘米处开穴施入，中耕时覆土；第三次在开花前于根外喷施 1%~2% 的磷酸二氢钾溶液，磷酸二氢钾用量掌握在 1~1.5 千克/亩。薏苡播种后如遇春旱，应及时浇水灌溉，供其发芽。拔节、孕穗和扬花期，如久晴不雨，更要灌水，以防土壤水分不足，果粒不满，出现空壳。雨季也要注意清沟排水，避免长时间积水。

5. 人工辅助授粉

薏苡是风媒花，雄花少，在无风情况下，雌花未全部授粉易出现秕粒。可由两人牵绳从茎顶横拖过，摇动植株，使花粉传播到雌花上，3~5 天一次，直至扬花结束为止。

6. 病虫害防治

薏苡的病害主要有叶枯病、黑穗病等，害虫主要有玉米螟、黏虫等，由于薏苡是药食两用性，对病虫害防治方法和用药就得有更高的要求。坚持以防为主，特别强调播前种子消毒。用药防治只是防止减产的补救措施，而且强调农药有效成分的安全间隔期。提倡使用生物源农药和矿物源农药及新型高效、低毒、低残留农药。

黑穗病除了注意选种和种子消毒处理外，还应实行轮作，避免连作，与豆类、马铃薯等轮作为宜。叶枯病发病初期喷 1:1:100 波尔多液，或用 65% 可湿性代森锌 500 倍液。

虫害主要有黏虫和玉米螟。防治方法：在玉米螟卵孵化期，田间喷施 100 亿个孢子/毫升的 Bt 乳剂 200 倍液喷雾，成虫期用糖醋毒液诱杀；为从根本消灭粘虫，应挖土灭蛹。早春将田间及周边的玉米、薏苡茎秆集中烧毁，消灭越冬幼虫；5 月和 8 月夜间点黑光灯诱杀。

7. 收获与加工

采收期霜降至立冬前（10 月下旬至 11 月中旬），以植株下部叶片转黄时 80% 果实成熟为适宜收割期，不可过迟，避免成熟种子脱落减产。只割茎上部，尽量多留秆子被荷兰豆作支架。堆放 3~5 天，晒干后脱粒。脱粒后晒干或烘干，扬去杂质进行贮藏。出售时以薏苡粒饱满、无杂质、干燥为佳品。将净种子用碾米机碾去外壳和种皮，筛或风净后即成商品食材或药材。注意要根据近期使用量进行定量加工。加工成薏苡米后很难长时间保存。

（三）油菜栽培模式

1. 适时播种，培育壮苗

选择高产高油含量的浙油 50、浙双 72、高油 605 等品种，在 9 月下旬至 10 月上中旬播种，秧田与大田比为 1:6，培育大壮苗，三片真叶期喷施 150 毫克/升的多效唑或 18 毫克/升烯效唑。苗龄控制在 35 天左右，株型矮健紧凑，苗高 20~23 厘米；叶柄粗短，无红叶，叶片密集丛生不见节，绿叶 6~8 片；根茎粗短，侧根多、细，主根直；无病害。

2. 精细移栽，中耕培土

按 50 厘米行距、18 厘米株距栽植，要移栽 6 片真叶的大壮苗。移栽前大田要施足基肥，移栽时要边起苗、边移栽，不栽细弱苗、称钩苗、杂种苗，要栽稳、栽实，对大苗、高苗要进行深栽，栽后浇定根水。栽后及时清理沟土保持排水通畅。干旱可引水进行沟灌，畦面润透后立即将水排干，移栽活棵后应及时进行中耕松土，以利于通气、降湿、增温，增强土壤供肥能力，促进根系发育，中耕时应遵循"行间深、根旁浅"的原则进行，并注意培土，增强抗寒防倒能力，促进根颈不定根的发生。薏苡田大多采用免耕移栽油菜，由于没有翻耕，土壤比较板结，杂草发生也重，因此，苗期必须勤中耕，一般 2 次或者 3 次，以消灭杂草、疏松土壤，培土壅根，促进根部生长。

3. 早施苗肥、重施腊肥

早施、勤施苗肥，一般在移栽成活后，及时追第一次苗肥，以利促进冬前幼苗生长。方法是：每亩用人畜粪 500~1 000 千克加尿素 2~3 千克浇施作提苗肥，对底肥不足、长势差、速效肥少的田块，第一次施肥后半月左右应酌情再追一次。腊肥具有保暖、防冻、促春发的作用。一般在 12 月中下旬对油菜田追施腊肥，并结合进行培土。腊肥应以迟效的厩肥、泥肥、饼肥为主，配合施用一定量的草木灰、过磷酸钙。每亩用人畜肥或厩肥 1 500~2 000 千克施于油菜行间。

4. 防寒防冻，化控蹲苗

在油菜畦面上覆盖秸草、撒施草木灰或腐熟细碎的有机肥料，不仅可以提高土温，增强油菜的防寒抗冻能力，保证油菜安全越冬，还可以改善土壤结构，减少环境污染。一般每亩覆盖秸秆 200~300 千克。移栽早的油菜若生长过旺，可在 12 月中下旬喷施多效唑进行化控，既能蹲苗促壮，又具有很好的防冻作用。一般每亩用 15% 的多效唑 35 克，对水 50 千克均匀喷施叶片即可。

5. 化学除草，控制草害

栽前未进行化学除草的或化学除草效果不好的田块，要及时在油菜移栽 15 天左右开展化学除草，以禾本科杂草为主的田块，亩用 5% 的旱作丰 75 毫升，或用 10.5% 的高效盖草能 25~30 毫升，对水 40 千克对着杂草茎叶进行喷雾。以阔叶类草为主的田块，每亩用 15% 的阔草克 100 毫升，对水 40 千克，在杂草 2~3 叶期、油菜 6~8 叶期喷雾防除。以单、双子叶杂草混生的田块，每亩用油菜双克或快刀 100 毫升，对水 40 千克喷雾防除。

6. 防病治虫、适时收获

主要病害有油菜霜霉病，油菜病毒病，油菜菌核病，三叶期和移栽前 6~7 天最好各喷洒一次 50%多菌灵或 70%甲基托布津可湿粉 50~80 克对水 50~60 千克，以预防霜霉病、菌核病等病害的发生与蔓延。油菜苔高 25 厘米或始花期可用 58%瑞毒霉可湿性粉剂 200~400 倍液；65%代森锌 500 倍液或 50%代森铵 1 000 倍液喷雾防治。

主要虫害有油菜田蚜虫，油菜潜叶蝇，菜粉蝶。防治措施：在油菜苗期和苔花期，当有虫株率达 10%时，用 10%吡虫啉可湿性粉剂 3 000 倍液、40%乐果乳剂 3 000 倍液、50%敌敌畏乳剂或马拉硫磷乳剂 2 000 倍液、70%灭蚜松可湿性粉 2 000 倍液进行常规喷雾，或每亩施用 1.5%乐果粉剂 1.5 千克。及早把虫害消灭在点片发生的阶段。

适宜收获期是全田 80%左右角果呈现淡黄色，主轴大部分角果籽粒呈现出黑褐色即收获。一般在终花后 30 天左右（图 5-1、图 5-2、图 5-3、图 5-4）。

图 5-1　薏苡油菜轮作栽培

图 5-2　薏苡油菜轮作栽培

图 5-3　薏苡西瓜-荷兰豆套种栽培

图 5-4　薏苡西瓜-荷兰豆套种栽培

　　青钱柳（*Cyclocarya paliurus*）别名：摇钱树、麻柳，青钱李、山麻柳、山化树，系胡桃科青钱柳属植物，我国特有种，青钱柳属于落叶乔木，树高 10~30 米；树皮灰色；枝条黑褐色，花期 4—5 月，生长习性叶革质，单数羽状复叶。果序轴长 25~30 厘米，果实有革质水平圆盘状翅，果熟期 7—9 月。喜光，幼苗稍耐阴；要求深厚、喜风化岩湿润土质；耐旱，萌芽力强，生长中速。

　　据《中国中药志要》记载：其树皮、树叶具有清热解毒、止痛等功能，可用于治疗顽癣，长期以来民间用其叶做茶，被誉为医学界的第三棵树。近来研究表明，青钱柳叶药用具有清热解暑、降压、降糖、降脂等作用；同时还具有增强机体免疫力和抗氧化抗衰老等作用。青钱柳材质密度大，属于高强度树种，同时木材纹理直，结构略细，重量和硬度适中，干燥快，切削容易且切面光滑；树皮含有纤维及鞣质。此外，青钱柳树姿优美，果似铜钱，可作为优良观赏绿化树种及造林树种。青钱柳树干通直，常处于林分林冠上层，自然整枝良好。在天然林中，40~50 年生的大树，枝下高可达 9 米。大树喜光，幼苗幼树稍耐荫，根系十分发达，主侧根多分布 40~80 厘米的土层中。青钱柳也是良好的肥培树种，每年有大量的凋落物，分解速率高，与常绿针叶树种混交造林后，可改善土壤结构，提高土壤肥力，并能充分发挥涵养水源的功能。人工栽培青钱柳比天然林生长快。喜生于温暖湿润肥沃，排水良好的酸性红壤，黄红壤之上，适生于湿度较大的环境中。

第一节　青钱柳套种旱稻栽培模式

一、模式概述

　　青钱柳树开发价值极大。一是青钱柳生长迅速，干形通直、高大，具有密度大、纹理直、干燥快、切割容易且切面光滑等特点，可作为家具及工业用材；二是青钱柳的树皮含鞣质，可提取栲胶，也可作为生产纤维的原料使用；三是青钱柳具有较高的天然保健功效，其叶中含油丰富的矿质元素和生物活性成分，具有降血糖、血脂及增强免疫力等功效，这也是目前青钱柳开发利用的重点。因此，青钱柳是一种极具发展潜力的珍贵树种。丽水市遂昌县等地于 2012 年从湖南引种试种，掌握育苗技术扩大种植规模，相关以青钱柳叶为主要原料的降糖、降压系列产品正在研究开发，其中遂昌县在湖山乡和王村口镇建成了丽水市首个青钱柳种植基地，现已种植青钱柳近 1 650 亩，规划建成集青钱柳育苗、青钱柳加工、休闲农业观光于一体的千亩青钱柳休闲观光基地，带领农民进入青钱柳致富之路。由于幼龄青钱柳在种植前几年基本无产出，且种植间隔较大，2013 年当地开始试验青钱柳-旱稻套种模式，该模式基于幼龄青钱柳基地种植间隔较大，利用旱稻的生长生理特性有效利用空间进行套种，并以绿色有机无公害的生态种植理念种植，同时旱稻采收后稻秆还田还能起到培肥地力的效果，长短结合、显著提高种植收益和生态效益，具有良好的推广前景。"山糯谷"一直深受当地农民的喜爱，因其耐旱、高抗病虫害、植株粗挺、尤其是高抗稻虱、稻瘟病、米质优良，种植方法粗放、省时、省工。据统计，旱稻种植亩均产量在 200 千克左右，产量不高但价格优势明显，亩均能够增加效益近 1 000 元。目前全市青钱柳种植面积 1 000 余亩，该种植模式面积 300 余亩。

二、生产技术

（一）茬口安排

每年 5 月上中旬，实行谷种直接穴播后，施足有机肥作为底肥；日常管理不用化学农药，采用太阳能杀虫灯、合理布局等方法做好防鸟、防鼠的工作；"山糯谷"生育期在 165~170 天，一般收获期在 10 月 10 日前后。

（二）青钱柳栽培模式

1. 育苗

（1）育苗方法。

① 播种法：选用青钱柳种子，置于沙土中腐烂一年左右，选肥沃土地播种。

② 扦插法：采用短枝扦插方式育苗，可选用冬插或夏插。夏插在 5 月进行，密度 2 万~4 万株/亩；冬插在 12 月进行，密度 4 万~6 万株/亩。

（2）育苗材料。选用生长健壮，无病虫害的枝条，按 10~15 厘米长度剪成插穗。

（3）苗圃选择。宜选择海拔高地势较平坦，肥沃且排水良好，中性或微酸性的砂质土壤地块。

（4）苗圃整理。苗圃全面深耕，每亩施入腐熟的农家肥 1 000 千克。按畦面宽 110~120 厘米、畦高 20 厘米左右、沟宽 30 厘米整出扦插苗床，地块四周建排水沟。

（5）扦插方法。按 15~25 厘米的株距，20~30 厘米行距将插穗扦插到苗床上并压实。扦插后每亩浇施 10% 人粪尿 500 千克。晴天扦插前浇透水。

（6）苗圃管理。① 冬插苗床须支撑地膜覆盖保护，翌年"惊蛰"后，晴天应揭膜练苗 3 次或 4 次；夏插应保持苗床湿润，晴天每隔 2~3 天浇水一次。② 注意病虫害防治。幼苗出圃前，浇施一次腐熟的淡人粪尿。

（7）青钱柳苗出圃标准。健壮无病虫，苗高 20~50 厘米。

2. 种植

（1）种植地选择。选择砂质土壤、海拔 500 米以上的山地为种植地。

（2）整地。

① 山地：于移栽前，挖坑约 50 厘米，施足基肥，再种植。如没有前茬作物的地块，可于年前冬季进行一次深翻耕，促使土壤风化，降低病虫基数。

② 山坡地：宜按每行大于 1.5 米标准做水平带，内做竹节沟，防止水土流失。

（3）种植密度。土壤肥沃、有机质含量高的种植地宜适当稀植，使用株距 1.5~3 米每穴 1 株；土壤贫脊、易旱、有机质含量低的种植地宜适当密植，使用株距 2~4 米。

（4）移栽种植。青钱柳苗木移栽：选用二年生或一年生苗，用一年生苗木造林时，由于苗木主根不明显，侧根须根多，从起苗到栽植应保持根系处于湿润状态，尽量缩短从起苗到栽植的时间。种植前，先用 200~500 毫克/升的生根粉溶液浸根 300 分钟左右，将枝叶修剪完，只留 25~30 厘米主干，刀口用工业蜡或树胶涂抹封口。栽入穴后回填表土，用 200~500 毫克/升的生根粉溶液作定根水浇透。扦插时间 4—8 月为好，插穗易于生根成活。

3. 林间管理

（1）除草。移栽后 25 天左右需除草一次，并培土 5~7 厘米；以后视杂草生长及危害程度，适时除草。有条件的地方可铺草覆盖。

（2）摘心打顶。一是在苗高达到 2 米时，开始打顶，以后视生长情况进行打顶，以控制苗高、促进分枝，最后一次打顶在 7 月中旬前进行。后期长势过旺的，可于 8 月上旬前采用轻修剪。夏插的青钱柳苗摘心打顶次数相应减少。二是当分枝顶芽达到离地 2 米时，可采用 200 毫克/升多效唑控制苗高，提高产量。

（3）水分管理。青钱柳喜湿怕涝，梅雨季节应及时排除积水，防止受涝引起烂根死苗；进入秋季，常遇干旱，应及时浇水保苗。

（4）合理施肥。参照 NY/T496 的规定。农家肥等有机肥料施用前应经无害化处理。微生物肥料应符合 NY/T227 要求。

① 基肥：结合整地时施入，每亩施用腐熟厩肥 2 000~2 500 千克，或饼肥 100 千克。

② 追肥：第一次除草后每亩浇施 100~150 千克对水人粪尿，或每亩施用约 25 千克的氮、磷、钾（N、P、K）复合肥。

4. 病虫害防治

（1）综合防治。遵循预防为主综合防治的方针：从青钱柳整个生态系统出发，优先使用农业措施、生物措施，综合运用各种防治措施，创造不利于病虫害孳生，有利于各类天敌繁衍的环境条件，保持生态系统的平衡和生物多样性，将各类病虫害控制在允许的经济阈值以下，将农药残留降低到规定标准的范围内。

（2）检疫。引种时应进行植物检疫，不得将有病害种苗带入或带出。

（3）农业防治。一是选用健壮植株，培育健壮青钱柳苗。二是实行轮作，合理间作，加强土、肥、水管理。

（4）物理防治。一是采用人工捕捉害虫，摘除病叶病枝并带出园外集中销毁。二是利用害虫的趋避性，使用灯光、色板、性息素等诱杀，或有色地膜等拒避害虫。三是采用防虫网等材料控制虫害。

（5）生物防治。一是保护和利用菊园中的瓢虫、蜘蛛、草蛉、寄生蜂、鸟类等有益生物，减少对天敌的伤害。二是使用生物源农药，如微生物农药和植物源农药。

（6）化学防治。一是农药防治安全要求按 GB4285 和 GB/T8321（所有部分）执行。二是掌握适时用药，对症下药。每种化学农药在植株生长期内避免重复使用。现花序后禁止使用农药。

（7）主要病虫害防治。

① 立枯病：又称猝倒病。此病发生严重时会造成幼苗大量死亡。病因和发病期，症状也不一，有猝倒型、立枯型等。防治方法：搞好土壤消毒；加强育苗管理，雨季及时排水，防止积水；发病前每 7 天喷 0.5%~1% 波尔多液预防；发病时，用 70% 敌克松粉剂 500 份水溶液喷施。

② 地老虎：幼虫从地面将幼苗咬断拖入土穴内。危害严重时，会给幼苗造成较大的损害。防治方法：在幼虫发生期间，可诱杀或捕杀幼虫。用 50% 辛硫磷乳油 1 000 倍液，或用 99% 敌百虫 800 倍液进行地面喷药。成年幼树、大树目前还未发现病虫害。

5. 采收

（1）采收时期。4月初开采，采收期至落叶为止。

（2）采收标准。无污染、无病虫害叶。

（3）采收要求。宜分批按标准采收，采大留小，成熟一批采收一批。为提高青钱柳叶产量和品质，避免采摘时一把捋，注意保持叶形完整，不夹带杂物。选择晴天露水干后采收，不采露水青钱柳和雨水青钱柳。

（4）采收用具。采用清洁、通风良好的竹匾、筐篓等容器盛装青钱柳，采收后及时运抵加工场所，保持环境清洁，防止青钱柳变质和混入有毒、有害物质。

6. 加工

（1）基本要求。

① 加工场所：应宽敞、干净、无污染，加工期间不应存放任何杂物，要有防尘、防虫、防畜措施。

② 宜使用竹子、藤条、无异味木材等天然材料；所有器具应清洗干净后使用。

③ 加工人员应持有健康证；保持清洁和卫生，并掌握加工技术和操作技能。

④ 加工过程中：应保持青钱柳不直接与地面接触。加工、包装场所不允许吸烟和随地吐痰。加工人员进入车间前应更衣、洗手。不得在加工过程中添加化学添加剂。

（2）干制加工。

① 摊青：将采收的新鲜青钱柳原料薄摊于匾或簟上，摊晾1~2小时，以晾干表面水，方便后续加工。

② 杀青：宜使用滚筒式杀青机进行杀青，投料时温度应控制在120℃左右，出料后应及时揉捻。视在制品含水量高低，可使用揉捻机再炒制一次。

（3）烘干。

① 烘焙烘干：将青钱柳置于烘笼或烘箱上直接烘干的加工方式。分初烘、复烘两道工序。

② 烘箱要求：烘箱上部需设通气孔，以便排放水气。采用简易的管道式烘箱烘焙的，燃烧室口、排烟道口应设在室外。

③ 烘焙燃料：烘笼烘干的宜使用木炭；简易管道式烘箱烘干的可用木柴和无烟煤。

（4）加工流程。

① 青钱柳置于烘筛上要分布均匀不见空隙，且不宜过厚：初烘温度80~90℃，烘焙3~6小时。复烘温度60~70℃，烘焙1.5~2小时，见青钱柳茶黑褐色时取出摊晾即可。用木炭烘干的，不能用明火，需用炭灰盖上，并无烟冒出。

② 机械烘干：使用烘干机进行烘干，烘干时间2~2.5小时，温度应控制在90℃以内，避免低沸点的芳香物质大量损失，影响青钱柳茶品质。

（三）旱稻栽培模式

1. 整地播种

酸性土壤种植旱稻较好。种植前土层深耕20厘米左右，整平耙细，除尽杂草、残茬，采取全层施肥法，耕整前每亩施腐熟的农家肥1 000千克、氮磷钾复合肥15~25千克。如用过磷酸钙、钙镁磷肥每亩施25千克，还应加尿素5千克或硫酸铵10~15千克。施肥量应根据土壤肥瘦、品种而定。一般亩产500千克稻谷吸收氮8.5千克、磷酸4.4千克、氯化钾1.8千克。

播种方式有撒播、条播和点播，无论采用哪种方式，播种前必须浇透底墒水，分厢做畦。播种量因品种、土质、肥水条件而异，一般每亩5千克左右，6月15日前播种完毕。播种必须精细，盖土2~3厘米厚，过深、过浅均不利于出苗和生长发育，尤其是过深时出苗率低、分蘖力弱、穗子小、产量低。

2. 杂草防除

旱稻田杂草较多，苗期能否有效防除杂草是旱稻高产的关键环节。在播后苗前可喷施一次封闭型旱稻专用除草剂，如丁草胺、旱稻专用除草剂1号等；在苗床期可选用触杀专用型除草剂处理，如苯达松、敌稗等。要注意选用针对性强的除草剂，否则会影响稻苗生长。

3. 水分管理

旱稻种植并非不需要灌溉，尤其在自然降水较少的北方地区，水源条件是旱稻正常生长发育的重要保障。旱稻需水的关键时期是分蘖期、幼穗分化期、孕穗期、抽穗期和灌浆期等。旱稻每生产1克干物质需水300克，全生育期需水400~500立方米（移栽稻需水800~1 000立方米，玉米需水320~370立方米）。因此，生育需水期应补充水分，以保证旱稻的正常生长。播种时必须浇透水，才能保证出苗整齐。如采用盖膜栽培则可免去中耕除草等管理措施，但应在孕穗期、抽雄灌浆期喷灌或淋窝浇水，以促使植株穗大粒多，提高产量。不采用覆膜栽培的应在分蘖期、孕穗期、抽穗期、扬花灌浆期采取淋窝浇水的办法补充水分，以保证植株的正常发育，夺取高产。

4. 病虫害防治

6月中旬到7月，即稻苗3~6叶期应注意防治稻蓟马，7月下旬到8月初注意防治稻苞虫，8月中、下旬注意防治稻纵卷叶螟。二化螟一代盛发期在6月中、下旬，二代盛发期在7月中、下旬，应狠治一代，挑治二代。稻瘟病的主要防治时期在抽穗前后，一般在始穗和齐穗时各施一次药（三环唑等）。

5. 旱稻良种选择

因是旱地栽培，选择遂昌当地世老品种"山糯谷"，该品种具有耐旱、抗病虫、米优质等特点，适合目前大面积的刚开发的旱地种植，亩用种量0.6~0.75千克。

6. 旱稻生态种植

每年5月上中旬，实行谷种直接穴播后，施足有机肥作为底肥；日常管理不用化学农药，采用太阳能杀虫灯、合理布局等方法做好防鸟、防鼠的工作；"山糯谷"生育期在165~170天，一般收获期在10月10日前后（图6-1、图6-2）。

图6-1 青钱柳套种旱稻栽培

图6-2 青钱柳套种旱稻栽培

第七章
西红花种植模式

西红花 (*Crocus sativus* L.), 是鸢尾科番红花属多年生草本植物。别名藏红花、番红花, 是西南亚原生种, 最早在希腊人工栽培。主要分布在欧洲、地中海及中亚等地, 明朝时由我国西藏传入,《本草纲目》将它列入药物之类。丽水市于 2010 年首次引入西红花种球进行试种, 至 2015 年, 全市西红花种植面积 556 亩, 分布在遂昌、缙云、青田、庆元、莲都等县市。其中遂昌县面积最大, 为 250 亩, 莲都 26 亩, 青田 100 亩, 缙云 110 亩, 庆元 70 亩。缙云县宏峰西红花专业合作社在壶镇前路南弄创建的西红花基地, 于 2015 申报并成功获得"浙江省中医药文化养生旅游示范基地"称号, 是全市首个也是当年唯一获此称号的基地。青田县腾飞农业科技有限公司在阜山乡红富垟村建立了 100 亩西红花种植基地, 逐步总结出一套"西红花-(稻鱼共生) 轮作模式", 获得丽水市"千斤粮, 万元钱"十佳农作制度创新模式。西红花花丝采收后, 由企业(合作社)在产地及时烘干, 储存待销。产品销售一般有 3 种对象: 一是统一销有关药厂, 价格稍低用量大; 二是供给西藏、云南、上海的一些经销商; 三是企业自行包装, 销往本地市场和线上销到全国各地。一般每千克干花丝价格为 3 万元, 每亩产量 0.6 千克, 价值 1.8 万元。西红花种球每亩 750 千克, 价值 3 万元, 西红花产值可达 4.8 万元。西红花是一种名贵的中药材,《本草纲目》: "心忧郁积, 气闷不散, 活血。久服令人心喜。又治惊悸。"以植物花的干燥柱头(干花丝)入药, 具有活血化瘀, 凉血解毒, 养血通经、消肿止痛、解郁安神等功效, 常用于经闭症瘕, 产后瘀阻, 温毒发斑, 忧郁痞闷, 惊悸发狂。西红花也是一种香料、水溶性天然色素和滋补剂, 用作食品、饮料、香料、化妆品等的着色和调味。

第一节　西红花-水稻轮作种植模式

一、模式概述

西红花-水稻轮作种植模式来源于生产实践, 遂昌县伊尔西红花种植合作社, 2010 年在云峰街道首次引种西红花, 西红花田间生长季节为 11 月上旬至 5 月上旬, 5 月中旬至 10 月下旬室内上架开花。西红花喜温暖湿润的气候, 较能耐寒, 怕涝、忌积水。在丽水各县种植过程中存在一些难以克服的问题。如西红花种球退化、病毒、腐烂等, 水旱轮作可以减少有关问题的发生。为了合理利用土地, 减少因连作带来的种植问题, 当地农技推广人员和农民逐步摸索总结出西红花-水稻轮作种植模式, 目前已广泛推广至全市应用, 西红花属新引进品种, 种植历史不久, 种植投入成本较高, 亩投入种球、人工、肥料等 2 万元以上, 效益也较好。一般亩产值达可达 5 万元, 亩净收入 2.3 万元。其中亩产西红花花丝 0.6 千克, 产值

1.8 万元；稻谷 550 千克，产值 0.2 万元；西红花种球 750 千克产值 3 万元。西红花-水稻轮作种植模式充分发挥了水旱轮作的作用。其一，能均衡地利用土壤养分。不同的农作物对各种矿质养料的需求量不同，而其根系发达程度所决定的入土深度的不同也导致了它们可以利用不同层次土壤养分；另外，不同作物吸收养分形态也有一定的差异。其二，能改善调节土壤肥力。轮作可以适当改变土壤的理化性质。不同作物根系对土壤理化性状影响不同，其返回土壤有机质也不同，调节了土壤有机质含量；实施水旱轮作，可以改善土壤结构；有些轮作还能消除土壤中有毒有害物质。其三，能减轻病虫和杂草危害。轮换作物，可以在种间关系特别是营养关系（食物链）的变化上达成病虫和杂草的自然防治，如斩断寄生、减少伴生性杂草等；水旱轮作，改变了生物的生存环境，也在一定程度上调整了农业生态的结构。该种植模式经济效益高，社会效益和生态效益也非常明显，有五大优点。一是藏红花采用稻草覆盖越冬，原料来源丰富，同时栽培后的稻草废料直接还田，可改良土壤，增加肥力，属于生态循环农业。二是该模式在稳定粮食生产的同时，又能增加农民收入，属于粮经协调发展模式。三是藏红花栽培季节从 11 月上旬开始，至次年 5 月上旬结束，属于冬季农业开发，可遏制农田季节性抛荒问题。四是藏红化种植和花丝采收用工量大，可解决大量下岗人员及农村剩余劳动力创业致富，社会效益显著。五是该模式水旱轮作，改善田间环境，保持生物多样性，改良土壤结构，阻止西红花病虫害的传播，减少连作作障碍。

二、生产技术

（一）西红花栽培模式

1. 西红花-水稻轮作茬口安排

西红花于 11 月上、中旬室内开花结束后移至大田种植，翌年 4 月底至 5 月上旬收获后室内育花。水稻 4 月底至 5 月上旬育秧，6 月上旬移栽大田，10 月上、中旬成熟后及时抢晴收割。

2. 西红花田间栽培模式

露地越冬指当年 11 月上、中旬室内球茎开花结束，将球茎移至大田种植，发根、长叶、繁殖子代球茎，至翌年 4 月底、5 月上旬止，地上叶片完全枯萎时，收获地下子球茎。

（1）整地施肥。宜选择生态条件良好、冬季最低气温不低于零下 10℃、夏季较凉爽、昼夜温差大的农业区域。种植田块应选阳光充足、排灌方便、疏松肥沃、保水保肥性好、pH 值 5.5~7.0 的壤土或沙壤土种植。前作避免使用含甲磺隆、苄磺隆等化学除草剂，以免引起种球腐烂，以水稻等水田作物轮作为宜。

前作收获后，于 9 月下旬至 10 月上中旬即种植前 25~30 天进行整地，整地时施入有机肥和复合肥，一般每公顷施商品有机肥 15~22 吨和 45%硫酸钾复合肥（N:P:K=15%:15%:15%）750 千克作底肥，先将所用肥料撒于大田，然后用旋耕机耕 3 遍，第一遍打圈，第二遍横或直，第三遍又打圈，清理残根后平整土地，使土块充分细碎疏松。然后起沟整平做畦，畦宽 1.20~1.30 米，沟宽 0.3 米，深 0.3 米为宜，并开好横沟。球茎种下后，用稻草 15~22 吨/公顷覆盖行间作面肥，起到保温、保水、保肥、防杂草的效果。

（2）精选种球。种球要求单个重 15 克以上，种球大产量高。栽种前要做好种球侧芽处理和浸种消毒工作。先剥除种球苞衣，根据种球大小留 1~3 个主芽，除净侧芽，用 50%扑霉灵 2 000 倍液或 70%进口甲基托布津 800 倍液浸种 10 分钟，然后按球茎大小以单芽、双芽、三芽进行分类，及时移栽大田。栽种时分区块种植，便于管理。以芽定株距，实践种植当中适当密植，一般单芽的 10 厘米，双芽和三芽的 15 厘米，行距一般为 20~25 厘米，栽种深度 6 厘米以上，一般以种球直径的 2 倍为宜。栽种后，畦面盖稻草或豆、玉米秸秆等，并将沟中的泥土敲碎撒于覆盖物上面。栽种时如遇田土干燥要灌跑马水或喷浇水。最佳栽种期为11月上、中旬，采花结束后选晴天栽种，一般不宜超过11月底，尽早移栽田间，延长球茎在田间的生长时间，有利于促进早发根、长叶，促使西红花根粗叶茂，增强冬季御寒能力。

（3）田间管理。肥料管理：翌年1月中旬进行第1次追肥，每公顷用45%硫酸钾复合肥300千克对水浇施；2月15日前后看苗施第二次追肥，苗弱用45%硫酸钾复合肥225千克对水浇施；第三次在3月初，用0.2%磷酸二氢钾溶液进行根外追肥2、3次，每次间隔7~10天。

① 水分管理：移栽球茎时遇土壤发白及气候干燥时，需要灌水抗旱，方法是在沟内灌满水，待水分将畦面湿润后立即排干沟内水。栽种后应保持土壤湿润，如干旱时要在沟中灌水1次或2次，以沟全部淹没为限；球茎忌涝渍水，春后返青雨水过多，应及早清沟理墒，疏通沟渠。

② 抹芽除草：球茎定植后，四周会不断生出侧芽会，应及时剥除，防止影响产量。西红花田要严防杂草，提倡人工除草。如必要可在定植后覆土后，用丁草胺1 500毫升/公顷对水750千克喷雾，可防除看麦娘等禾本科杂草，并覆盖稻草等覆盖物，以后田间有杂草的手工拔除杂草，除草时不宜翻动叶片，切忌锄铲或施用未经试验的除草剂。3月底后长的草可不再拔除，以利土壤降温保湿，推迟叶片枯死。

③ 病虫害防治：病害主要以细菌性腐烂病、西红花枯萎病为主；虫害较少发生。防治要以农业防治为主，提倡异地换种，严格选用无病球茎和抗性好的品种，严格淘汰病、伤球茎、同时与水稻等进行水旱轮作。田间如有细菌性腐烂病或枯萎病发生，发病初期及时选用对口农药防治。病株及时拔除，并用石灰粉消毒。细菌性腐烂病用1 000万单位农用链霉素3 000倍液喷雾防治。枯萎病用70%甲基硫菌灵1 000倍液或50%多菌灵1 000倍液或20%三唑酮1 500倍液喷雾防治。细菌性腐烂病或枯萎病用药安全间隔期为30天。田间还要注意防治鼠害。

④ 球茎收获：5月上旬地上叶片完全枯黄时，选晴天土壤呈半干状时及时收获球茎，剔除病、伤球茎，去掉泥土，用50%扑霉灵2 000倍液或70%甲基托布津800倍液浸种1分钟，然后摊凉在室内阴凉、干燥、通风的地面上，厚度不超过10厘米，待球茎表皮发白时剪去残叶，剥去底部球茎残体，按球茎颗重大小分级。

（二）西红花室内育花

室内栽培指当年4月底5月上旬球茎大田收获后，置于室内盘架上进行无土栽培。经叶芽、花芽分化，花器官形成至11月中旬球茎开花结束止。

1. 培育房搭建

室内培育房要求光线充足，南北座向南北面开窗，地面以泥地为佳，房子层高4米左右，通风稻光。同时要注意防鼠。室内设置每层相距40~50厘米的木架子，4~5层，底层离地面30厘米，便于多层放置培育匾，培育匾用木板或竹子制成，一般大小以80厘米×120厘米为宜。木架子之间留有通道，以便操作管理。

2. 球茎上架

西红花球茎在室内摊放一二周以后，对球茎进行整理，去除球茎残叶，剥去老根，剔除有病斑、虫斑和破损的球茎，然后球茎按颗重分级分盘上架，一般按照35~40克、25~35克、15~25克、8~15克四档，分别进行摊放、上匾，上匾摆放时球茎顶端向上，个体间排列紧凑不留空隙，确保主芽垂直向上。

3. 抽芽前管理

存放培育西红花的房间要求通风、明亮，室内冬暖夏凉，一般以楼房的底层为好，地面以泥土地面为好，如水泥地面则要加强湿度的调控。6—11月室内温度由低-高-低的变化，球茎由叶芽分化-化芽分化-花器官形成-开花等生育过程。一般以人工调节为主，采用窗挂草席，白天关闭门窗，夜间开窗通风降温，水泥地板洒水等措施。温度以25~27℃为宜，相对湿度保持在50%~60%。

4. 球茎萌芽至开花期管理

球茎萌芽一般在8月底9月初，当芽长到4~5厘米时，增加室内光线，具体应根据芽的长短灵活调节光线，但应避免直射光的照射。即过芽长则增加光线亮度，反之则减少光线亮度，但不能有直射光的照射，同时要经常上下调换匾的位置，一般主芽长度控制在12~14厘米为宜。开花期间室内的温度以15~18℃为宜，空气相对湿度在70%~80%，要求光线明亮，如光线不足，要用人工照明的方法增强亮度，促使正常开花。剥除侧芽是一项重要的增产措施，一般留顶芽1~3个，35克以上的可留3个，25~35克的留2~3个，25克以下的留1个或2个。

5. 适时采花

室内球茎在10月底始花，11月中旬终花，花期约15天。开花朵数、花柱产量与球茎颗重密切相关。当花瓣半开时柱头外露伸出花瓣下垂，色泽红而鲜艳，光润有奇香，此时将花朵采下，采摘时断口宜在花柱的红黄交界处，用手指掐去花瓣，取出3根花色花丝。当天开花当天采摘，先集中采下整朵花后再集中剥花，每天11时前采花最佳过早过迟会影响产量和质量。

6. 加工贮藏

当天采下的花丝摊薄，将花丝摊在白纸上，上盖一层透气性较好的白纸，宜在40~50℃条件下烘干。烘干标准以花柱弯曲能折断为度，烘干率一般为鲜重的18%~20%，含水量10%左右。取出即成为商品西红花药材，及时用塑袋封存，在避光条件下贮藏或出售。

（三）水稻种植关键技术

西红花-水稻轮作种植模式主要是利用水旱轮作的原理，两种作物相互促进，优势互补。要保证西红花田间生长充裕的时间，一般宜选择生育期适中，抗性高，丰产性好的杂交水稻品种。丽水市一般种植中浙优1号、中浙优8号和丰优22。也可选择口感、色泽、品性等特殊的常规品种，生产红花优质米。如紫稻、红稻、短生育期的优质稻等。甬优系列杂交水稻由于生长期较长，一般不做轮作种植。

1. 播种育苗

根据前作西红花收获时间提前1个月左右做好秧田播种育苗。一般于4月下旬至5月初播种，秧龄30天，浸种时，先用清水洗种去除空秕粒，然后用强氯精消毒，按1克强氯精配0.5千克水浸0.5千克种子的比例消毒2小时后，捞起洗净，再浸种8~10小时，浸种时换水3~5次，或用活水浸种，然后捞起进行催芽，一般3天即可出芽。出苗前保持秧田湿润，半沟水，以利于扎根，出苗后满沟水，随着秧苗生长可逐步灌水到畦面保持浅水层。秧苗有1心1叶时，用15%多效唑可湿性粉剂300~500倍液喷施，促进低位藁早萌发、早生长，以培育多藁壮秧秧田，一般要培育2~3个分藁壮秧。播种量以每公顷125千克为宜。移栽前5~7天，施壮根肥，每亩5千克尿素，喷施10%吡虫啉2 000倍液防治蚜虫。做到带药带肥移栽。

2. 合理密植

根据杂交水稻分藁力中等、植株挺拔、穗大粒多、较耐肥等特点，一般移栽密度为26厘米×27厘米，每公顷插15万穴左右。插植密度，壮苗穴插1本，弱苗穴插2本，力争有效穗在每公顷255万左右，插秧时要求浅插、不倒秧、不浮秧，且前后左右植株苗数均匀。

3. 田间管理

水对水稻的生长起着直接的促进和控制作用，一般采用浅水插秧、深水返青、薄水分蘖、适时晒田、足水养胎、浅水抽穗、湿润灌溉、适时断水的方法。水分管理做到适当灌深水护苗，采用浅水灌溉促发分蘖，待自然落干后保持田间湿润，采用无水层灌溉，以促进根系和分蘖生长，当总茎蘖数达到计划穗数的80%时，适时适度搁田，进入拔节孕穗期后，采用浅灌勤灌，干湿交替。抽穗期至灌浆初期植株需水量较大，保持薄水层灌溉。灌浆中后期干湿交替以利于健根壮秆，增强植株抗病虫、抗倒伏能力。乳熟期防断水过早，保证青秆黄熟促高产。

水稻施肥原则为"基肥足（70%），追肥早（20%，插后7~10天），中期控，后期补（10%，看长势长相灵活施用）"。基、追肥是促进前期分蘖、早快发、成大穗的关键；中后期控氮是防止徒长、增抗倒性的重要措施；幼穗分化中后期看长势长相施穗肥，以磷钾肥为主，是提高结实率和增加粒重保证。前作西红花后土壤肥力较好，具体如下：①施足基肥。基肥占总施肥量的70%，在插秧前，一般施碳铵750千克/公顷、过磷酸钙750千克/公顷、氯化钾120千克/公顷。目前生产上也有采用施45%复合肥（N:15 P:15 K:15）750千克/公顷，基肥施完后，大田要重新翻耕1次再插秧。②早施分蘖肥。栽后5~7天，分蘖肥一般施尿素150千克/公顷、氯化钾　　千克/公顷。分蘖肥对于土壤保水保肥状况好的土壤可一次施入，对于土壤保水保肥状况差的砂质土壤要分2次施。③巧施穗肥。穗肥在倒2叶出生过程中施用，以钾肥为主，一般施氯化钾75~90千克/公顷。氮肥在水稻长相较健壮、叶片挺直、长短适宜、光照充足时，可适当多施，在水稻生长较旺、叶片过长、阴雨天气时，可少施或不施。一般施尿素45~60千克/公顷。

病虫防治应坚持"栽培防治为主、药剂防治为辅"的综合防治原则，通过合理施肥、科学管水等措施，提高植株抗性，减少病虫害的发生。农药使用严格按《农药合理施用准则》中允许使用的农药种类、浓度和间隔时间操作。丽水山区水稻病虫害有三病、三虫及草害和鼠害。病害主要有稻瘟病、稻曲病、纹枯病。虫害主要有螟虫（二化螟、三化螟）、稻纵卷叶螟、稻飞虱。稻瘟病可选用20%或75%三环唑，在水稻破口期喷施，齐穗期再喷一次；稻曲病每亩3%井岗霉素150克加20%三唑酮150克对水50千克；稻纹枯病亩用5%井岗霉素水剂100~150毫升，对水100千克喷雾；水稻螟虫亩用5%杀虫双大粒剂1~1.5千克撒施，也可亩用25%杀虫双水剂150~200毫升，对水60~75千克常规喷雾；稻纵卷叶螟亩用48%毒死蜱乳油100毫升或亩用1.5%甲氨基阿维菌素苯甲酸盐乳油15毫升；稻飞虱使用扑虱灵可湿性粉剂20~25克或20%叶蝉散乳油150毫升，任选一种，对水75~100千克常规喷雾。草害不建议使用除草剂。

第二节　西红花-（稻鱼共生）轮作高效种养模式

一、模式概述

西红花-稻鱼共生轮作高效种养模式在青田县推广应用，青2011年引进种植西红花，基地位于距县城28千米的阜山乡红富垟村，海拔480米，第一年种植50亩，次年扩建至100亩。青田县农民历来有稻田养鱼的传统，有1200多年历史，2005年4月青田县"稻鱼共生系统"被联合国粮农组织列入全球重要农业文化遗产保护试点项目，是当时中国也是亚洲唯一的入选项目。由于西红花种植季节和水稻生长发育能紧密衔接，提高土地利用率，增加收入。当地农业局技术干部首次提出西红花-（稻鱼共生）轮作高效种养模式，由腾飞农业科技有限公司负责试验示建立示范基地。该模式和西红花-水稻轮作种植模式相比，西红花的种植和上架开花技术和田间管理技术基本相同，不同的部分是增加了稻田养鱼的内容，在水稻水分管理、肥料施用及病虫草害方面有不同的做法和技术要求。这种模式生态效益突出，社会和经济效益良好，一般亩产值达可达5.3万元，亩净收入2.5万元。其中亩产西红花花丝0.6千克，产值1.8万元；西红花种球750千克产值3万元；稻谷450千克，产值0.15万元；鲜鱼50千克，产值3 500元。稻鱼共生系统是运用生态学原理，建立稻鱼共生、相互依赖相互促进的生态系统。利用鱼能吃草、鱼粪能肥田的作用，解决了水稻与杂草之间争肥、争水、争光的矛盾，且充分利用鱼吃虫、吃草、消除水稻部分无效分蘖、提高通风透光度，能够起到控制水稻病虫害的作用，从而减少了化肥农药的使用量。稻鱼共生的作用体现在"一稳、二促、二增、二降"。一稳指稳定粮食生产，"民以食为天，食以粮为先"，通过稻鱼基地建设，农民取得较高效益，实现粮食生产稳中略增，符合稳定粮食生产重要战略意义的要求。二促是指促进生态环境建设和旅游休闲农业发展，稻田养鱼是利用鱼耘田，除草，施肥，除虫，防病，降低施肥施药数量，从而达到控制农业面源污染的目的，促进生态平衡，并通过稻田养鱼产业化，建立现代生态种养园区，带动农家乐、渔家乐的发展。二增是指增加鱼的产量和亩产收益，稻田养鱼产业化经营可使稻鱼产品达到质的提高和量的增长，使农民尽可能多的获得生产上的收益并参与分享加工、流通过程带来的效益。二降是指降低资源耗费和生产成本，稻田养鱼可同时产出稻谷和鲜鱼，提高务农效益和积极性，从而减少农田抛荒，而且在种养结合过程中，减少了化学肥料和农药的投入，节约了投入的时间，最终降低生产成本。

二、种养模式

西红花-稻鱼共生轮作高效种养模式和西红花-水稻轮作种植模式相比，在西红花的种植及上架开花管理上技术基本相同。西红花的种植和室内育花参考第一节。本部分将着重从稻鱼共生技术上进行阐述。稻鱼共生关键技术："改进稻田基础设施，提升稻田水位，配套投放大规格鱼种，人工投喂饲料，适宜控制水稻种植密度和平衡健康养殖等技术措施等"。稻鱼共生创立了五改养殖法："一改农户的鱼苗自繁自养为县繁户养，统一供应鱼种；二改垄畦法和挖鱼沟、鱼塘为平板渐深养殖法；三改单放夏花田鱼苗为冬片多品种鱼苗混养；四改鱼苗的自然生长为人工投饲；五改鱼苗迟放早捕为早放迟捕延长生育期"。

（一）农田基础设施建设

1. 选好田块

要求水源充足，光照丰富，排灌方便，保水保肥能力强，不渗水不漏水，水源无污染，一般选用河水、泉水和库水等水源，如水温较低，要设法升温后才能进入大田（如通过较长的水渠或引回流水渠）。

2. 稻田周围田埂要加高、加宽、加固

一般高50厘米以上，宽30厘米以上，可先在原田埂上加一层石头，再加田泥，并捶紧打实，以防漏水，渗水或遇大雨冲塌。也可用水泥进行田埂硬化，田埂硬化可采用田埂内侧和埂面的2/3用水泥硬化，外侧留1/3种植豆科等作物。

3. 搞好进、出水口和拦鱼设备

进、出水口要设在稻田斜对两端，进水时可使整丘稻田的水都能均匀流动，增加水体溶氧量，使鱼在田里活跃游弋，提高鱼饲的利用率和鱼体生长速度，进、出水口内侧用竹帘、铁丝网等做好栏鱼栅，栅的上端要超过田埂30厘米，下端要埋入土中15厘米，呈半月形设在田埂内侧，用木棒等固定。栏鱼栅的孔经0.3~0.4厘米，一般以能防止逃鱼和水流畅通为准。

4. 进水口投饲坑和遮阴棚

在水田进水口挖一个较深坑，一般每亩水稻田可适当留10~20平方米做投饲用，并搭建一个遮阴棚，可种瓜类上棚，一举两得，防止夏季气温高，烫伤鱼苗，并为鱼的生长创造一个良好的环境（鱼的增肥快长范围为15~33℃，最适宜温度25~30℃）。

（二）稻鱼共生技术要点

1. 稻田鱼种的选择

要选择适宜稻田生长的品质优良、经济价值高、生长速度快、耐低氧、产量高的鱼类品种。为此，我们选定了青田田鱼（鲤鱼经长期驯化养殖形成的地方特有品种，为地理标志产品）：该鱼种是我县历史上稻田养殖的当家品种，它性情驯良，耐高低温，杂食性广，生命力强，能在稳定的原水域栖息和觅食，能在污水、浅水中生存，有红、黑、白、斑、麻等色，肉质细嫩，营养丰富，口感好，市场价格比普通鲤鱼高3~5倍。也可搭配部分草鱼、罗非鱼等，还可搭配少量的鲢鱼，泥鳅、田螺等。

2. 投放鱼种

在做好田间基础设施后，就可灌水投放鱼苗，要选择鱼体光滑健壮、鳞片完整、体长10厘米左右的冬片鱼种投放大田。鱼种先喂以精饲，集中一至二丘田培养，待水稻施肥、耕耘田后放到全田饲养。在三月份投放冬片鱼种300尾。在5月底至6月初，套养夏花鱼种500尾，为第二年培育好越冬鱼种，改春季放养为冬季放养，增强鱼体的抗病能力，到春季水温上升，使鱼提早觅食，提高鱼的产量。

3. 鱼体消毒和鱼病预防

（1）鱼体消毒。在大田放养鱼种前，采用盐水浸洗法，对鱼体进行消毒预防鱼病，具体做法就是在鱼种放养前，将鱼苗放入2%~4%的盐水中浸洗五分钟左右，要根据不同的水温和用药浓度，掌握好浸洗时间，掌握标准以多数的鱼苗浮头即可。

（2）大田鱼病预防。当大田水温在10℃以上时，每隔15~20天，按每亩5厘米深水层用生石灰1千克掺水全田泼洒，或每立方米水体用漂白粉1克，用纱布包扎挂在进水口，让水流将漂白粉溶入水田中，达到预防目的。

（3）保持水源和大田内水质清洁。水体溶氧量要保持3毫升/升以上，活水养鱼，增强鱼体的抗病能力。

4. 粗精搭配，科学投饲

根据鱼在稻田中生长情况，应在本田放养绿萍，田边或就近种植黑麦草、印尼大绿豆、苦马菜等，克服夏季高温饲料不足之困难。还要配合投入配合饲料或米糠、麦麸、豆渣、动物饵料、人畜粪便等。要做到"定质、定量、定位、定时"。所谓定质就是指投喂的饵料要新鲜和一定的营养成分，不含有病原体或有毒物质；定量是指每次投喂的饵料要有一定的数量，一般以20分钟能吃完为适宜；定位是指每次投喂的饵料要有固定的食场，使鱼养成到固定地点吃食物的习惯，便于观察鱼类生长动态，检查鱼的吃食情况，是否生病或缺氧等；定时是指投喂饵料要有一定的时间，一般每日投喂两次，即上午8—9时一次，15—16时一次。

5. 坚持勤巡回，做好"六防"

做好防旱、防涝、防逃、防盗、防敌害、防鱼病工作，及时发现和解决问题：每天早晨、傍晚各巡视一次，检查田埂有无漏洞，栏鱼棚有无损坏，鱼的吃食是否经常，有无病鱼发现等。要防御水蛇、食鱼鸟、田鼠等对鱼造成危害，还要检查稻田水质和是否缺氧，发现鱼浮头而且听到响声不下沉，就应及时灌水补氧。

6. 早放迟捕和分次捕获

丽水市无霜期长、气温高，有利于稻、鱼生长，鱼苗早放迟捕才能获得高产，要在3月前放养鱼苗，到12月收捕，充分利用温、光、热、水等自然条件，促进鲜鱼增产，并套养夏花鱼苗，为第二年培育大规格越冬鱼种。这样可在第二年水稻移栽前先收获部分生长较好的商品鱼，在水稻收割后再收获部分商品鱼，到12月再收获一次，降低田间饲养密度，获得高产高效。

（三）水稻管理要点

（1）水稻选用优良杂交组合，选用抗倒伏、抗病性好，丰产性好的品种，尽量采用稀播培育壮秧，为稻、鱼共生创造有利条件。待水稻进入分蘖盛期，再把鱼种放到全田饲养，吃掉水稻的无效分蘖和老叶。

（2）水稻施肥跟普通种植水稻相比，化肥施用量减少50%，适当增加有机肥、栏肥，创造以利于微生物生长的田间环境，培育水生浮游生物、昆虫等鱼类饵料，可以减少投喂人工饵料次数和投喂量，降低鱼类养殖成本。水稻扬花期的花掉落田间，可作为鱼类的天然饵料。未能及时吃完的饲料和鱼类排泄物又可作为肥料被水稻利用，追肥视情况而定，由于稻鱼共生以适于鱼类生长的环境为主要目标，不过分追求水稻产量。

（3）水分管理提倡"平板渐深法"，水稻秧苗期至成熟期，随着植株的不断长高、鱼慢慢长大，逐渐加深水层，水稻移栽至分蘖期一般水层10厘米以下，中后期一般水深保持在20厘米以上。鱼类在水底对泥土的翻动有利于增加根系通气。

（4）水稻病虫草害防治时，化学农药的使用量减少50%，一般整个生育期用药1次或2次。稻田中养鱼达到一定密度后，鱼类会在底层不停的翻动泥土，吃掉杂草、昆虫和掉落水田的螟虫以及水稻基部的稻飞虱。而且农药使用也非常有选择性，要选用高效低毒农药，注意禁止使用呋喃丹、水胺硫磷等菊酯类农药和对密蜂、鱼类敏感的农药，对使用过菊酯类农药的器具，要先洗净后再用。极大保留了害虫天敌和保持田间生物多样性，使用农药时，适当加深田中水位，防止水中农药浓度过高，造成鱼中毒，养鱼田块上游要严禁使用高毒农药，以免串灌伤鱼。还要防止蛇、鼠和鸟类捕食鱼类（图7-1、图7-2）。

图7-1 西红花-水稻轮作种植

图7-2 西红花-稻鱼共生轮作高效种养

　　元胡为罂粟科多年生草本（学名 *Corydalis yanhusua* W.T.Wang），以干燥块茎入药，别名延胡索、玄胡、玄胡索。元胡是常用中药材，在丽水栽培历史悠久，20 世纪 80 年代开始种植，为"浙八味"之一，是一味常用的镇痛中药，以元胡为原料的中成药主要有元胡止痛膏、安胃片、舒肝丸、女金丸等。目前全市种植面积 5 810 亩，产区分布在缙云、景宁、龙泉、莲都、遂昌、云和、青田、庆元，松阳暂无种植。面积分别为缙云 3 706 亩，景宁 864 亩，龙泉 490 亩，莲都遂昌 325 亩，云和 230 亩，青田 100 亩，莲都 80 亩，庆元 15 亩，且呈逐步增长态势。元胡种植主要有两种模式，一是元胡和水稻轮作，元胡亩产量 450~500 千克，水稻亩产量 550 千克，亩产值 10 000 元左右。二是元胡和芋艿套种，亩产元胡 400 千克，芋艿 750 千克，亩产值 13 000 元。元胡从种植、除草、管理、采挖、制干全程用工量大，由于块根小，又难以实现机械采挖，限制了面积的发展，但适合山区农民小规模种植。

第一节　元胡–单季稻水旱轮作模式

一、模式概述

　　元胡–单季稻水旱轮作模式在丽水市较为普遍，经长期实践，具有技术易操作、作物互相促进、增加面积产出的特点，一方面可以改良土壤结构，有利培肥地力，稻田水旱轮作，能改良土壤的物理性状，增加土壤的通气性，促进土壤中有益微生物的繁殖，从而提高地力。特别是通过稻草还田，同时元胡收获后，土壤有机质含量增加，从而提高土壤肥力，相对减少化肥的施用量，降低生产成本。另一方面可以改善生态环境，减轻病虫危害，实行水旱轮作，改善了农田生态环境，打破了病虫害的发生规律，使病虫基数减少。由于药稻轮作的作物的生物学特性和耕作管理技术发生了变化，实行药稻轮作，能有效地减轻或缓解连作障碍，既节省了农药开支，又减轻了农药对环境的污染。还可以提高复种指数，增加单位效益，实行元胡–单季稻循环种植模式，提高了复种指数，使土地资源、温光资源得到充分利用，从而增加单位面积效益。元胡生长季节为 10 月至第二年 5 月，10 月中下旬种植，4 月底至 5 月初收获，水稻生长季节为 6—10 月，5—6 月育秧移栽，9 月底至 10 月初收获。亩产元胡鲜品 450~500 千克，稻谷 550 千克，亩产值为 10 000 元左右。

二、生产技术

（一）元胡栽培模式

元胡为典型的阳生植物。生长较快，生长周期短。从播种到收获仅 210 天左右，真正生长期只有 100 天左右。因而施足底肥，抓紧追肥，在生长期保证水、肥的充分供应，对于增产起决定性作用。在原产地浙江东阳县，药农认为早春元胡生长盛期最好的天气是"三晴三雨"（即每周能有一次降雨）对元胡生长最为适宜。因而如遇早春干旱（尤其是三至四月），必须及时给予灌溉（保持每周一次），这是高产的关键。根据以上所述，结合全国元胡生产经验资料的研究，可以将元胡的生活习性简单归纳为三句话：即"三喜"即喜阳光、喜温暖、喜湿润、"三怕"即怕积水、怕干旱、怕连作、"五不种"即黏性大的黄泥土、碱性土不能种；低洼浸水田不种；重茬田不种；没有灌溉和排水条件不宜种；种茎未经消毒不能下种。

1. 选整土地

（1）选地。种植元胡要选择土层深厚，灌水、排水良好，土壤有机质含量较高的肥沃地（田）块。以沙质壤土为宜，如夹沙泥、半沙半泥田、冲积土最好。死黄泥、白墡土、砂砾土均不宜种植。土壤理化性质宜中性或微酸性，通常 pH 值为 5.6~7.5。

元胡根系主要分布在表土层 3~9 厘米处。土壤越疏松，根系越发达，有利于茎节膨大和营养的吸收；子元胡个大，数目多，产量高。土壤板结不利于茎枝的生长舒展，茎节细小，产量低。土壤如偏碱性，易形成僵苗，生长缓慢，而且根须（茎枝）萎缩。

（2）整地。种植元胡选定田块后，首先要精细耕作。三耕三耙，把表土整理成又松又细的壤土，这是夺取元胡增产的基础。如果元胡田里大土块多，既影响出苗，又阻碍根系生长，会严重降低来年的产量。元胡根子生长较浅，又集中分布在表土 5~20 厘米内，故要求土质疏松，故选择阳光充足。地势高燥且排水良好，表土层疏松而富腐殖质的沙质壤土和冲积土好，黏土重或砂质重的土地不宜栽培，忌连作。

前茬收获后，及时翻耕整地，深翻 20~25 厘米，精细耕耙，使表土层疏松。一般作畦宽 100~110 厘米，沟宽 40 厘米。元胡田块整地时要结合施足底肥，因元胡根浅喜肥，生长季节又短，故施足底肥是增产的关键。

2. 栽种时间与方法

（1）下种时间。元胡用块茎繁殖，生长期短，只占用相当于一季小麦的时间。收益大，产量高，见效快。种植时间应在 10 月上中旬至 11 月上旬前，宜早不宜迟，产区有"早下种，胜施一次肥"的经验。推迟到霜降过后下种，地下茎在出苗前生长时间不足 100~120 天，就会显著减产。

（2）选种。要选择中等大小种块均匀，扁圆形色黄无伤痕、无虫口的当年新生子元胡作种。若选种过大，下种量会增加。如用老母子元胡作种，繁殖能力弱，会影响产量。按要求所选的种子，块茎上茎芽芽头多，出苗健壮，抗病力强。

（3）合理密植。在厢面种植，株行距以 2 寸×3 寸或 2.5 寸见方种植比较合理（1 市寸约 3.3 厘米。下同）。经田间试验证明，发病率的高低与下种密度的大小成正比。即密度越大，染病越快，发病率越高，且病情越严重。密度过大染病多的原因：主要是地上茎叶过密影响了元胡畦面的小气候，通风条件差，光照不足，相对地增加了元胡畦面的湿度，为霜霉病病原菌提供了良好的寄生繁殖环境，因而发病早，传染快。但也不能种植过稀，过稀单位面积产量下降。

（4）盖土。下种后要保持合理的盖土深度。以 2 寸至 2.5 寸为宜，个别冬季寒冷的地方，盖土深度可增加至 3 寸。因为元胡根系浅，如盖土薄，地下茎分枝少，茎节短，块茎重叠在一起，产量低。盖土过深会影响出苗，不能保证全苗。元胡播种后，紧接着就是覆盖，覆盖物分为二种，第一种是栏肥，第二种为鲜稻草等有机质，户通常用栏肥或稻草 750~1 000 千克在种子播种后覆盖，有机肥盖种结束即用细沟泥覆盖 1~2 厘米，以不露籽为原则。

（5）下种方法及每亩播种量。先在整好的地块上拉绳踩厢，在厢面上按 2.5 寸见方摆种，在摆好的种上薄薄撒施一层陈墙土或腐熟细碎的农家肥，每亩用量 1 000~1 500 千克，油饼肥 100 斤，然后将踩过的厢沟里的土用锄提到厢面上，即为盖土，厢面造成弓背形。每亩播种量一般为 40~60 千克，随种子大小不同而异。底肥也可用 40~50 千克的复合肥在整地过程中撒施，厢面用有机肥 75~100 千克打底。

3. 元胡的田间管理

（1）除草。元胡系作厢密植，根系很浅，又沿表土横向生长，故不宜用锄除草，以免把茎芽挖断或将苗带出。一般提倡用手拔草，但比较费工，一亩元胡地拔草一次往往要 15~20 个劳动日。为了节省劳力，可推广用铁耙或竹耙在冬季反复耙土的办法除去杂草，具体做法：用 8# 铁丝扭成一个铁齿耙，耙齿长 1 寸，安装竹把或木把，在元胡下种一周后，用铁耙在元胡厢面耙一次，拾净草根，利用 50% 乙草胺乳油 150 毫升对水 45 升地表喷洒（一次）；第二次为 12 月中下旬，元胡出苗前，待杂草长到 3~5 厘米时选用灭生性除草剂草甘膦喷洒（二次），3~5 天后同时配合中耕松土和腊肥的追肥同时进行。

（2）追肥。浙江产区和汉中地区生产实践证明，在元胡施肥上"施足底肥，重施腊肥，巧施苗肥，增施磷肥"是增产的重要因素。施肥时间如下。

①底肥：在下种前施入栽培元胡的表土层中。

②腊施：11 月下旬至 12 月上旬元胡出苗前施用，畦面轻中耕一次后，尿素 10 千克，加钾肥 5 千克左右，选择雨天撒施，在上面覆盖有机肥每亩一袋，以薄土覆盖。

③苗肥：出苗后如发现缺肥，可增施苗费。第一次在二月上旬苗高 1 寸以上时，每亩施稀尿 1 000~1 500 千克，或用尿素 2.5~4 千克，对水浇；第二次在三月上旬至中旬，结合灌水每亩施尿素 4~5 千克，或氮、磷复合肥 5~7.5 千克；第三次在三月下旬至四月中旬，遇连绵阴雨，撒施草木灰 2.5~5 千克，每周撒施一次，不但有肥效，且有防病杀菌作用。或每亩施磷酸二氢钾 100~150 克对水稀释后在叶面喷施，防止早衰。

（3）灌溉与排水。三月中、下旬至四月下旬，为元胡生长盛期，需水较多，如遇干旱少雨，宜每周灌水一次，以清晨或傍晚为好。每次灌水宜慢灌急退，不要淹没厢面，不能使灌水在田间内停留时间过长，更不能过夜。四月下旬以后接近收获要停止灌水。另外如遇冬旱，可进行一次冬灌，有利于元胡茎芽的萌发和生长。但大雨之后，应及时排除田内积水。

4. 病虫害防治

（1）霜霉病。在 3 月中旬开始发生，4 月中下旬发病较重，直至 5 月上旬元胡收获时止都能为害。在低温多雨、寒流频繁，以及时晴时雨的条件下容易发病。被害初期叶面产生褐色小点，后扩大联合成不规则的褐色病斑，密布全叶。病叶背面在湿度较大时，生有一层灰白色的霜霉状物，这就是病原菌的子实体。病情发展，茎叶变褐色，植株很快死亡。

防治要点：一是在春寒多雨季节，做好开沟排水；二是在 3 月上中旬发病前后可以用下列药剂喷雾防治：65% 代森锌 600~800 倍液；1:1:300 的波尔多液；发生期：可用烯酰霜脲氰或用雷多米尔等农药注意：喷药时，雾滴要细，叶面上下要喷雾周到注意药剂浓度及与多药剂混配时的浓度，以免产生药害。

（2）菌核病。在 3 月下旬开始发生，4 月中下旬发病较重。早春多雨，地势低佳，排水不良，氮肥过多，元胡枝叶柔嫩，容易发病。

防治要点：①元胡与禾本科作物进行二年以上的轮作，最好水旱轮作，可显著减轻元胡菌核病的发生；雨后及时开沟排水，降低田间湿度，减轻发病；②发病中心处铲掉表土，清除菌核和菌丝，再撒石灰粉，控制蔓延；③药剂防治：出苗前用1:3的石灰草木灰撒施；发生初期：40%菌核净1 500~2 000倍液，或用50%腐霉利。

5. 元胡的收获与加工

元胡在地上茎叶已枯黄时就要及时采收，如果采收太迟就会使块茎变老，品质降低，因此元胡一般在立夏前后就要及时采收。要选择晴天在土壤半干燥时用小齿耙将块茎挖出来，块茎收获以后要先筛去泥土，除了留足种子以外。要按照块茎的大小进行分级，然后将不同的块茎分别放入80℃左右热水中烫煮（水必须漫过块茎），并要一边煮一边随时翻动，使热度一致。大块茎煮5~8分钟，小块茎则煮3~5分钟。烫到茎中心呈黄色，用刀切开元胡看横断面无白心时就可全部捞出让它暴晒3天然后搬进室内回潮1~2天，再晒2~3天，这样反复3次或4次，直到晒干为止。如果遇到阴雨天，就要在烘房中用微火烘烤。温度控制在50~60℃。直到块茎烘干，即可作为药用商品上市销售。

（二）水稻栽培模式

元胡收获后茬杂交水稻，选择丽水市当家组合中浙优8号，主要高产栽培模式措施为：

1. 精量播种，培育壮秧

根据中浙优8号的生育特性，在龙泉市小梅镇作单季稻种植，于5月中旬播种，秧田播种量掌握在6~7.5千克/亩，大田用种量0.5千克/亩，秧龄控制在25天左右，高产攻关田秧龄控制在20天左右。短秧龄移栽有利于减轻败苗，提早成活，有利早发，尤其是5月底6月初播种的，在本地6月下旬已进入高温期，此时插种易遇高温，败苗增加，不利早返青早分蘖。育秧提倡半旱秧，于插秧前3天施好起身肥，插秧前一天防治一次卷叶螟、稻飞虱、蓟马等害虫，做到带药落田。

2. 合理密植，单本移栽

根据试验，中浙优8号分蘖力在6.0~8.5，属于中等品种。在秧苗素质基本相同的条件下，随着移栽密度的增加，分蘖力表现为下降趋势，但最高苗数呈上升趋势，到达峰值时间可提早1~3天，其成穗率呈递减趋势，但成穗率一般在0.55~0.70之间；密度提高，每穗总粒与实粒数相应减少。生产上应依据土壤肥力水平差异、播种迟早、秧龄长短及管理水平高低来确定插秧密度，一般掌握28厘米×26厘米或27厘米×27厘米，采用单本插，插栽0.95万丛/亩左右，落田苗2万~2.4万苗/亩，力争最高苗数24万~26万/亩，有效穗14万~17万/亩。

3. 科学用肥，喷施富硒

根据中浙优8号的需肥特性，结合测土配方施肥技术，确定高产施肥方案。施用腐熟栏肥750~1 000千克/亩或亩用25%有机无机水稻专用肥作基肥打耙面，移栽后5~7天结合大田除草施尿素15千克/亩加氯化钾5~7.5千克/亩，中期看苗施肥，一般占总施肥量的30%，倒2叶露尖时施用尿素5千克/亩或复合肥15千克/亩，全田撒施穗肥。齐穗后结合病虫害防治，用12.06%富硒增产剂1.5千克加水25千克/亩喷雾，以促进籽粒饱满，提高结实率，同时使稻谷富硒，提高稻谷的附加值。

4. 浅湿灌灌，强根壮秆

水稻移栽后适当灌深水护苗，一周后结合第一次追肥，采用层水灌溉促发分蘖，待自然落干后保持田间湿润，采用无水层灌溉，以促进根系和分蘖生长，当总茎蘖数达到计划穗数的 80% 时，适时适度搁田，进入拔节孕穗期后，采用浅灌勤灌，干湿交替。抽穗期至灌浆初期植株需水量较大，保持薄水层灌溉。灌浆中后期干湿交替以利于健根壮秆，增强植株抗病虫、抗倒伏能力。乳熟期防断水过早，保证青秆黄熟促高产。

5. 预测预报，及时防治

根据病虫预测测报及田间病虫害发生趋势，把握时机，及时防治。重点抓好卷叶螟、稻飞虱等二迁害虫为主的病虫防治，对稻飞虱的防治不但要掌握适时且要适当增加用水量。因地制宜地选择高效、低毒、低残留农药科学合理配方，减少农药用量，注意交替施用，采用东方红机动弥雾机统防统治，确保无公害保健大米生产，达到了节本增效的目的。

第二节　元胡-芋艿套种模式

一、模式概述

在浙江山区，元胡的最适播期为 10 月中下旬至 11 月上旬。芋艿露地直播，适播种 3 月下旬至 4 月上旬。芋艿在 0℃ 以下或 25℃ 以上时会受到伤害；低于 0℃ 会受冻，因冻伤造成腐烂，在 7℃ 以下也会发生表皮易被微生物侵染而腐烂，高于 25℃ 也会引起腐烂、脱水。浙江碧丰农业开发有限公司中药材种植基地开展试验，总结出一种元胡/芋艿套种模式栽培方法。该技术将元胡、芋艿同时下种，解决了芋艿播种安全过冬的问题；一季同时种植两种作物提高了土地利用率，增加单位面积产出；利用种植元胡生长施重肥，肥料利用低，收获后还有大量肥料遗留的特点，正好为套种芋艿利用，极大地提高了肥料利用率；元胡 4 月底至 5 月初采收时，可为芋艿松土培土，节约种植成本；试验结果还表明，芋艿 3 月下旬出苗，8 月份立秋就可以收获上市，比传统种提前了 2 个月，经济效益显著提高。

二、生产技术

（1）整地施肥。选择土质疏松、土层深厚、土壤肥沃、排灌方便的砂壤土种植；前茬作物收获后选晴天进行二犁二耙，耙田时每亩施优质农家肥 2 000~2 500 千克、碳铵 50~60 千克、硫酸钾 25 千克、过磷酸钙 40~50 千克、硼肥和锌肥各 1 千克做底肥；做畦开好三沟，畦宽 0.8 米，沟宽 0.4 米，深 0.2 米。

（2）选种和种子处理。

①元胡：选择无损伤、无霉烂、直径 0.8~1.0 厘米，大小均匀，无病虫害的新块茎作种，每亩用种量 40 千克；播种前一天用 50% 多菌灵可湿性粉剂 500 倍液或 70% 甲基硫菌灵可湿性粉剂 500 倍液浸种 15 分钟，然后摊薄晾干。

②芋艿：选择母芋为种芋；母芋品质粗劣，几乎没有食用价值，商品价较低，母芋优点个头大、抗性强即抗寒、抗病力都强，是田间越冬的好材料。

（3）播种。10 月中旬至 11 月上旬元胡和芋艿同时播种；先播种芋，每畦两行，开沟种植，沟深 10~15 厘米，种芋排放沟里，株距 40~50 厘米，种芋发芽点朝上，播后清沟覆平；然后播元胡，按每畦 6 行，株距 10 厘米，摆放种子；基肥每亩施钙镁磷复合肥 100 千克，农家杂肥（如笼糠，碎玉米秆、芯等）2 000 千克，播种时先撒施复合肥，再摆放元胡籽，利用水沟沙土，均匀细撒覆土，铺上农家杂肥，同时清好水沟，做到排水畅通。

（4）施肥。冬至前后每亩用碳铵 20 千克，在雨天撒施；元胡幼苗出土后呈淡红色时施春肥，每亩施 45% 硫酸钾复合肥 5~7.5 千克，雨前施用或施肥后洒水。

（5）控制草害。选择农作物秸秆覆盖，对一些植株较大的杂草采用人工拔除。由于种植中药材和蔬菜，建议不使用化学除草，选择农作物秸秆如稻草、玉米秸秆等覆盖，既可抑制杂草生长，又可保水保肥，秸秆腐烂也可增肥。

（6）防治元胡病虫害。3月上中旬，当气温上升到15℃时就要开始防病，前期选用扑海因50%异菌脲悬浮剂800倍液加10%氰霜唑1 500倍液，或用70%甲基硫菌灵500倍液加50%代森锰锌可湿性粉剂500倍液喷雾，发病后用50%腐霉利可湿性粉剂1 500倍液加72%霜脲锰锌800倍液，或用70%嘧霉胺可湿性粉剂1 500倍液加69%烯酰吗啉锰锌800倍液喷雾。

（7）元胡适期收获及芋艿培土。5月上旬，元胡植株完全枯萎后4~6天，为最佳收获期，元胡收获时，元胡枯萎植株还地，同时结合芋艿培土。过早过迟收获都会影响产量和品质。培土的目的在于抑制子芋、孙芋的顶芽萌发及生长而变成母芋，减少养分消耗，使芋艿充分膨大和发生大量不定根，增加抗旱能力。农谚说："芋头不培，等于不种"。结合培土，根据叶面积分布密度、季节，尽早把多余的侧芽除掉，以免消耗养分和限制子芋生长。

（8）芋艿追肥。6月中旬每亩追施复合肥30~40千克。追肥时不能离根太近，以防伤根。

（9）芋艿田灌水。生长期间要保持田间湿润，间歇控水养根；如遇雨要及时排除田间积水；天旱少雨应及时灌溉；高温季节生长快、需水多，应经常灌溉；在伏旱期间，应每天中午灌水，灌后立即退水。

（10）芋艿病虫害防治。用70%甲基托布津乳油1 000倍液，或70%代森锰锌可湿性粉剂500~600倍液防治，从发病初期每隔10天左右喷1次，连喷2~3次。

（11）适时收获。立秋后，放干水；芋艿在采收前要保持土壤干松，采前先割去地上部分的叶柄，伤口愈合后方可采收；当芋叶发黄凋萎及须根枯萎时，便是最适采收期。

元胡出苗后为了丰产，可叶喷施氨基酸微量元素肥料或海藻素类叶面肥，缺少有机肥的田块更要注意施用微量元素肥料。

有些柏树较多的地方元胡也会有锈病发生，可用15%三唑酮1 000倍液，或用10%苯醚甲环唑1 500倍液喷雾防治。元胡虫害主要为蚜虫和龟象，可以用5%甲维盐3 000倍液加70%吡虫啉8 000倍液防治。

芋艿虫害有红蜘蛛和蚜虫，用25%哒螨灵乳油1 500~2 000倍液或50%抗蚜威可湿性粉剂2 000倍液防治（图8-1、图8-2）。

图8-1　元胡-单季稻水旱轮作

图8-2　元胡-单季稻水旱轮作

第九章
处州白莲套养泥鳅生态高效种养模式

处州白莲具有粒大而圆、饱满、色白、肉绵、味甘五大特点，是名贵的药材和高级营养滋补品。每 100 克干物质约含有蛋白质 15.9%，脂肪 2.8%，矿物质 3.9%，碳水化合物 70.1%，富含维生素 C，能提高人体的免疫力，有提神补气、延年益寿之功效。白莲全身可入药，莲蕊为滋补强壮剂，对慢性肠炎、神经衰弱、遗精失眠等病有疗效。莲子除作为珍贵的滋补食品外，还是一付妙药。莲子作为保健药膳食疗时，一般是不弃莲子芯的。莲子芯是莲子中央的青绿色胚芽，味苦，有清热、固精、安神、强心之功效，将莲子芯 2 克用开水浸泡饮之，可治疗高烧引起的烦躁不安、神志不清和梦遗滑精等症，也用于治疗高血压、头昏脑胀、心悸失眠。处州白莲种植历史悠长，已有 1 400 多年。《处州府志》载："自萧梁（公元 502—519 年）詹司马疏导水利，有濠河二处……其壕阔处，半植荷芰，名荷塘……。"南宋著名诗人范成大任处州郡守时，在府治内构筑"莲城堂"，公余闲暇赏荷品莲。明戏曲家汤显祖曾任处州府遂昌县令，在他的诗篇中，也每每提到"莲城"。丽水早在八百年前就有"莲城"之誉。

目前，全市处州白莲种植面积 4 435 亩，莲都区种植面积 4 200 余亩，主要分布在老竹镇、丽新乡、碧湖镇、大港头镇等重要大镇，浓厚的莲历史底蕴与处州白莲发展紧密融合，促进"处州白莲"产业链的基本形成。全区已建成处州白莲休闲养生观光园 1 个、精品园 5 个，总面积 1 500 多亩。2012 年至今，莲都区已连续举办了五届"处州白莲节"。活动以"莲"为主轴，开展系列丰富多彩活动，是集赏荷品莲、诗画摄影、乡村旅游、生态养生为一体的盛会。通过持续举办节庆活动，打造"处州白莲"这张金名片，打响莲都特色文化品牌，推动白莲养生休闲旅游业发展。

第一节　处州白莲套养泥鳅生态高效种养模式

一、模式简介

近年来，莲都区委、区政府高度重视处州白莲产业发展，充分利用得天独厚的气候地理优势，强力打造"秀山丽水，养生福地"这张亮丽的名片，大力发展处州白莲种植，弘扬莲文化，出台了扶持政策，白莲产业发展迅猛。

泥鳅素有"水中人参"之美誉，肉质细嫩，营养丰富，近年来，市场价格一直居高不下。莲子从移栽到荷叶封行，要进行除草，但莲子对除草剂特别敏感，一般不提倡在莲田使用除草剂。因此，莲田套养泥鳅可利用泥鳅经常钻进泥中活动，能够疏松田泥，利于有机肥的快速分解，莲田中的许多杂草、害虫及其卵粒都是泥鳅的良好饵料，同时泥鳅的代谢产物又是莲的肥料。在莲田套养泥鳅，可充分利用资源，增加产量，同时在莲花盛开时，带动本地旅游观光，提高了经济效益，鱼塘作为养殖区，水深保持在1米左右。放苗种、投喂捕捞主要在塘中进行。莲田作为种植区为池塘提供水源，饵料生物和活动空间。莲都区政府从2014年开始大力探索莲田套养田鱼等农作新模式，在碧湖、老竹、丽新等种植园区内开展了莲田套养泥鳅等试验，进一步提高了莲田种植综合效益。据初步统计，白莲亩产量在50千克/亩（干）亩产值在3 500元左右，采用新模式后，以泥鳅市场价30元/千克计算每亩莲田可以净新增加收入2 000~3 000元，有效提高了山区农民收入。

二、生产技术

（一）处州白莲栽培模式

1. 栽前准备

（1）莲田选择。选择交通便利，水源、光照充足，排灌方便，土层深厚，肥力中上，pH值6~7，有机质含量3%以上，富含磷、钾、钙的紫泥田；连片种植，供观光旅游。

（2）适时翻耕，重施有机肥。由于处州白莲生育期长，茎叶高大，需肥量大。一般每亩施充分腐熟猪牛栏肥2 000千克或鸡鸭肥500千克，在移栽前20天深翻入土。栽藕种前进行耕、耙、整平。

（3）精选藕种。选择上年单产高、无病害、品种纯正、藕种粗壮、节间短、顶芽完整、无病斑、无损伤、具有3个节以上的主藕作种藕。做到边挖、边运、边栽。

2. 栽植要点

（1）适时栽植。4月初，有效温度稳定在12~15℃时栽种，栽种时挖穴15~20厘米，将藕种斜放穴中，顶芽朝下覆土，尾部露出水面，以防灌水烂藕，栽后及时检查是否有浮苗，并及时补救，力争全苗。

（2）合理密植。每亩栽120~150支健壮种藕为宜，株间距2.5米×3米为宜。

3. 栽后管理

（1）中耕除草。栽后一个月（立夏）第一次中耕，栽后第二个月（芒种）第二次中耕，但勿翻藕种旁边的泥土。

（2）肥水管理。5月上旬适施苗肥。每亩施复合肥10千克。6月上旬重施蕾肥，每亩施复合肥20千克、尿素8千克、钾肥5千克；栽后一个月内灌水15厘米保温，后灌5~8厘米浅水，促芽萌发和立叶生长，7月后不能断水，利于结实。

（3）病虫害防治。预防为主，综合防治。优先使用农业防治、物理防治、生物防治，按照病虫害的发生规律和经济阈值，科学使用化学防治技术，有效控制病虫危害。农药施用应执行GB4285和GB/T8321（所有部分）的规定。

处州白莲病虫害主要为叶斑病、莲腐败病、蚜虫、斜纹夜蛾和福寿螺等。

① 叶斑病：发生6—7月，以新植莲田发病较重，并且病菌从老叶向新叶传染。

防治方法是拔除病株后，健叶用10%苯醚甲环唑（世高）2 000~3 000倍液喷治。

② 莲腐败病：常发生于5月至6月中下旬。

防治方法是合理轮作，干旱轮作，种藕消毒，（绿亨一号）600倍浸24小时。发病初期拔除病株，并用15%恶霉灵（绿亨一号）1 500倍等药剂防治，控制病害蔓延。老莲田可采取冬季灌深水的办法，能以有效地控制病害的发生。

③ 蚜虫：主要发生在5—6月。

防治方法是用10%吡虫啉2 000~2 500倍液喷治。

④ 斜纹夜蛾：发生在 5—9 月。

防治方法是性诱剂诱杀雄蛾；利用三龄前幼虫的群集性，进行人工捕杀，或用苜蓿银纹夜蛾核型多角体病毒（奥绿一号）600~800 倍液、15% 抑虫威（杜邦安打）3 000 倍液、5% 氟啶脲（抑太保）1 000 倍液、48% 毒死蜱 1 500 倍液喷治。

⑤ 福寿螺：发生于 5~8 月。

防治方法是人工捡螺，摘除卵块，套养鸭子、甲鱼，撒施茶籽饼等。

（4）摘除老叶。大暑后，可适当摘除一些无花立叶，减少营养损耗，提高通风透光度。

4. 采收与储藏

（1）适时采摘。当莲蓬出现淡褐色花斑，莲子种皮稍变褐色时，莲子与莲蓬孔格稍分离时采摘，一般旺期每隔一天采一次。一般在 7 月上旬至 10 月中旬采收。

（2）精心加工。①脱粒、去壳、去膜：当天采摘后将莲子从莲蓬孔格内剥出，用手工或机械剥净果皮和种皮。②通芯：用与莲芯同粗的竹签或铁丝捅去莲子中间的莲芯。③清洗：用干净的饮用水洗净残余莲膜、胚芽等沾黏物。莲子清洗后宜沥水 10~20 分钟。④烘干：当天采的莲子要当天干燥。将清洗沥干后的莲子置于莲筛内，单层摆放于薪柴炭火炉或电烘箱上烘烤。初烤温度宜为 80~90℃；烘烤至莲子发软时，转入稳烤，烘烤温度为 40~50℃。烘烤期间应常翻动莲子。⑤冷却装袋：将烘干后的莲子冷却 30~60 分钟，及时分装。

（3）储藏：处州白莲营养丰富，贮存时易受害虫为害，要勤捡、勤晒，适宜储藏在阴凉、干燥、通风处。民间老百姓主要使用酒坛子封口储藏，保存得当可至第二年 12 月。

（二）泥鳅养殖技术

1. 泥鳅的放养

5 月至 6 月上、中旬放养泥鳅苗，苗种要求规格均匀（一般体长 3~4 厘米）、体质健壮、无外伤。放养密度为泥鳅 1 万~2 万尾/亩。放养前应用 20 毫克/升高锰酸钾溶液浸泡 10 分钟或用 3% 的食盐溶液浸泡 5~10 分钟。

2. 饵料投喂

饲料以配合饲料为主，饲料粗蛋白含量要求在 30%~34%。饲料的质量要求符合 GB13078—2001 和 NY5072—2002 的规定。投喂坚持定质、定位、定时、定量的"四定"原则。放养第 1~2 周，投喂粉料，日投饲量为 1~1.5 千克/亩，分 4 次投喂，时间点为 3 时、8 时、18 时、21 时，投喂比例为 1∶1∶1.5∶1.5，投喂量控制每次 1 小时内吃完。放养第 3 周，投喂粉料，日投饲量为每亩 2.5~3 千克，分 4 次投喂，时间点同第一二周，投喂比例为 1.5∶1.5∶1.5∶2.5。放养第四周，粉料:颗粒料比例为 1∶1，日投饲量为 3~4 千克/亩，分 4 次投喂，时间点同第一二周，投喂比例为 1∶1∶2∶2。放养第 5 周，投喂颗粒料，日投饲量为 2~3 千克/亩，分两次投喂，18 时、21 时，投喂比例为 1:1。放养第六至八周，投喂颗粒料，日投饲量 1~1.5 千克/亩，一次投喂（时间为 21 时）。放养 8 周后，无须投喂饲料。

3. 日常管理

早晚巡视，观察鱼群的摄食、活动、水质、水位变化情况。检查进出水口设施和池埂，防止逃鱼，发现破漏应及时修整。设置防鸟网、鸟夹，播放鸟类哀叫声、鞭炮声等。

4. 病害防治

泥鳅养殖过程中，要注意做好病害防治工作，要坚持以防为主、治疗为辅。常见的病害有水霉病、赤鳍病、气泡病、白尾病、肠炎病等，主要防治方法见表 1。

（1）水霉病。感染部位形成灰白色棉絮状覆盖物，病变部位初期呈圆形，后期则呈不规则的斑块，严重时皮肤破损肌肉裸露，鳃组织亦会被侵犯感染，造成死亡。

防治方法：以预防为主，彻底清塘。采捕苗种注意防止鱼苗受伤。早期使用 2%~3%的食盐药浴 5~10 分钟，或采用水霉净治疗。

（2）红鳍病。大多由一种杆菌引起鳍、腹部及肛门周围充血发白并溃烂，有些则有出血斑点、肌肉腐烂，尾鳍、胸鳍发白并溃烂等现象。

防治方法：预防：放养前种苗消毒；"双氧片"或"强氯精"，严重时连续使用 2 次，同时按饲料重 3%拌入"氟苯尼考"进行投喂 5~7 天。

（3）白尾病。初期鳅苗尾柄部位灰白，随后扩展至背鳍基部后面的全部体表，并由灰白色转为白色，鳅苗头朝下，尾朝上，垂直于水面挣扎，严重者尾鳍部分或全部烂掉，随即死亡。

防治方法：八黄散加入 25 倍重的 0.3%氨水浸泡，连汁带渣全池泼洒；1 千克干乌桕叶（合 4 千克鲜品）加入 20 倍重量的 2%生石灰水中浸泡 24 小时，再煮 10 分钟后带渣全池泼洒。

5. 收获

为了减少不必要的损失，一般在冲泥采藕前，放置地笼捕获泥鳅上市。地笼一般在前一天 1 时以前放置好，当天早上 6 时前收笼，若泥鳅养殖量大可提前收获，以免泥鳅在地笼内由于密度过高造成缺氧死亡。

6. 莲子的管理要点

实现莲鳅双丰收施肥用药是关键。施肥以基肥为主，追肥为辅。可在冬季结合深耕晒垄，一次施足有机肥。基肥占总施肥量的 80%以上。花果期追肥遵循少量多次原则。莲子用药上要使用高效低毒农药，农药喷施前保持 20 厘米以上水位。农药向上喷施减少施入水中。不使用除草剂，莲叶没有封行前人工除草 2~3 次。

（三）套养注意事项

1. 莲田选择

选择有充足水源、水质良好、连片且交通便利的莲田作为套养泥鳅地点。

2. 防逃设施及泥鳅沟建设

为了防止泥鳅从田埂钻出以及敌害生物钻进吃食泥鳅，需要夯实田埂和田底，并在莲田周围加装围网。围网采用无毒耐用的聚乙烯围网，在莲田四周每隔 1 米钉入一根木桩，木桩钉入田埂下约 20 厘米，木桩作为固定围网的附着物，形成高于田埂 30 厘米的围网。田埂垒成 60 厘米宽的梯形，进排水口处用 40 目网扎紧。泥鳅沟面积占整个莲田面积的 5%左右，泥鳅沟沿着排水处建设，泥鳅沟挖成 30 厘米深、宽 40 厘米的长方体形，内两侧和底用砖砌成。泥鳅沟建设是莲田套养泥鳅重要的工程环节（图 9-1、图 9-2）。

图 9-1　处州白莲套养泥鳅生态高效种养

图 9-2　处州白莲套养泥鳅生态高效种养

菊米（*Chrysanthemum meters*）是丽水市遂昌县具有悠久历史的传统名优农产品，因主产于该县石练镇的练溪两岸，俗称"石练菊米"，据科学检测发现，遂昌菊米含有菊米内脂、蛋白质、黄酮苷、挥发油、氨基酸等多种营养成份及抗病要素，具有润肺败毒、祛风散疗、清火明目、平肝降压、益阴滋肾、降低血脂等作用，尤其是对视力衰退及高血压患者具有极佳的抗病保健功效。遂昌菊米是具有悠久历史的遂昌县传统名特优农副产品，据《增广本草纲目》记载："处州出一种山中野菊，土人采其蕊干之，如半粒绿豆大，甚香而轻圆黄亮，云：败毒、散疗、祛风、清火、明目为第一，产遂昌石练山"。它原是零星分布的野生甘菊之蕊，产量有限，经科技人员的多年筛选培育，对质量上乘的纯正品种从 1997 年开始进行了推广栽培，到 2007 年栽培面积达到 733.3 公顷，产量 320 吨，从 2008 年至今，栽培面积逐年回落，到最近三年回落至 440 公顷左右，产量在 220 吨上下浮动，年总产值为 3 300 余万元，遂昌菊米独特的功效和优秀的品质已获得了海内外广泛的认同，曾被评为 1998 年浙江省优质农产品，先后获得过 2000 年浙江省优质菊米成就奖金质奖杯，2001 年中国浙江国际农业博览会金奖，中、日、韩第三届国际名茶评比特别奖等奖项，并已获得国家绿色食品颁证，2003 年 7 月被认证为有机食品以来，2014 年，已连续 12 年通过国家有机食品认证，遂昌县由此被命名为"中国菊米之乡"。

截至 2016 年，丽水市菊米种植面积 6 760 亩，主要产地丽水市遂昌县，种植面积 6 600 亩左右，近年来遂昌县大力支持中药材产业发展，尤其对传统道地药材的拓展开发尤为重视，将菊米药材深度开发，着力发挥出传统药材的文化优势，并积极开展道地药材的高效种植模式，努力将"遂昌菊米"品牌打响，实现山区农民增收的目的。

第一节　菊米油菜轮作栽培模式

一、模式概述

为提高单位面积产量，增加种植效益，遂昌县石练镇在 2002 年开始利用菊米生长周期特点，利用冬季采收期后种植油菜的方式，实施药粮轮作技术，一方面进行菊米–油菜轮作可以有效均衡利用土壤营养成分，另一方面可以调节土壤肥力、防治病、虫、草害。通过轮作方式，据初步计算，油菜亩产油菜籽 150 千克，按照市场价 3 元/千克，产值达 450 元/亩，经济效益较好，有效改善了冬季菊米田闲置的现状，又能增加农民收入，满足农民的食用油自我需求。

二、生产技术

（一）茬口安排

菊米第 1 批采摘适期约在 10 月初，以后每隔 3~5 天采摘 1 次，采摘期可长达 30~40 天为提高菊米品质和产量，采摘时要选择晴天，上午露水干后或下午进行，持续采摘约一个月，至 11 月上旬，对菊园进行中耕，深度为 10~15 厘米，结合中耕每亩施有机肥 1 000 千克，培土 5~8 厘米。将播种的油菜移栽至菊米地，次年 5 月收获油菜。油菜要合理密植，按苗大小分别移栽，行距 40 厘米，株距为 23~25 厘米。开好厢沟、腰沟和围沟，做到雨住天干。

（二）菊米栽培模式

1. 育苗技术

（1）良种筛选。野生菊米的品种资源较为丰富，通过试种，以原产于遂昌县石练镇"光菊"类中的"白菊"和"黄菊"表现较好，叶薄茎紫，茎叶花蕾均无绒毛，抗病性强。菊米经加工后，色泽黄中带绿，汤色明亮，清香爽口，产量高，较适宜推广。

（2）扦插育苗。野菊米的繁殖以短穗扦插为主，根据不同的扦插时期，可分为冬插和春插。扦插前，选择土壤通透性好，土地肥沃的地块为苗床。苗床宽约为 1.5 米，并在 0~15 厘米土层中每亩均匀撒施有机肥 1 500 千克，用 10%草甘膦 500~1 000 毫升对水 100 千克均匀喷施床面。扦插时，要先开好沟，沟深为 7 厘米左右，沟距 15~18 厘米，株距 5~10 厘米。然后将插穗排入沟中，覆土压紧。每亩插穗春插为 8 万~10 万株，冬插为 5 万~6 万株。冬插一般在每年 12 月进行，春插一般在 5 月进行。选择生长健壮，无病虫害的枝条为插穗，插穗长 10~15 厘米。扦插后每亩及时浇施稀人粪尿 500 千克，并做好苗床的保湿工作，每隔 2~3 周浇 1 次水，10~15 天即可生根。做好苗床施肥工作，苗床施肥要薄肥勤施。移栽时苗床要先浇透水，以防伤根。

2. 大田栽培模式

（1）整地松土。新开园地要深翻土壤，除去杂草的根茎。大田做好畦，开好排水沟，一般畦为 1.5~2.0 米。山坡地做好水平带，开好避水沟，水平带宽在 1.5 米以上。

（2）适时移栽。6 月上旬，选择温暖天气，根据苗情及时移栽。移栽苗苗高要求在 25 厘米左右，生长健壮。另外也可采用宿根分栽，2 月下旬到 3 月下旬，将上年的老茬挖出，并视老茬大小分成 3~5 株移栽到新园中。

（3）合理密植。土壤质地对菊米生产影响较大，质地较轻的菊米园地具有较好的增产性。经 2002 年在遂昌县大柘镇黄安村试验，每亩栽 2 000 株，施复合肥 50 千克，其他管理水平相同的情况下，黄泥砂田的处理每亩平均青蕾产量为 200 千克，比黄泥田的处理增产 63 千克，增 46%。为获得高产，对土壤有机质含量高、土地肥沃、质地较轻的地块，可适当稀植，株距一般为 25~30 厘米，行距为 60~70 厘米，每亩栽 2 500~3 000 株。易旱、贫脊的山地要适当密植，株距一般为 20~25 厘米，行距为 40~50 厘米，每亩栽 3 500~4 000 株。

（4）及时除草。草害防除重点在移栽期，移栽前 1~2 天用 10%草甘膦 500~1 000 毫升对水 100 千克均匀喷施。移栽后 1 个月需除草 1 次，采用人工方法，并培土 5~7 厘米。以后，根据杂草危害程度，及时除草。

（5）肥水管理。施肥以"施足基肥，早施活棵肥，勤施分枝肥，多施打顶肥，巧施花蕾肥"为原则，菊米以施用有机肥和磷钾肥为主，增施有机肥具有较好的增产性。经 2002 年在遂昌县大柘镇黄安村试验，每亩基施有机肥 1 500 千克的处理平均青蕾产量比基施复合肥 50 千克的处理增 9%。移栽前每亩施有机肥 1 000 千克；栽后及时浇施稀人粪尿 500 千克；以后每隔 10~15 天施 1 次分枝肥，每次用复合肥 5 千克。打顶时，结合除草每亩施复合肥 15 千克。9 月中旬现蕾期每亩施复合肥 10 千克，并看苗情用 0.2%磷酸二氢钾进行根外追肥，可提高结蕾率。菊米喜湿怕涝，梅雨季节必须及时排除积水，防止菊苗受涝引起烂根死苗。进入秋季，常遇干旱无雨，而此时菊米现蕾需要大量水分，要及时浇水做好保苗保蕾工作，保证菊米高产、稳产。

（6）多次打顶。培育茎粗枝多的矮壮苗，是菊米获得高产的基础。在菊苗分枝高 30 厘米时及时打顶，促进分枝，控制苗高。第 1 次打顶约在移栽后 20 天左右，以后每隔 10 天打顶 1 次，最后 1 次打顶在 7 月中旬前进行。当分枝顶芽长到离地面 50 厘米左右时，采用 200 毫升/升多效唑喷施，能有效控制徒长，提高结蕾率。

（7）病虫害防治。为害菊米的主要害虫有菊米尺蠖、卷叶蛾、黑毒蛾、蚜虫等，菊米尺蠖、卷叶蛾、黑毒蛾可在低龄幼虫始发期用 80%敌敌畏 1 500 倍液或 2.5%天王星 1 500 倍液进行防治。蚜虫可每亩用 10%吡虫啉 10~20 克或 25%扑虱灵 30~40 克对水 40 千克进行防治。

菊米灰霉病为害较重，可在发病初期用 50%多菌灵 1 000 倍液或 70%托布津 1 000 倍液防治 2 次或 3 次。为避免病害传播，应将枯萎的病株及时拔除，集中烧毁。

3. 分批勤采

菊米的品质好差除了品种因素之外，适时采摘是关键。菊米花蕾适时采摘的标准是含苞未放，成品千粒重为 10~15 克。千粒 20 克以上即为采摘过迟，颗粒过大，花蕾易开；千粒重 5 克以下，花蕾尚未成熟，菊米内酯、黄酮甙、挥发油、氨基酸等营养成份含量低，品质差。第一批采摘适期在 10 月初，以后每隔 3~5 天采摘 1 次，采摘期可长达 30~40 天为提高菊米品质和产量，采摘时要选择晴天，上午露水干后或下午进行，从上至下，成熟 1 批采摘 1 批。采大留小，实行优劣分级，并随采随运。将菊米及时置于室内，薄摊于匾或席上 4~5 小时，菊米表面水分自然晾干后，再进行加工。

4. 加工

工过程中应保持菊米不直接与地面接触。加工、包装场所不允许吸烟和随地吐痰。加工人员进入车间前应更衣、洗手。不得在加工过程中添加化学添加剂。

（1）摊青。将采收的新鲜菊米原料薄摊于匾或簟上，摊晾 3~5 小时，以晾干表面水，方便后续加工。

（2）杀青。宜使用 6CR-60（80）滚筒式杀青机进行杀青，投料时温度应控制在 120℃左右，出料后应及时摊凉，以防渥黄。视在制品含水量高低，可使用滚筒式杀青机再炒制一次，但温度应逐渐降低。

（3）摊晾回潮。六至七成干后进行摊晾回潮 1 小时，促使菊米水分重新分布，以利于烘干。

（4）烘干。使用烘干机进行烘干，烘干时间 2~2.5 小时，温度应控制在 90℃以内，避免低沸点的芳香物质大量损失，影响菊米品质。

5. 冬季管理

菊米采摘结束后，除留取健壮茎枝用作冬季育苗插穗外，其余茎枝齐地割除，并清理出园焚毁。对菊园进行中耕，深度为 10~15 厘米，结合中耕每亩施有机肥 1 000 千克，培土 5~8 厘米。遂昌菊米是遂昌县的传统饮品，研究野生菊米的人工栽培模式，对发展菊米产业具有较大促进作用。通过研究，基本了解了遂昌菊米的生长习性和栽培模式。使遂昌菊米能获得高产、稳产和优质。但在遂昌菊米病虫害防治和产品深加工等方面有待于进一步的研究。

（三）油菜栽培模式

1. 适时播种，培育壮苗

选择高产高油含量的浙油 50、浙双 72、高油 605 等品种，在 9 月下旬至 10 月上中旬播种，秧田与大田比为 1:6；培育大壮苗，三片真叶期喷施 150 毫克/升的多效唑或 18 毫克/升烯效唑。苗龄控制在 35 天左右，株型矮健紧凑，苗高 20~23 厘米；叶柄粗短，无红叶，叶片密集丛生不见节，绿叶 6~8 片；根颈粗短，侧根多、细，主根直；无病害。

2. 精细移栽，中耕培土

按 50 厘米行距、18 厘米株距栽植，要移栽 6 片真叶的大壮苗。移栽前大田要施足基肥，移栽时要边起苗、边移栽，不栽细弱苗、称钩苗、杂种苗，要栽稳、栽实，对大苗、高苗要进行深栽，栽后浇定根水。栽后及时清理沟土保持排水通畅。干旱可引水进行沟灌，畦面润透后立即将水排干，移栽活棵后应及时进行中耕松土，以利于通气、降湿、增温，增强土壤供肥能力，促进根系发育，中耕时应遵循"行间深、根旁浅"的原则进行，并注意培土，增强抗寒防倒能力，促进根颈不定根的发生。

3. 早施苗肥、重施腊肥

早施、勤施苗肥，一般在移栽成活后，及时追第一次苗肥，以利促进冬前幼苗生长。方法是：每亩用人畜粪 500~1 000 千克加尿素 2~3 千克浇施作提苗肥，对底肥不足、长势差、速效肥少的田块，第一次施肥后半月左右应酌情再追一次。腊肥具有保暖、防冻、促春发的作用。一般在 12 月中下旬对油菜田追施腊肥，并结合进行培土。腊肥应以迟效的厩肥、泥肥、饼肥为主，配合施用一定量的草木灰、过磷酸钙。每亩用人畜肥或厩肥 1 500~2 000 千克施于油菜行间。

4. 防寒防冻，化控蹲苗

在油菜畦面上覆盖秸草、撒施草木灰、或腐熟细碎的有机肥料，不仅可以提高土温，增强油菜的防寒抗冻能力，保证油菜安全越冬，还可以改善土壤结构，减少环境污染。一般每亩覆盖秸秆 200~300 千克。移栽早的油菜若生长过旺，可在 12 月中下旬喷施多效唑进行化控，既能蹲苗促壮，又具有很好的防冻作用。一般每亩用 15% 的多效唑 35 克，对水 50 千克均匀喷施叶片即可。

5. 化学除草，控制草害

栽前未进行化学除草的或化学除草效果不好的田块，要及时在油菜移栽 15 天左右开展化学除草，以禾本科杂草为主的田块，亩用 5% 的旱作丰 75 毫升，或用 10.5% 的高效盖草能 25~30 毫升，对水 40 千克对着杂草茎叶进行喷雾。以阔叶类草为主的田块，每亩用 15% 的阔草克 100 毫升，对水 40 千克，在杂草 2~3 叶期、油菜 6~8 叶期喷雾防除。以单、双子叶杂草混生的田块，每亩用油菜双克或快刀 100 毫升，对水 40 千克喷雾防除。

6. 防病治虫、适时收获

主要病害有油菜霜霉病，油菜病毒病，油菜菌核病，三叶期和移栽前 6~7 天最好各喷洒一次 50% 多菌灵或 70% 甲基托布津可湿粉 50~80 克对水 50~60 千克，以预防霜霉病、菌核病等病害的发生与蔓延。油菜苔高 25 厘米或始花期可用 58% 瑞毒霉可湿性粉剂 200~400 倍液；65% 代森锌 500 倍液或 50% 代森铵 1 000 倍液喷雾防治。

主要虫害有油菜田蚜虫，油菜潜叶蝇，菜粉蝶。

防治措施：在油菜苗期和苔花期，当有虫株率达 10% 时，用 10% 吡虫啉可湿性粉剂 3 000 倍液、40% 乐果乳剂 3 000 倍液、50% 敌敌畏乳剂或马拉硫磷乳剂 2 000 倍液、70% 灭蚜松可湿性粉 2 000 倍液进行常规喷雾，或每亩施用 1.5% 乐果粉剂 1.5 千克。及早把虫害消灭在点片发生的阶段。适宜收获期是全田80%左右角果呈现淡黄色,主轴大部分角果籽粒呈现出黑褐色即收获。一般在终花后30天左右(图10-1、图10-2)。

图 10-1　菊米-油菜轮作栽培

图 10-2　菊米-油菜轮作栽培

第十一章

金银花套种大豆（马铃薯）循环生产栽培模式

金银花（*Lonicera japonica*）又名双花，忍冬花，属忍冬科忍冬植物，其花藤均可入药。属国家管理的二类名贵中药材。具有清热解毒，凉散风热、增强免疫功能等功效。常用于痈肿疔疮，喉痹，丹毒，热血毒痢，风热感冒，温病发热。金银花为多年生藤本缠绕灌木，全国各地均可栽培，种植简单，易栽易活易管理，栽植当年即可收获（几年苗），一年栽种，受益几十年。耐涝耐旱，耐热耐寒，适应性广，既可保持水土，还能绿化环境，种植金银花具有良好的经济效益和生态效益。

丽水市景宁县从20世纪90年代初引进种植金银花到现在已有20多年，种植面积从过去的几百亩发展到现在的3 000多亩，为了充分利用光照、水份、热量等资源，为提高土地的产出率和利用率，在浙江省农业厅的大力支持下，2012年在景宁县标溪乡于章村开展金银花+春大豆（马铃薯）套种循环种植示范，取得了良好的效果。据对不同套种品种的田块调查，该种植模式金银花平均干产为28千克/亩（1年生的平均亩干产为5.6千克），干品统货价格按每千克90元计算，亩产值2 502元；套种春大豆鲜荚平均亩产量为279千克，按每千克价格6元，亩产值1 676元；马铃薯平均鲜产717千克，按每千克价格3元，亩产值2 153元。减去生产成本套种作物每亩净效益在1 000元左右。

截至2016年，丽水市金银花种植面积5 360亩，除龙泉外，其他八县（区）均有种植，种植广度较广，虽种植面积较大，但近年来由于金银花人共采收成本上涨，加之药材价格走势不高，丽水市金银花种植一度处于低迷状态，种植面积逐年降低，如何有效的增加单位面积效益，让农民种植金银花信心增加，是我们今后工作的重点方向。

第一节　金银花套种大豆（马铃薯）循环生产栽培模式

一、模式概述

金银花地套种春大豆、马铃薯，不但能提高复种指数，使土地资源、温光资源得到充分利用，增加单位面积种植效益。同时利用其秸秆还田能改良土壤结构，有利培肥地力，从而提高地力。同时金银花地相对减少化肥的施用量，降低生产成本，达到了物循环种植利用效果。据调查，鲜食春大豆生物学产量一般为260千克，其中鲜秸秆约160千克。马铃薯的生物学产量一般为1 200千克，其中鲜秸秆600多千克。据报道：每100千克鲜秸秆中含氮0.48千克、磷0.38千克、钾1.67千克。可见秸秆还田为农田提供了大量优质的有机肥料，同时为秸秆利用找到一条无害化、资源化、变废为宝的合理出路，具有很好的经济效益、环境效益和社会效益。

金银花亩栽种440株，每株1.5元，660元/亩；肥料一般每亩施50千克三元复合肥约192元/亩；每亩用工约13工，主要为收获用工一般在10工左右，其他为管理用工，计用工费用每亩为1 040元；金银花加工费每千克15元，其他费用在270元。共计每亩生产成本在2 162元左右。

早大豆：物化成本种子2千克/亩，每千克20元，40元/亩，肥料一般每亩施10千克尿素、三元复合肥25千克、磷肥30千克、草木灰1 000千克，约220元/亩，合计260元；工本每亩用工约8工，每工60元，每亩工本费为480元；共计每亩生产成本在740元左右。

马铃薯：物化成本薯种100千克/亩，每千克4元，400元/亩，肥料一般每亩施三元复合肥60千克、腐熟有机肥1 000~1 500千克，约300元/亩；每亩用工约5工，每亩工本费用为300元；共计每亩生产成本在1 000元左右。

二、生产技术

（一）茬口安排

金银花容易成活，一年四季都可栽植，但以秋季和早春栽植为主，金银花开放时间集中，大约15天。适时采摘是提高产量和质量的关键。一般在5月中、下旬，采摘第一茬花。一个月后陆续采摘二、三茬花。春大豆一般在3月中、下旬播种，分批播种（分几批播种），6月初上市。马铃薯一般在1月底播种，6月中、下旬上市。金银花地理套种春大豆、马铃薯与大田种植密度略有不同，套种时要与金银花保持40~50厘米的距离，一般早大豆亩栽1 500株，马铃薯亩种1 100~1 300穴。一般在鲜荚八成饱满时即可收获。为了防止鲜荚变质，以清晨温度较低时采收为佳，采收后尽快上市。马铃薯做到适时采收，一般单株产量在500克左右开始采收上市。采收后及时将秸秆均匀埋入土中。

（二）金银花栽培模式

1. 地块选择

金银花耐旱、耐寒、耐脊薄，对土壤要求不严，适应性很广，但为了达到丰产、高效，应根据金银花喜阳不耐荫的特点，选择向阳、土层较深、土壤疏松肥沃、排灌方便的地块种植为好。

2. 品种选择

选择"九丰1号"品种。该品种具有茎枝粗壮，叶片厚大，叶色浓绿，绒毛多，节间短，徒长枝少，结花枝多。产量高、有效成份含量高、采收效率高，抗逆性强、适应性强等特点。绿原酸含量4.3%，木犀草苷含量0.091%，分别超过2010版《中国药典》规定1.5%和0.05%的标准。

采用2~3年苗龄，茎秆粗壮、节间短、苗高50厘米以上，新枝基部粗0.5厘米以上，须根多的壮苗进行栽种。以利提高成活率，提早结蕾和早期丰产的基础。

3. 栽种密度

金银花容易成活，一年四季都可栽植，但以秋季和早春栽植为主。根据土壤肥力、排灌条件等因素确定密度，一般来说，土壤肥沃的地块行距为2~1.5米，株距1~1.2米；地力较差的地块适当增加密度，采用行距1.2~1.5米，株距为0.8~1米。每穴栽1株，栽后踏实，浇足水，待水阴干后封土，略高于地面。

4. 田间管理

（1）施肥管理。金银花是喜肥药用植物，一年之内需多次施肥。

① 基肥：一般在金银花最后一茬花采收结束后进行，以经高温发酵或沤制过的有机肥为

主，并配少量的氮、磷、钾化肥。5 年生以上的每株施有机肥 5 千克，复合肥 150~200 克；5 年生以下的，用量酌减。施基肥的方法有环状沟施肥法、条沟施肥法、全园撒施法。

② 追肥：一般每年追肥 2~3 次。第 1 次追肥在早春萌芽后进行。每墩施入土杂肥 5 千克，配施一定的氮肥和磷肥，氮肥可用尿素 50~100 克，磷肥可用过磷酸钙 150~200 克；也可只施人粪尿 5~10 千克。以后在每茬花采完后分别进行一次追肥，以氮肥和磷肥为主，数量与第 1 次追肥的量相同，最后一次追肥应在末次花采完之前进行，以磷肥和钾肥为主，每株施硫酸钾 150~200 克。追肥方法基本同基肥，但追肥的沟要浅，一般深度 10~15 厘米，若土壤墒情差，追肥要结合浇水进行。

（2）水分管理。排涝适当的水分供应是金银花正常生长发育所不可缺少的条件。水分过少，会造成旱害，水分过多，又造成涝害，均会影响药材的产量和质量，造成损失。

① 防旱：以提高金银花的移栽成活率及正常生长需水要求；

② 排涝：金银花花期若雨水过多，会造成落花、沤花、幼嫩花蕾破裂等，影响产量。故在整个生长期间及时做好清沟排水工作。

（3）整枝搭架。

① 整枝：重点培养好一、二、三级骨干枝，构成牢固的骨架，为以后的丰产打下基础。采用墩式栽培的，选择健壮的枝条，自然圆头形留一个主干，伞状形留 3 个主干，每个枝条留 3~5 个节剪去上部，其他枝条全部剪去。在今后的管理中，经常把根部生出的枝条及时去掉，以防止分蘖过多，影响主干的生长。

修剪时期常规修剪分冬季修剪和夏季修剪。冬剪在每年的霜降后至封冻前，结合整形进行。夏剪则在每次开花之后进行，共进行 3 次。第 1 次剪春梢于 6 月上旬进行；第 2 次剪夏梢于 7 月下旬进行；第 3 次剪秋梢于 9 月上旬进行。

② 搭架：用棚架式栽培，金银花种植后，首前要搭好棚架，棚加高度 1.2 米，水泥柱要求 8 厘米×10 厘米×150 厘米，水泥柱之间的距离 4~5 米，用铁丝拉直拉紧，离地面 60 厘米拉一条，上面再拉一条，一般每亩用水泥柱 80 根。金银花长 60 厘米长打顶，用纤维拉上架，60 厘米以下的则枝全部剪去，有利于主枝生长。

（4）病虫害防治。

① 褐斑病：叶部常见病害，造成植株长势衰弱。多在生长中、后期发病，8~9 月为发病盛期，多雨潮湿的条件下发病严重。发病初期在叶上形成褐色小点，后扩大成褐色圆斑或不规则病斑。病斑背面生有灰黑色霉状物，发病重时叶片脱落，影响植株生长、开花。

防治方法：剪除病叶，然后用 1:1.5:200 波尔多液喷雾，7~10 天 1 次，连续 2~3 次。

② 白粉病：在温暖干燥或荫蔽的条件下发病严重。发病初期，叶片上产生白色小点，后逐渐扩大成白色粉斑，继续扩展布满全叶，造成叶片发黄，皱缩变形，最后引起落花、落叶、枝条干枯。

防治方法：清园处理病、残株；发生期用 50%甲基托布津 1000 倍液或 BO~10 生物制剂喷雾。

③ 炭疽病：叶片病斑近圆形，潮湿时叶片上着生橙红色点状黏状物，为大量聚集的分生孢子。

防治方法：清除残株病叶，集中烧毁；移栽前用 1:1:（150~200）波尔多液浸种栽 5~10 分钟；发病期喷施 65%代森锌 500 倍液或 50%退菌特 800~1 000 倍液。

④ 锈病：受害后叶背出现茶褐色或暗褐色小点；有的在叶表面出现近圆形病斑，中心有 1 个小疱，严重时可致叶片枯死。

防治方法：收花后清除枯株病叶集中烧毁；发病初期喷 50%二硝散 200 倍液或 25%粉锈宁 1000 倍液，每隔 7~10 天 1 次，连续喷 2~3 次。

⑤ 蚜虫：危害叶片、嫩枝，引起叶片和花蕾卷曲，生长停止，产量锐减。4~6 月虫情较重，"立夏"前后、特别是阴雨天，蔓延更快。

防治方法：用 40%乐果 1 000~1 500 倍液或天蚜松（灭蚜灵）1 000~1 500 倍液喷杀，连续多次，直到杀灭。

⑥ 天牛：5 月成虫出土，在枝条上端的表皮内产卵。幼虫先在表皮内活动，以后钻入木质部，向基部蛀食，秋后钻到基部或根部越冬。植株受害后，逐渐衰老枯萎，乃至死亡。

防治方法：成虫出土时，用 80%敌百虫 1 000 倍液灌注花墩。在产卵盛期，7~10 天喷 1次 50%辛硫磷乳油 600 倍液；发现虫枝，剪下烧毁；如有虫孔，塞入 80%敌敌畏原液浸过的药棉，用泥土封住，毒杀幼虫。

⑦ 尺蠖：头茬花后幼虫蚕食叶片，引起减产。

防治方法：立春后，在植株周围 1 米内挖土灭蛹。幼虫发生初期，喷 2.5%鱼藤精乳油 400~600 倍液防治。

5. 采收加工

（1）采收。金银花开放时间集中，大约 15 天。适时采摘是提高产量和质量的关键。一般在 5 月中、下旬，采摘第一茬花。一个月后陆续采摘二、三茬花。其方法是在花蕾尚未开放之前，先外后内、自下而上进行采摘。一天之内，以上午 9 时左右采摘的花蕾质量最好。一定要注意适时采收，否则 16—17 时花蕾将开放，影响质量；但也不能过早采摘，否则花蕾嫩小且呈青绿色，产量低，质量差。采摘时注意不要折断枝条，以免影响下茬花的质量。

（2）加工。将采回的鲜花用手均匀地撒在干净的场地上晾，然后用机器杀青烘干，烘干后装入塑料袋并扎袋口，即可销售。

（三）套种春大豆、马铃薯主要栽培模式

1. 品种选择

春早大豆选择商品性好，熟期较早的矮脚毛豆、浙春 1 号、引豆 9701，其经济性状和外观食味较优，6 月初成熟上市。马铃薯品种选择芽眼浅，选择商品性好的东农 303。

2. 种子处理

（1）薯种。选择薯形规整，具有本品种典型特征，薯皮光滑、色泽鲜明，重量为 1~2 两（1 两=50 克）大小适中的健康种薯作种。选择种薯时，要严格去除表皮龟裂、畸形、尖头、芽眼坏死、生有病斑或脐部黑腐的块茎。

（2）大豆播种前。要精选种子，提高豆种的播种品质，凡是清选过的均匀整齐的种子，比不加清选的种子生育良好，田间保苗率高，出苗整齐。实现种一粒种子，保出一棵苗。

3. 适时播种

是否能取得高产高效益的关键。春大豆一般在 3 月上、中旬播种，分期播种能错开采收期，播后苗期覆盖地膜保温，可以提早播种，提前上市，一般 6 月初上市。马铃薯一般在 1月底播种，每畦种植 2 行，行距 40 厘米，株距 30 厘米，开深沟点播，播种深度 15~20 厘米，覆土后轻轻镇压，盖上 1.5 米宽膜即可，6 月中、下旬上市。

4. 合理密植

金银花地理套种春大豆、马铃薯与大田种植密度略有不同，套种时要与金银花保持 40~50 厘米的距离，一般早大豆亩栽 1 500 株，马铃亩种 1 100~1 300 穴。

5. 大田管理

（1）合理施肥，施足机肥。以腐熟的农家肥、草木灰为主，化肥为辅。整畦前亩用复合肥 40~50 千克，钙镁磷肥 50 千克，硼砂 1.5 千克撒施畦面作基肥。对肥力差的田块还要结合翻耕亩施 500~1 000 千克腐熟有机肥。

① 春大豆需肥量高。对氮肥敏感，施肥要掌握施足基肥、早施壮苗肥和补施花肥的原则，每亩施复合肥 30~40 千克或有机肥 800~1 000 千克。苗期用尿素 10~12 千克分两次施入作壮苗肥，花荚肥对保花增荚十分重要，应在开花初期看苗亩施尿素和氯化钾各 5~10 千克。

② 马铃薯播种前再施腐熟鸡粪 250 千克，尿素 20 千克、硫酸钾高效复合肥 25 千克，过磷酸钙 50 千克，齐苗后 4 月上旬灌头水，4 月底现蕾期灌二水并结合灌水亩追施磷酸二铵和尿素各 10 千克，开花后以及块茎进入膨大期小水灌溉，保持土壤湿润有利于块茎膨大。

（2）苗期管理。

① 春大豆：种子出苗后及时破膜炼苗，播种后 10 天左右子叶展开、真叶长出时，晴天应揭开拱膜两头通风；播种后 15 天左右约 2 片真叶时抢晴暖天气进行查苗、补苗、间苗，确保每穴 3~4 株健壮苗。

② 马铃薯：出苗后，选择温暖天气破膜放苗，以后及时注意天气变化，做好防冻工作，在破膜口边上压土，防风鼓膜，提高保温、保湿，控制杂草生长的效果。

（3）春大豆：初花期看苗在傍晚时每亩用进口复合肥 5~6 千克对水 500 千克浇施，防止肥水浇在叶片上；同时每亩用钼酸铵 10 克加磷酸二氧钾 75 克对水 40 千克喷雾，7~10 天重新喷施一次。减少花荚脱落，促进鼓粒，增加饱满度，提高产量。

（4）做好病虫害防治。

① 春大豆的主要病虫有：苗期蚜虫可用 10% 蚍虫啉 2 000 倍液防治，豆荚螟可用 40% 乐斯本 1 500 倍液防治，病毒病、霜霉病、白粉病、褐斑病等病害发生每亩用多菌灵 100 克对水 40 千克喷雾防治，或用 50% 甲基托布津 500 倍液防治；喷药可结合根外追肥进行，以提高工效。

② 马铃薯的主要病虫害有：晚疫病、早疫病、青枯病和地下害虫地老虎等，整地前每亩用 50% 辛硫磷乳油 100g，对少量的水稀释后拌毒土 20 千克，均匀撒播地面可以防止地下害虫，马铃薯生长期间做好病害防治，可用代森锌等使用，收获前 20 天禁止用药。

（5）及时采收，秸秆还田：一般在鲜荚八成饱满时即可收获。为了防止鲜荚变质，以清晨温度较低时采收为佳，采收后尽快上市。马铃薯做到适时采收，一般单株产量在 500 克左右开始采收上市。采收后及时将秸秆均匀埋入土中（图 11-1、图 11-2）。

图 11-1　金银花套种马铃薯循环生产栽培

图 11-2　金银花套种大豆循环生产栽培

食凉茶，学名柳叶蜡梅（*Chimonanthus salicifolius* S.Y.Hu），半常绿灌木，叶纸质或薄革质，卵状披针形至椭圆状披针形，先端渐尖，基部楔形；叶表黄绿色，下面粉绿色，叶柄及叶片具糙毛；花黄白色，生于叶腋，聚合瘦果着生于壶状果托内，花期 12 月到 1 月，果期翌年 5—7 月，常宿存枝上。又名毛山茶、香风茶、山蜡梅，为蜡梅科蜡梅属落叶灌木，以干燥叶入药，为畲族习用药材，是第一个以标准形式被《浙江省中药炮制规范》（2005 版）收录的畲药品种。其性凉，微苦、辛，归肺、脾、胃经。具祛风解表，清热解毒，理气健脾，消导止泻功能，用于风热表证，脾虚食滞，泄泻，胃脘痛，嘈杂，吞酸等症状。近年来，随着以柳叶蜡梅为原料的药材、药茶、精油的开发，对柳叶蜡梅的用量逐年增大，而目前，市场上食凉茶主要采于野生资源，人工栽培面积较少，过度采收利用导致野生种群数量减少。

民间应用于寒湿困脾、肝胃不和、消化功能紊乱而引起的肠胃不适、腹部胀痛、泄泻等消化道疾病；现代研究表明柳叶蜡梅具抑菌、抗炎、解热和镇痛、镇咳、祛痰等作用，已被开发成山蜡梅叶颗粒（国药准字 Z20027113）和脾胃舒胶囊及保健茶，市场需求日渐扩大，并且在浙江、江西等地正在开展 GAP 标准研究。柳叶蜡梅的结果很少，种子的发芽率低，目前人工栽培的柳叶蜡梅基本上都挖自野生资源，据文献报道其扦插繁殖成活率很低，最高的仅 20%。因此开展柳叶蜡梅的人工繁殖研究对保护自然资源、保持种质的优良性状、建设柳叶蜡梅的 GAP 基地都具有积极意义。

截至 2016 年，丽水市柳叶蜡梅种植面积为 797 亩，主要集中在松阳县，景宁、青田也有少量种植，近年来丽水市对柳叶蜡梅研究加大，出台了柳叶蜡梅栽培模式规程（丽水市地方标准），努力将畲药柳叶蜡梅作为特色民族中药发展。

第一节　梨园柳叶腊梅间作栽培模式

一、模式概述

柳叶蜡梅为浅根性耐荫树种，喜温暖湿润气候，有一定的耐寒力；对土壤要求不严，喜湿润而排水良好的沙质土壤，微酸性或中性肥沃土壤生长良好，根系发达。根据观察，柳叶蜡梅在 12 月开始发芽，翌年 1 月中旬始开花，1 月下旬为盛花期，2 月下旬终花，3 月开始展叶，5 月幼果形成，9—10 月果实成熟。一般 3~5 年开始开花，6~8 年生开始结实，有大小年但未发现明显规律，有的年份某些植株甚至不开花，结果量大小年不明显。

间作可提高土地利用率，由间作形成的作物复合群体可增加对阳光的截取与吸收，减少光能的浪费；同时，两种作物间作还可产生互补作用，如宽窄行间作或带状间作中的高秆作物有一定的边行优势、豆科与禾本科间作有利于补充土壤氮元素的消耗等。但间作时不同作物之间也常存在着对阳光、水分、养分等的激烈竞争。因此对株型高矮不一、生育期长短稍有参差的作物进行合理搭配和在田间配置宽窄不等的种植行距，有助于提高间作效果。当前的趋势是旱地、低产地、用人畜力耕作的田地及豆科、禾本科作物应用间作较多。

丽水市松阳县碧岚中药材专业合作社应用此种模式将 200 余亩梨树园与柳叶腊梅间作栽培，效益明显，据初步统计，新型种植模式能将原本单一种植的梨树园增效 6 000 余元效益。柳叶腊梅一年采收两次。

二、生产技术

（一）柳叶蜡梅栽培模式

1. 种苗繁殖

种苗繁殖主要采用播种、扦插或分株等方法。

（1）扦插法。柳叶蜡梅发芽开花较早，宜采用秋季扦插繁殖，选择生长健壮的 1~2 年生枝，剪成长 10~15 厘米，具有 2 对芽子的插穗，下部在紧贴芽处剪成马耳形，插穗用 6 号 ABT 生根粉，100 毫克/千克液处理 2 小时。苗床先浇透水，待水灌后即可扦播，株行距 5 厘米×5 厘米，插深为 2/3。插后在苗床上罩高 50 厘米的塑料薄膜帐，两头通风，在 12 月灌足水后封闭通气口，翌年 3 月间打开通气口再灌透水，4 月间除去塑料薄膜，按大田苗进行水肥管理，插后的秋后苗高可达 20 厘米以上，即可移植出圃。

扦插育苗一般在 2 月下旬至 4 月，或 9 月下旬至 10 月下旬进行。选择优良健壮、生长 2~3 年的枝条，剪成 10~13 厘米的插条。在高畦上按行距 15~30 厘米、株距 8 厘米扦插。扦插时枝条应斜插在苗床上，入土约 2/3，上端留 1 个芽节露出土面。插后常浇水，保持床土湿润，1 年后即可定植。

（2）播种法。每年 10 至 11 月，柳叶蜡梅瘦果外壳由绿转黄，内部种子呈棕黑色时，即可采收；晾干，去杂后取出种子，储藏；种子千粒重 176.38~182.12 克。在种子储藏程中要注意保持其湿度。秋播或春播，播种前，种子用温水浸种，催芽 24 小时，能保证较高的出芽率。

（3）分株法。方法简单，可靠，较为常用。柳叶蜡梅一般根际周围萌蘖性强，将带根的萌蘖植株从母体上用利刀或钢锯分开移栽，分株时尽可能多带须根；一般可在 9—10 月或 3—4 月进行，经试验分株繁殖成活率可在 90% 上。

（4）压条法。有普通压条、开沟压条、堆土压条、套盆压条与高空压条等方法。每年 2—3 月，选生长苗壮 1~2 年生枝条，根据不同的方法，将入土的部位用刀刻伤，在刻伤部位用少许 ABT 生根粉或 50 毫克/升萘乙酸溶液，然后埋在草木灰掺沙作介质的土中，经常保持湿润，2 个月左右便可生根移栽。

2. 种植密度

移植时间可在秋冬季，或春季萌芽前，定植株距 1.2~1.5 米，行距 1.5~2 米。于阴天或雨天定植。每穴施入土杂肥 10~15 千克，并放部分土与肥拌匀，再放苗木，每穴 1 苗。定植时，根系要舒展，栽后压实，淋足定根水。

3. 栽培模式

柳叶蜡梅自然分布在海拔 400~800 米之间的阳坡阔叶林地，野生地往往土质较差，碎石多的陡坡上，经移植试种以土层深厚的砂质壤土最好。因此，人工种植场地应选择在坐北朝南的缓坡，坡度宜低于 45° 的山地，依山地走势做成梯田，便于生产管理。如以现成的田地种植，应做好排水。

4. 栽植方式

栽植时间以春季为好。移栽时应多带土球，不要伤根，有利成活。一般栽植密度以167株/亩为宜，于晴天午后或阴天种植，定植后立即浇水，保持土壤湿润；高温季节应勤浇水，生长期每月用复合肥进行一次稀薄追肥。

5. 中耕除草

植物幼龄期每年5—11月需除草2~3次，中耕表土使土壤通气良好，中耕时注意不要碰伤地表新萌发的新芽。最后一次中耕时应将地面杂草铲除干净，并可覆盖于植株周围的地表，这样既可以减少水分蒸发，保持土壤湿润，又有利于抗旱保苗，保温越冬。

6. 整形修剪

栽植时在主干30厘米左右截断促使多发侧枝，确保树形灌木化，生长过程中依照树的长势，可打去顶枝，促使多发侧枝。每年秋冬季还须结合清园，把病虫枝条、弱枝和过密的枝条剪去。

7. 施肥技术

根据柳叶蜡梅的生物学特性和需肥规律，一般每年应至少施肥两次，第一次在2—3月植株抽芽时，施足芽肥，第二次在7—8月生长期。氮肥统一用含氮量46.3%的尿素，磷肥统一用P_2O_5含量16%~18%的普钙，钾肥统一用K_2O含量60%的KCl。N、P、K比例为3:2:1，每年株施尿素0.4千克，普钙0.6千克，KCl 0.1千克。

8. 病虫害防治

柳叶蜡梅的病害、虫害较轻，主要是幼苗期各类昆虫幼虫对幼苗嫩叶的危害和幼苗根腐病，本着"预防为主，综合防治"的植保方针防治病虫草害。经常保持中耕除草，消除害虫的栖息环境，减少虫害；加强幼苗期灌溉排水管理，防止幼苗炭疽病的发生，一经发现病株，及时拔出处理掉，发病初期用50%托布津可湿性粉剂，或用50%多菌灵可湿性粉剂1 000倍液，每7~10天喷1次，连续喷2~3次。幼苗出土时易遭受地老虎的危害，可采取人工诱捕的方法来防止；对于各类昆虫的危害，可采用农业的、生物的、化学的、物理的方法进行防治，必要时可采用低毒、高效、低残留、易降解的化学药物，根据害虫的生活史，在易于防治的阶段杀死害虫、消灭害虫。

9. 采摘

（1）叶采摘。柳叶蜡梅的叶对生，节间较疏，要求采摘一芽一二叶，长度控制在6厘米以内。要求芽叶均匀，注意无老叶、茎梗、杂质，盛装工具以透气性好的竹篓、筐为宜，不紧压，采后及时送到加工厂。

（2）果实采摘。果实的采收调剂和种子贮藏每年9月下旬至10月上旬蒴果的梨形果托由绿转黄绿色，瘦果外皮由白变褐色时，果实成熟，用采种刀或高枝剪截取果梗。果实采回后，放室内阴干，搓揉取出瘦果或剥取瘦果即为播种材料，通称种子，漂除瘪粒后即可干藏待播。净度可达98%。普通干藏的种子寿命可以保持1年。鲜果的出籽率为25%~45%，干果为65%。种子饱满率约90%。千粒重180~260克。

10. 鲜叶运输

要求用盛装竹篓、筐内用干净的汽车运输，保持车厢整洁、通风、干燥，应配置防雨设施。整个运输过程应控制在1小时以内，中途停车翻动1~2次，以防发热。

11. 食凉茶加工设备

根据其鲜叶特点，宜选用大型的杀青和干燥设备。如：80型杀青机、55型揉捻机、CR-

6 型烘干机等

12. 加工关键技术

(1) 摊放。运回厂的柳叶腊梅鲜叶应立即薄摊于干净的竹匾上，厚度 3~5 厘米，3~4 千克/平方米，不宜超过 8 厘米。时间视气温、空气湿度灵活掌握，一般 3~6 小时，如采后遇低温阴雨天气也可能需摊放 6~18 小时。摊放中需经常翻动，以免局部发热而导致变质。以目测鲜叶呈萎蔫状，叶面失去光泽，叶色转为暗绿清香散发时即以失水 15%~20% 为宜。

(2) 杀青。用 80 型滚筒杀青机，温度 280~330℃，时间 5 分钟左右，杀青程度以老杀为宜，要求杀青叶有爆点，叶子感觉易碎，茎梗柔软不易折断，出叶经鼓风机吹凉后及时薄摊于干净竹垫上，充分回潮后以手捏柔软茎梗不断时揉捻。

(3) 揉捻。用 55 型揉捻机，投叶 25~30 千克，以装叶至比桶口浅 3~5 厘米处，不可过满。揉捻时掌握轻重轻的原则，时间 25~30 分钟，以条成条率 80% 左右，无茶汁挤出无明显成团为宜。

(4) 初烘。用 CR-6 连续烘干机，采用高温、快速、薄摊的方法。温度 110~120℃，速度以烘干时间 3~4 分钟，出叶程度掌握手握略有触手，不会成团，色泽变深绿时，并薄摊于干净竹垫上回潮。

(5) 复揉。回潮后继续上机揉捻，投叶量 30~35 千克，以轻揉为主，时间 15~20 分钟。

13. 滚干做形。用 80 型杀青机滚干温度 70~80℃投叶量约 100 千克/小时，复揉叶在滚筒内连续滚干，视产量多少连续滚至七八成干时出叶，此时在制品已形成卷曲的外形，色泽深绿油润，清香散发，并摊凉。

14. 拣剔。出锅摊凉后进行拣剔作业，剔除老叶、黄片、老梗、杂质，筛去粉末。

15. 足干。置烘干机上 120℃烘干，时间 25~30 分钟，手捏成粉时下机摊凉后装箱。

（二）梨树栽培模式

1. 梨园建立和梨树种植

种植按株行距定点挖穴，一般沙质土，穴宽 80 厘米、深 50~60 厘米；水稻地穴宽 80 厘米，深 40~50 厘米即可。先放入 30~40 厘米厚的稻草、枝条或绿肥等，并将表土加入踏紧，再施有机肥（猪、牛粪）50~80 千克或砻糠鸡粪 20 千克或纯鸡粪 10 千克需腐熟，并加钙镁磷肥 1~2 千克（碱性土壤可用过磷酸钙）与土混合填入，做成馒头形。种植前需将梨苗粗根剪去 2~3 厘米，促进新根发生，并将嫁接处薄膜解除，以免影响主干生长。种植时嫁接口应露出地面 5~10 厘米，踏实根际土壤，立即浇足水。风口地带，需设立支柱，防范倒伏。

2. 土、肥、水管理技术

(1) 土壤管理。土壤深翻熟化是梨树增产技术中的基本措施。深翻改土时间一般在秋季果实采收后，到冬季落叶前进行，其方法有扩穴、全园深翻、隔行或间株深翻。深翻深度一般以 30~40 厘米为宜，有条件的地方可采取隔年轮翻，1、3、5 年在原穴的两侧开深宽 0.8 米左右的深沟，2、4、6 年在另两侧开深沟，结合施入基肥。一般 100 千克梨果最少需有机肥（猪、羊厩肥）100 千克，再混入 2.25 千克磷肥。

(2) 肥料管理。除基肥外，一般在生长期还应适时追施 3 次追肥，第一次花后肥，于 4 月中下旬施入，促进枝叶生长，花芽分化和果实膨大；第二次果实膨大肥，于 5 月中旬至 6 月上旬施入；第三次采后肥，于 8 月下旬至 9 月中旬施入，增加叶色，延长叶片寿命，恢复树势。此外，可结合喷药施入适量氮、磷、钾等肥根外追肥对及时恢复树体营养水平，效果非常明显。常用浓度尿素 0.3%~0.5%、过磷酸钙 0.5%、硫酸钾 0.3%~1%、磷酸二氢钾 0.2%~0.3%，还有腐熟人尿 5%~10%、草木灰浸出液 3%~10%（不能与农药混用）。盛果期梨树全年施肥量一般情况下不能低于斤果斤肥的标准。化肥按氮:磷:钾 1：(0.5-0.7)：(0.8-1.0) 的比例平衡施肥。

（3）水分管理。水分是梨树优质丰产的限制性因素，如果根系吸收的水分不足以供应叶面蒸发，则果实中的水分被叶片所夺走，引起果实瘦小、无光泽，果肉汁少、干绵，且有空隙，石细胞发达。在 6 月水分不足，过于干燥，将使萼端全部硬化，形成铁梨。在 7 月份水分严重不足时，由于果肉的部分细胞发育不好乃至死亡，果肉中石细胞显著增多和柔细胞膜木栓化，致使果面凸凹不平，形成"疙瘩"梨。

3. 配备授粉树及三疏技术

梨树为异花授粉树种，多数品种自花不结实，必须配置花期基本相遇的授粉品种，主栽与授粉品种配置的比例最好是 2:1 或 1:1，最少也需 3:1 或 4:1，才能达到丰产稳产。三疏技术就是正确掌握疏花芽、疏花蕾与疏果的时期和方法。

（1）疏花芽。结合冬季修剪时疏去过多花芽。冬季疏花芽，应按比例，原则上是花芽:叶芽=1:1，大约疏除全树花量的 1/2，但应注意梨树当年花芽形成多少，生产实际中，骨干枝以每 15~18 厘米距离留 1 个花芽的密度为宜。注意只疏花芽，保留叶芽。

（2）疏花蕾。冬季修剪时若疏花芽工作未进行，可在开花前，疏花蕾进行补救，疏蕾标准一般按 20 厘米左右保留一个花蕾。疏蕾原则：疏弱留强，疏小留大，疏密留疏，疏腋花芽留顶花芽，疏下留上，疏除萌动过迟的花蕾，疏除副花蕾。

（3）疏果。应根据品种、树势、花期、气候而定。花量多，树势弱，着果率高的应早疏；花量少的幼树、旺树应迟疏或少疏。天气正常年份宜早疏，反之宜迟疏。一般每个果应具备 25~30 张叶片，正常年份 1 个果台可留 1 个果，果形中等大的品种 1 个果台可留 1 个或 2 个果。

4. 整形修剪

根据品种的不同，立地条件的不同，梨树的树形一般有疏散分层形、多主干开心形、多主枝圆头形等。疏散分层形整形修剪的技术要点：

（1）定干。定干高度一般 60~70 厘米，也可为 40 厘米的。定干时，剪口要留 7~8 个饱满的芽，如不够定干高度，可离地面 6~10 厘米处短截，以便第 2 年重新定干。

（2）骨干枝的选留和培养。定干后第 1 年冬，选顶端直立的枝条作为中心干，逐年加以培养，如果枝条生长弱，可适当重剪。当树冠达到 3.5 米，具有 5~7 个固定主枝时，便可封顶落头。为促进第 1 层主枝生长，中心干延伸时可采取换头弯曲上升，去强扶弱作中心干延长枝；定植苗 1 年后，如基层选留主枝的枝条不足 3 个时，可对中心干再行重剪，促使发枝，第 2 年冬选留方向和角度适合的枝条作为第 1 层主枝培养。修剪时，为保持 3 主枝生长平衡，弱枝轻剪长放，养壮以后再缩剪，促发强枝。同时要注意主枝的开张角度，梨星毛虫防治方法若角度过小，2~3 生的梨树可采用拉、撑、拿、吊，4 年以上的树可采用"里芽外蹬"、换头等方法。

（3）结果枝组的培养和修剪。结果枝组的配置应上疏下密，外疏内密，下大上小。枝组培养方法如下。

① 先缩后放：枝条缓放拉平后可较快形成花芽或提高徒长枝的着果率，结果后回缩，培养成枝组。对生长旺盛的树，可提早丰产。

② 先截，后缩，再放：对当年生枝留 17~20 厘米以下短截，促使靠近骨干枝分枝后再去强留弱，去直留斜，将留下枝缓放或强枝拉平缓放，再逐年控制回缩成为大中型枝组。

③ 改造辅养枝或临时性骨干枝：随着树冠扩大，大枝过多时，可将辅养枝或临时性骨干

枝缩剪控制改造成为大中型枝组。

④ 短枝型修剪法：将生长枝于冬季在基部潜伏芽处重短截，翌年抽梢如仍过强，则于新梢长 30 厘米以下部位，再用同样的方法重短截，直到形成一个中小型枝组。大树枝组细剪对提高产量、品质，及防止大小年有很大的作用。主要措施首先是控制花芽量，使树势与产量相适应效果比疏花疏果明显。

5. 病虫害防治

（1）黑星病。主要发生在萼片、果实、叶片、叶柄、新梢和芽等部位。症状：初期呈淡黄色圆形小病斑，后期发生黑霉。叶片上多发生在叶背，沿叶脉发病，严重时引起早期落叶。果实多在幼果期发生，被害幼果生长停止，渐呈木栓化龟裂，并引起幼果畸形，在雨水较多的季节（4—5 月）最严重。

防治方法：①消灭越冬菌源。冬季清除落叶、落果和修剪下来的枝条及刮树皮，集中烧毁。②药剂防治。萌芽前喷 5°Bé 石硫合剂，在谢花 3/4 时，喷 25% 多菌灵 500 倍液，5 月中旬新梢生长期，6 月中旬果实生长期各喷 1 次 75% 百菌清 600~800 倍液或其他防病药剂。

（2）梨锈病。主要危害叶片、新梢和幼果。在叶片上最初发生针状黄色病斑，逐渐扩大呈橙黄色圆形斑点，后期叶片正面紫红色凹陷，背面凸起，并长出一丛灰黄色毛状物，果实上症状与叶片相同。该病在果树上每年发生 1 次，发病高峰在 4 月上中旬至 5 月上旬。

防治方法：在 5 千米以内地区最好没有松柏、龙柏等柏树。花前喷 1：2：200 倍波尔多液，谢花后喷 15% 粉锈宁或 40% 灵福 1 000 倍液，连续 2 次或 3 次效果较好。

（3）梨小食心虫。为害桃的嫩梢、果实及梨果。一年发生 5 代，幼果从果顶及萼洼附近蛀入直至果心，果肉内有虫粪，蛀孔周围干腐发黑。第 1 代在 4—5 月，主要为害桃嫩梢，以后每月发生 1 代，为害梨果为主，8—9 为害梨果高峰。

防治方法：有桃、梨栽培的果园，于 4 月上旬、5 月上中旬在桃树上喷药。6 月中下旬及 7 月中旬，各代幼虫发生期，在梨树上喷药保护。药剂可用 40% 氧化乐果或 20% 丰收菊酯，20% 高渗久效磷 800~1 000 倍液，或用 5% 敌杀死 5 000 倍液，20% 杀灭菊酯 4 000~5 000 倍液，效果均较好。

（4）梨蚜。危害叶片。受害叶片卷成筒状，4—5 月最严重，5 月下旬以后至杂草中繁殖。10 月有翅蚜又飞到桑树上为害，冬季在梨芽裂缝处越冬，一年发生 20 代以上。

防治方法：梨开花后应注意防治，可用 40% 氧化乐果 1 000 倍液或用一遍净可湿性粉剂 1 500 倍液（图 12-1、图 12-2）。

图 12-1　梨园柳叶腊梅间作栽培技术　　图 12-2　梨园柳叶腊梅间作栽培技术

白术为著名中药"浙八味"之一，《中华人民共和国药典》（2015 年版一部）收藏的白术来源于菊科植物白术的干燥根茎，有健脾益气、燥湿利水、止汗、安胎等功效。白术是最常用的补气药，具有补脾益气、燥湿利水、固表止汗的功效，白术多糖则能增强免疫功能，具有降血糖、抗氧化、抗衰老等作用。白术在现代临床应用中也非常广泛，可单用，亦多在复方中应用，在中医内科常用的 50 多种方剂中需白术配伍。

白术是浙江主产的著名道地药材，为"浙八味"之一，其道地药材的形成与发展经过了漫长的历程：术始载于《神农本草经》，当时只称其为"术"，无苍术、白术之分。至南北朝，梁陶弘景记载："术有赤、白两种。"在宋以前的本草医书，包括《伤寒论》《金匮要略》《千金方》中出现的术主要是苍术。宋代由于林亿等人的极力推行，医药界对术的认识逐渐从苍术转向白术。近年来，国内对白术的需求量大增，居全国大宗常用中药材前列，故白术中药材得到了广泛的使用。

白术是丽水市传统种植药材品种，缙云县、景宁县等地种植历史较久。近年来由于白术市场价格低迷，且由于连作障碍等导致病虫害严重，种植规模降低较多。截至 2016 年，全市白术种植面积 3 115 亩，其中景宁县 1 645 亩、缙云县 720 亩、庆元县 261 亩、云和县 256 亩等。

第一节　幼龄甜橘柚套种白术栽培模式

一、模式概述

甜橘柚系 20 世纪 90 年代从日本引进的杂柑类晚熟品种，为八朔与山田温州蜜柑杂交育成的品种，俗称大红柑，该品种具有果面色泽好，经济性状好，丰产性好，贮藏性好，适应性和抗逆性强等优良性状，有清凉祛火、镇咳化痰、润喉醒酒等功效，在柑橘产业备受青睐。在幼龄甜橘柚园套种中药材，以培肥地力，调节水分和养分，促进果树生长，达到以短养长，以园养园为目的。既能提高土地利用率，充分利用空间资源，增加果农收入，又能保持水土，抑制杂草滋生，减少果园除草用工。有效利用山地果园的自然资源，建立果树中药材互惠共生，共存共荣的生态系统。

二、生产技术

（一）白术栽培模式

1. 栽前准备

（1）土地选择。白术宜选气候凉爽的区域栽种，坡地一般选北向、东北向的山坡丘陵。白术耐寒，能忍受短期–10℃左右低温。栽种土壤要求透水性好、疏松肥沃的砂质壤土，过分黏重易积水或保肥力差的土壤不易种植。在山区一般选土层较厚有一定坡度的新垦荒地。

（2）整地方法。视甜橘柚种植实际整地，注意不能伤及其根系，整地前要翻耕并施入基肥，一般亩施栏肥 1500 千克、尿素 10 千克、磷肥 25~35 千克、钾肥 7.5~10 千克。整地要细碎平整，根据基地实际做畦，畦面宽 0.8~1.2 米，沟深和宽各 25 厘米，畦呈弧形，便于排水。

（3）种栽选择。选择中等大小（一般 160~240 个/千克）、新鲜光亮、无伤病痕，顶芽饱侧芽少、外形鸡腿型根茎作种栽，一般需种栽 50 千克左右。栽种时按大小分类，分开种植，使出苗整齐，便于管理，提高质量。术栽药剂浸种处理是综合防治白术根腐病、白绢病等病害的重要措施。栽前用 50%多菌灵或 65%代森锰锌 500 倍液浸术栽 4 小时以上，其方法是先将术栽浸入清水，稍加搅拌后捞起沥干浸入药剂。

2. 栽种

（1）栽种期。白术传统主产区栽种期很长，一般在 11 月中旬至 2 月下旬，迟不过清明，以 12 月下旬至 1 月上旬为好。

（2）栽种方法。穴栽，根据基地实际畦面栽种，控制在行距 35 厘米，株距 25 厘米左右。术栽不宜栽种过深，一般穴深 10 厘米左右，每穴放术栽 1~2 个，芽头向上，上盖焦泥灰并覆土与畦面平。

3. 施肥

（1）基肥。从栽种到出苗，最长需 3 个月左右，为达到高产的目的，必须施足基肥以满足越冬期根茎萌发、生长所需，为全苗、壮苗打好基础。施肥量见"栽前准备的整地方法"。

（2）苗肥。出苗后至摘花蕾期是地上部分植株和地下部分根的生长旺期，此期历时达 3 个月左右，所以需早施适施苗肥，尤其应施磷、钾肥。苗肥施用量：尿素 15 千克，分两次施，齐苗后一次，5 月下旬至 6 月上旬一次，磷肥 30~35 千克，钾肥 7.5~10 千克。

（3）摘蕾肥。摘蕾后，白术根茎进入膨大、增长时期，此期历时 2 个月左右，需重施氮肥，亩施尿素 25 千克。

（4）后期肥。重施摘蕾肥后，再看苗少量施用氮肥及配施少量磷、钾肥，以确保地上部植株健壮和满足根茎膨大所需，避免出现缺肥现象。

4. 田间管理

（1）幼苗出土后，5—6 月要及时除草。苗期结合施肥进行中耕除草，植株生长进入旺期（封行）一般不再中耕。白术忌积水多湿，土壤湿度大易诱发病害，因此白术整个生长期，尤其春、夏和九月台风季节，要及时做好开沟排水工作。生长后期，尤其根茎膨大增长期需适宜水分，此时若遇干旱应及时浇水灌溉。

（2）中耕除草。尤其是苗期要勤中耕，保证土不板结、地无杂草中耕时要注意前深后浅，防止伤根。另外，中耕需在天露水干后进行，否则容易诱发铁叶病。植株封行不宜再中耕，少量株间杂草须手工拔除。

（3）摘花蕾。除留种植株外，白术商品生产需适时摘除花蕾。6 月下旬植株开始现蕾，至 7 月上中旬现蕾开始进入盛期即需分次进行摘蕾，逐次摘净，一般在 20~25 天内分 2 次或

3 次摘完。摘蕾在晴天进行，一手捏茎，一手摘蕾，不要摘伤茎叶和动摇植株根部。

（4）病虫害防治。危害白术的主要病害有立枯病、根腐病、白绢病、铁叶病和锈病，主要虫害有蚜虫和地下害虫（蛴螬等）。

① 立枯病：立枯病是白术苗期的主要病害，发生普遍，危害严重，常造成幼苗成片死亡，药农称其为"烂茎病"。发病症状：未出土幼芽、刚出土小苗及移栽苗均能受害，常造成烂芽、烂种。受害苗幼茎基部初生水渍状褐色病斑，并很快延伸绕茎，茎部收缩坏死，病部常黏附着小土粒状褐色菌核，地上部萎蔫，幼苗倒伏成片死亡。贴近地面的潮湿叶片也可受害，边缘产生水渍状深褐色至褐色大斑，很快波及全叶。发病规律：病菌主要以菌丝体或菌核在土壤或寄主残体内越冬，在土壤腐生 2~3 年，遇适当寄主即可侵入危害。该病为低温高湿病害，早春遇低温阴雨天气，白术苗出土缓慢，则易感病。连作及前茬为易感病作物时发病重。

防治方法：适期播种，缩短易感期，多雨时及时开沟排水；播种和移栽前用 50%多菌灵拌种或土壤消毒；苗期加强管理，发现病株及时拔除；发病初期用 5%的石灰水淋灌，每 7 天淋灌 1 次，连续 3~4 次，也可喷洒 50%甲基托布津 600 倍液防治，以控制其蔓延。

② 根腐病：又称烂根病，为害根部，6—8 月发病严重，湿度大时尤为严重。发病症状：细根变褐腐烂，并蔓延至根状茎，使根茎干腐，迅速蔓延到主茎。根茎和主茎横切面可见维管束呈明显色圈，后期根茎全部变海绵状黑褐色干腐，地上部萎蔫，植株枯死，易从土中拔起。

发病规律：土壤病残体带菌是病害的侵染来源。种在贮藏中受热使幼苗抗病力降低，是诱发该病的主因。壤淹水、黏重或施用未腐熟的有机肥料造成根系发育不，以及有线虫和地下害虫危害产生伤口后易发病。生长后期连续阴雨后转晴，气温升高病害发生重，6—8 月为病盛期。

防治方法：栽前用 50%退菌特 1 000 倍液浸种 3~5 分钟，晾干后下；发病初期拔除病株，并用 50%多菌灵或 50%甲基托布 800 倍液浇灌病穴。

③ 白绢病：俗称"白糖烂"，危害根茎。主要发生期始于 4 月下旬，6~8 月为发病盛期，高温多雨易造成流行。发病症状：病原菌丝体密布根状茎及周围土表，形成先为乳白色后成茶褐色油菜籽状菌核。根状茎干燥时呈"乱麻"状干腐，高温高湿时呈"烂薯"状湿腐，地上部逐渐萎蔫。

发病规律：初侵染来源是带菌的土壤、肥料和种栽，以菌丝蔓延或菌核随水流传播进行侵染。

防治方法：发病期清除病株，并用生石灰粉消毒病穴，或用 50%多菌灵或 50%甲基托布津 500 倍液浇灌病区，并与禾本科作物轮作。加强田间管理，避免土壤湿度过大；选用无病健栽作种，栽前用 50%退菌特 800 倍液浸种 3~5 分钟，晾干后下种；及时清除病株及病土，用 50%多菌灵或 50%甲基托布津 500 倍液浇灌病区。

④ 斑枯病：又称叶枯病，斑枯病是产区普遍发生的叶部病害，叶片因病引起早导致减产。于 4 月始发，6—8 月尤为严重，为害叶片。

发病症状：危害叶片初期生黄绿色小斑，多自叶尖及叶缘内扩展连成一阔斑，呈多角形或不规则形，严重时很快满全叶，呈铁黑色，药农称为"铁叶病"。叶片发病由下向扩展，使植株枯死。茎和苞片也产生近似的褐斑。

发病规律：病菌主要以分生孢子器和菌丝体在病残及种栽上越冬，成为次年病害的初侵染源。种子带菌引远距离传播，雨水淋溅是近距离转播的主要途径，昆虫农事操作也可引起传播。分生孢子萌发后从气孔侵入，起初侵染；病斑上产生新的分生孢子，进行再侵染，扩大延。4月下旬发病，6—8月发病盛期，雨水多、气温大升降时发病重。

防治方法：选择地势高燥、排水良好的地块，合理密收获后清除残株落叶，进行2~3年轮作；选择健壮种用50%甲基托布津1 000倍液浸渍3~5分钟；在雨水或水未干前不宜进行各种农事操作；发病初期喷1:1:100尔多液或50%退菌特1 000倍液，7~10天喷1次，连续喷3~4次。

⑤锈病：于5月始发，为害叶片。防治方法：发病初期用25%粉锈宁1 000倍液喷雾。发病症状危害叶片初期生黄褐色略隆起的小点，后扩大为褐色梭形病斑，叶背处生黄色颗粒状物，为病原菌锈子腔，破裂时散出大量黄色粉末—锈孢子。

发病规律：5月上旬发病，5月下旬至6月下旬为发病盛期，多雨高湿病害易流行。

防治方法加强田间管理，避免田间湿度过大；收获后集中处理残株落叶，杀灭菌源；发病期喷97%敌锈钠300倍液或65%代森锌可湿性粉Nsoo倍液，7~10天喷1次，连续喷2~3次。

⑥白术长管蚜虫：白术长管蚜是危害白术的主要虫害，发生普遍，危害严重。发生规律年发生代数不详，以无翅蚜在菊科植物上越冬。翌年3月天气转暖产生有翅蚜，迁飞到白术上产生无翅蚜危害。4—6月为害最烈，6月以后术蚜则减少，8月虫口略有增加，随后产生有翅蚜，迁飞到菊科植物上越冬。术蚜喜密集于白术嫩叶、新梢上吸取汁液，使叶片发黄、植株萎缩、植株生长不良。防治方法铲除杂草，减少越冬虫数。发生期可用50%敌敌畏、40%氧化乐果1 500倍液或2.5%鱼藤精600倍液喷杀。

⑦小地老虎：小地老虎是多种药用植物幼苗期的重要害虫，杂食性，寄主植物极广泛，除水稻等水生植物外，几乎对所有植物的幼苗均能取食危害。发生规律：1年发生4~5代。成虫白天潜伏，夜晚外出活动、取食，羽化后3~4天交尾，第2天可产卵。每头幼虫一夜可咬断3~5株幼苗，最多可达10株。防治方法：及时铲除杂草；用泡桐树叶或莴苣叶诱集幼虫捕杀；幼虫可用50%辛硫磷乳油、90%晶体敌百虫1 000倍液做成毒土毒杀，还可每亩用90%晶体敌百虫150g或50%辛硫磷乳油150毫升，适量水拌碾碎炒的棉籽饼5千克，做成毒饵诱杀。

5. 采收与加工

（1）采收。采收期在种植当年10月下旬至11月上中旬，当茎干枯黄或黄褐色、干叶片枯黄时，选择晴天土壤干燥时挖掘。采收时，挖起全株，去泥，剪除茎干，留下根茎。白术挖出后须立即加工，切勿堆积或暴晒，以免发热、生芽和出油，导致质量下降。

（2）加工方法。

①生晒术：抖尽泥沙，剪除术干并晒至干燥。一般需晒20天左右，在翻晒中逐步搓擦去须根。在干燥过程中，如遇阴雨天，要将白术摊放在阴凉干燥处，切勿堆积或袋装，以防霉烂。

②烘术：烘术宜在烘汀或烘房内进行。初烘火力稍大且均匀（温度80~100℃），烘1小时后将温度降至60℃左右，上下翻动白术使细根脱落，连续烘7~8小时后，倒出白术修除细根和术干，按大、小分开，大的放底层，小的放上层，继续烘8~12小时并翻动数次，达8成干时倒出，将大、小白术分别堆置室内6~7天，再用文火（60℃左右）分别烘24~36小时，直至干燥。白术折干率约3.5：1，一般亩产干品150~230千克。

（二）甜橘柚种植关键技术

1. 建园

选取甜橘柚的适栽种地区，可以根据椪柑、温州蜜橘、胡柚等柑橘品种的适栽条件进行栽种。在山坡地进行栽种时，要根据株行距挖宽为 2.5 米以上的水平带，并在中间挖深 60 厘米、宽 100 厘米的定植穴。在穴内施入配好的底肥，但要注意肥料与根系不要直接接触。株苗的覆盖土为 0.5 千克钙镁磷肥与土均匀搅拌的肥料土，覆盖时要让根系舒展，扶正苗木。

2. 施肥管理

甜橘柚因花量多、结果多且果实大，所需的营养也多，施肥的次数和数量相对要多一些。幼树在春夏秋 3 季是生长的时期，3—8 月每月都要施肥一次，让梢枝快速抽发。结果树全年施肥 4~5 次，并合理的配置肥料。

3. 整枝修剪

甜橘柚的果树舒适生长强，枝叶茂盛，要对枝条进行管理。对过于密集、病虫枝、交叉枝、早衰等弱势的枝条进行剪切，促进强干枝条的生长，确保来年的果实的丰收稳产。

4. 花果管理

为了确保甜橘柚的质量，要对花果进行管理。对花量多的果树不需要进行保花保果，对花量少的果树可在花谢 2/3 时用酒精掺水进行保果措施。要对多余的果实进行疏去，如病虫果、密生果、畸形果，确保枝上的果实的质量。在疏果后对枝上的果树进行套袋，生产出无公害优质的甜橘柚。

5. 病虫害防治

红蜘蛛、蚜虫、潜叶蛾、蚧壳虫等病虫害是甜橘柚重点防范治理的。为了保证果树的健康，在冬季时，用石硫合剂进行清园，做好防范措施。3—10 月根据病虫害的实际发生情况，科学合理地进行防治（图 13-1、图 13-2）。

图 13-1　幼龄甜橘柚套种白术栽培　　　　图 13-2　幼龄甜橘柚套种白术栽培

第十四章
覆盆子套种吊瓜立体栽培模式

吊瓜是我国传统的中药材，农学上又名栝楼、天瓜。吊瓜具有抗菌和抗癌作用，富含大量的不饱和脂肪酸、脂溶性维生素和微量元素，而且生物碱、黄酮类、疳类和有机类等含量颇丰，不仅可以用于冠心病、心绞痛、支气管炎、乳腺炎和便秘等疾病的治疗，还可降低胆固醇，用于肝炎和糖尿病的治疗。吊瓜种子粒饱满，其味脆香特异、润绵爽口，经加工炒制的产品深受广大消费者喜爱。加上它对土壤及环境要求不高，可充分利用田间、地角、溪边、河沟上等空间资源进行种植，而且一次种下，多年收获，投资少、见效快，这些区域的吊瓜生产都有明显的上升。21世纪以来，丽水各县市区都有较大面积的发展，到2015年，全市吊瓜面积达5.69万亩，每个县市都有发展。

覆盆子可果、药两收，果用果实也称树莓，含有相当丰富的维生素A、维生素C、钙、钾、镁等营养元素以及大量纤维。每100克覆盆子，水分占87%，含蛋白质0.9克、纤维4.7克，能提供209.3千焦的热量。覆盆子果实酸甜可口，有"黄金水果"的美誉。覆盆子也为滋养真阴之药，味带微酸，甘平入肾，起阳治痿，固精摄溺，强肾而无燥热之偏，固精而无疑涩之害。对治虚劳，肝肾气虚恶寒，肾气虚逆咳嗽，泄泻，赤白浊等有疗效。近年来，随着人们对优质农产品、保健食品和中药养生需求的增加，对覆盆子产品的市场需求量稳定上升，产品价格不断攀升，果用树莓每千克达100元以上，药材收购价从去年的每千克150元上升到目前的180元，三年生以上可亩产干覆盆子45~50千克，亩产值达6 000~7 000元，亩收益在5 000元以上。缙云县于2013年开始人工种植覆盆子，起初只有十多亩，2015年开始发展较快，从100多亩上升到2016年的上千亩，而且新发展的基地多为百亩以上基地。

第一节　覆盆子套种吊瓜立体栽培模式

一、模式概述

吊瓜亩产值一直来都在2 000~3 000元间徘徊，近年来由于劳动力工资的不断上涨，效益逐步下降。寻求新的种植模式，提高单位面积土地产出，才能稳定既有的吊瓜面积。缙云县于2013年在新建镇宏坦村初次进行吊瓜地套种覆盆子并获得成功，该模式遵照农业生态学和生态经济学原理，通过对土地的时、空进行科学配置，形成耕地的复合生态生产系统，拓展生产的广度和深度，让一亩地发挥二亩的作用，使有限的耕地生产出更多的药材产品，以实现农业高产、良性循环、持续增收。三年生以上可亩产干覆盆子45千克左右，套种的覆盆子亩产值达6 000元左右，覆盆子亩收益在4 500元以上，加上亩产吊瓜利润1 200元，亩总效益达5 700元。2015年开始发展较快，从起初只有十多亩，上升到2016年的200多亩，而且该模式已经推广到永康县，发展势头强劲。特别是近年来新开发的耕地资源丰富，地力水平相对较低，充分利用这些新增耕地资源发展种植吊瓜和覆盆子生产，潜力巨大。该模式还表现以下原理和优点：一是吊瓜棚架高度以 1.8~2.0 米，亩栽 40~60 株，行距 6 米、株距 2 米，两年后可只留 20~30 株，全田留出了大量的可种植土地面积和 1.8 米以下的生长立体空间。改传统坡旱地单一经营、为分层复合经营，使农业生产这个复合群体，在土地、时间、空间得到充分利用。二是吊瓜适宜高空攀爬生长，而覆盆子通过合理修剪和摘心措施，可控制较矮的株高。上层吊瓜细叶有利于透光，下层覆盆子多层叶片能有效截获群体内光照，符合套种中高低植物搭配原理。三是吊瓜和覆盆子对土壤和水分要求相近，都喜欢在土壤湿润不积水的地块建园，选择土层深厚、土壤肥沃、疏松湿润又排水良好的砂土地进行种植，符合对土壤选择的一致性，方便肥水管理的开展。四是覆盆子喜散射光照，刚好适宜在吊瓜棚底下生长，而且根系浅，不耐旱，水分不足会抑制生长和结果，单一种植的园地土壤水分蒸发量过大，水分不足，则会影响产量。经上层吊瓜茎叶过滤后，可大大减少水分蒸发，提高抗旱能力。五是吊瓜和覆盆子采收季节不同，覆盆子在 4 月下旬到 5 月采收，吊瓜在 8—11 月采收，有利于劳动力的合理安排。

二、生产技术

（一）茬口安排

吊瓜和覆盆子均为多年生药材作物，如果原来是空闲地，可以同时开展种植和移栽。但为方便农事操作，最好是先搭建吊瓜棚架，然后进行移栽。吊瓜先安排田边种植，然后按 6 米行矩定行，按 5 米定株，每 6 米行间种植 2 行覆盆子，株距 1.5 米。吊瓜和覆盆子均可在 3 月中旬至 4 月中旬移栽，错过春栽的覆盆子可在 11 月中下旬秋栽。对长势特别旺盛的吊瓜园，既要及时打顶，还要疏去细弱的藤蔓，既避免与主蔓争夺营养，也防止上层吊瓜叶层过蜜影响覆盆子受光。合理修剪使覆盆子株高控制在 1.7 米以下。

（二）吊瓜栽培模式

1. 精选良种

吊瓜的品种较多，按照其用途可以分为食用和药用两大类。食用吊瓜坐果率和产籽率高，药用吊瓜主要呈现鲜果大和坐果率高的特点。根据栽培的需求和栽植地的地理环境选择适宜的栽培的品种。9 月下旬至 10 月上旬，选取第 1 批坐果的吊瓜作种。在吊瓜完全成熟，表面为金黄色时采下，先堆压 2 天，之后进行洗涤，再晾晒半天左右，就可收籽。挑选大小均匀、颗粒饱满、无损伤的种子放干燥通风处留种。

2. 种苗繁育

吊瓜种子播种育苗一般在 2 月下旬播种。吊瓜种子外种皮较硬，萌发时间长，为了促进种子早发芽，可用清水浸种 2 天左右，捞出沥干后把种子放在 50℃左右的温水中浸 10 分钟，促使种子萌动，杀死部分病菌，然后播种.种子播入苗床后，覆盖 3 厘米厚的细土，浇水保湿，覆一层地膜保墒.出苗后除去薄膜，降温炼苗，到 3 月下旬，待苗长到 10 厘米左右，苗长出 2~3 片真叶时，及时移栽于整好的栽植地上。近年来逐步扩大应用的还有块根繁殖法，一般在春季进行，在 3 月中旬至 4 月中旬可以挖出一至三年生的健壮雌株块根，并切成 7~10 厘米的小段，断面蘸上草木灰以防止烂根。

3. 精细整地

为了协调土壤中的水分和养分，提高土壤的肥力，在春分前后，应提前平整好土地。在移栽之前，应撒施石灰对土壤做消毒处理，以预防病虫害。另外，还应施足底肥，可用腐熟的有机肥+磷肥，也可用菜饼+三元复合肥+过磷酸钙堆制肥进行条施或穴施。施足底肥之后，要在肥料上盖 10 厘米左右的土，等待移栽。

4. 搭棚移栽

棚架是吊瓜赖以顺利生长的基础，也是能否确保安全生产的关键所在，还是吊瓜生产投资的最主要环节。为了确保吊瓜藤蔓攀援和果实悬挂，在移栽前，要先搭棚，一般以 5 米×6 米规格挖土穴，埋上 2.5 米×8.0 厘米×8.0 厘米的水泥柱，柱深 50~70 厘米，用钢丝在棚架之间织成网状。为了增加棚架的抗风性，应该在水泥柱上端用比较粗的钢丝把各个水泥柱联结拉紧，并在棚架四周外侧加保护桩，用钢丝拉住棚架，主架拉好之后，用大孔的尼龙网在上端加顶。棚架高度以 1.8~2.0 米为宜。棚架要牢固、面平、通风透气，立架争取在 4 月移栽前完成。5 月前完成移栽。

5. 苗期管理

中耕除草是不可少的经常性工作，结合中耕除草，适施磷钾肥，吊瓜需水量大，特别是高温干旱季节，因此应有灌浇设施，保持土壤湿润。多雨季节，注意排涝不积水。当吊瓜苗高度达到 20 厘米时，就可以进行中耕除草，新定植的瓜园底肥比较足，一般等到苗长达到 1.5 米时，追施尿素 3~5 千克/亩，然后在 5—7 月每月各追施 1 次复合肥，或施用饼肥 40 千克/亩和尿素 10 千克/亩的堆制肥，施肥后要浇 1 次透水。6 月中旬开始还应该及时引吊瓜藤蔓上架，并把主蔓头引向一个方向，有利于均匀坐果。有的块根萌芽力较强，萌发的枝蔓较多，在引蔓时可以进行修剪，留下 2~3 根蔓。当主蔓长到 3 米时打顶促发新枝。

6. 花果管理

吊瓜是雌雄异株植物，在片植时，应该在瓜园边种几株雄株，一般 2~3 株/亩即可。果期管理的重点是提高吊瓜的坐果率，可以采用喷施壮瓜蒂灵的措施，以提高吊瓜的产量。7 月中下旬温度较高时，要充分供水。对长势特别旺盛的瓜园，要疏去细弱的藤蔓，避免与主蔓争夺营养。8 月，上批瓜已经坐果的，可以将所有茎蔓去顶，疏去新长的侧芽和花蕾，保证已坐果的营养。

7. 病虫害防治：吊瓜的主要虫害有萤守瓜，括楼透越蛾，瓜绢螟等。在茎叶生长量还较少时，可人工捕杀。随着生长量增大，用 40%毒斯本 1 000 倍或 80%敌敌畏 1 000 倍液防治。吊瓜的病主要是炭疽病，首次播种的田园，做好播前种子消毒，每年吊瓜收获后清除病株残体，深翻土地，减少菌源基数。可用 70%代森锰锌可湿性粉剂 500 倍液或 80%炭疽福美可湿性粉剂 800 倍液防治，也可用 10%世高水分散颗粒剂 1 000~1 500 倍液喷雾防治，最好轮换使用药剂。

8. 采收与加工 8 月底 9 月初，当吊瓜由青绿变淡黄转橘黄色和橘红色时，即可分批采收。将采下的吊瓜摊在地上使其后熟变软，然后将果实剖开取出瓤和籽。吊瓜的瓤与籽不易分离，可将其置于盆内加草木灰或装入编织袋反复搓揉，使籽从瓤中分离，然后淘去草木灰和瓤，取籽晒干后储存待售。

（三）覆盆子栽培模式

1. 整地移栽

按株行距 150 厘米×200 厘米，挖规格 30 厘米×30 厘米×30 厘米挖穴定植。穴内施农家肥 2 000~3 000 千克/亩。浙江地域提倡覆盆子春栽，春栽成活率高于秋栽，春栽在 3 月下旬地下茎幼芽刚刚抽发时为宜。栽苗时注意保护基生芽不受损伤。栽后及时平茬，留茬 20 厘米左右，每穴栽 2~3 株，达到早日丰产的目的。

2. 园间管理

肥水管理：生长期间 5—6 月和 8—9 月两次中耕除草，减少杂草对养分、水分的消耗，以促进覆盆子的树体健壮生长。结合松土除草，每年施追肥 2~3 次，首次追肥要移栽苗成活后进行，一般在 3 月下旬开始，先用淡人粪尿。基地较远的，可用三元素硫酸钾复合肥。在开花和果实发育期再各追肥一次，以提高产果率和促果实膨大，时间分别在 4 月上旬和下旬，每次每亩施尿素 10~15 千克。同时每亩施硼砂和硫酸锌各 1 千克，以利保花保果。11 月施越冬肥，每亩施人粪尿 1 500~2 000 千克。做好排灌水工作，遇天旱适时浇水，保持土壤湿润。遇大雨及时排除积水，防止落花落果。

（1）立架整形。吊瓜棚下覆盆子枝条柔软，常易下垂到地面，遇风易倒伏，影响产量和质量。因而可根据实际情况在园地中架设适量支架，将两年生枝条绑于架上，使枝条受光均匀，保持园内良好的通透性。4—5 月新枝发生侧枝时，摘去顶芽促进侧枝生长，同时对侧枝摘心，促使其发生二次侧枝，枝多叶则茂，增加翌年结果母枝，增加产量。

（2）合理修剪。春季应及时剪除二年枝顶端干枯部分，促使留下的枝条发出强壮的结果枝。疏去基部过密和病虫枝，每株留 7~8 个二年生枝，保留合理密度，利于通风透光，保证高产和稳产。在采果后剪除二年生枝，疏去枝蘖和过密的基生枝，以控制园内的总枝量。

3. 病虫防治

（1）茎腐病。茎腐病是危害覆盆子树基生枝的一种严重病害。防治方法上首先做好秋季清扫园地，将病枝剪下集中烧毁，消除病原；5 月中旬、7 月的发病初期喷布甲基托布津 500 倍液或 40% 乙磷铝 500 倍液或福美双 500 倍药液。

（2）白粉病。注意清扫园地，将病叶及病枝集中烧毁，消除病原；早春发芽前、开花后及幼果期，喷 70% 甲基托布津可湿性粉剂 1 000 倍液，或用 25% 粉锈宁可湿性粉剂 1 000~1 500 倍液。

（3）柳蝙蝠蛾。柳蝙蝠蛾是危害覆盆子的主要害虫，严重影响覆盆子第二年的产量。在 8 月下旬成虫羽化前剪除被害枝梢；发生严重的树莓园，可在 5 月下旬至 6 月上旬初龄幼虫活动期，地面喷布 2.5% 溴氰菊酯 2 000~3 000 倍液。

（4）蛀甲虫。在 4 月下旬成虫出土期进行地面施药，2.5% 敌百虫粉剂 0.4 千克加 25 千克细沙；发生较轻的树莓园可采用人工防治，在成虫开始危害花时，可振摇结果枝，使成虫落在适当容器内，集中销毁；及时收集被害果实，并把脱果幼虫收集后销毁。

4. 适时采收

覆盆子的采收时间为 4 月下旬到 5 月中旬，此时果实已充分发育且呈现绿色，尚未转红成熟，采收分批进行，采下后，除去梗、叶、花托和其他杂质，然后倒入沸水烫 2~3 分钟再捞出，随后摊晒或烘干。成品以粒完整、坚实色黄绿、味酸、无梗叶屑者为佳。如采收成熟的果实，由于成熟期不一致，应分批采收。当果实有品种风味、香气和色泽时，适时采收。在午后采收为宜，不宜在早晨和雨天进行（图 14-1、图 14-2、图 14-3、图 14-4）。

图 14-1　覆盆子套种吊瓜立体栽培技术

图14-2　覆盆子套种吊瓜立体栽培技术

图14-3　覆盆子套种吊瓜立体栽培技术

图14-4　覆盆子套种吊瓜立体栽培技术

卷丹百合，学名斑百合，为百合科（Liliaceae）百合属多年生草本球根植物。因花色火红，花瓣反卷，故有"卷丹"之美名，又因花瓣上有紫黑色斑纹，很像虎背之花纹，故有"虎皮百合"之雅称。卷丹百合原产我国、日本、朝鲜等地，现各地多有种植。植株间有高达1.5米的，可称"百合之冠"。株高50~150厘米。地下具白色广卵状球形鳞茎，可供食用和药用，稍带苦味，径1~8厘米。茎褐色或带紫色，被白色绵毛。茎秆上着生黑紫色斑点，使其呈暗褐色。单叶互生，无柄，狭披针形。上部叶腋着生黑色珠芽。花3~20朵，下垂，数量较多，花色橙红色或砖黄色，花序总状，花瓣较长，花被片反卷，内面具紫黑色斑点，花头下垂，雄蕊向四面开张。叶腋间生有一粒粒黑色的小豆，乃其可繁殖的珠芽，也是其物种辨别的主要标志。花药紫色。花径9~12厘米。花期7—8月夏季开放，其鳞茎可露地自然越冬。花朵大，花期长，姿态美，香气宜人，是珍贵的观赏花卉。耐寒性强，喜半阴，但能耐强日照。蒴果长圆形至倒卵形，长3~4厘米。果期8—10月。

百合花可供观赏，鳞茎是一种营养价值很高的蔬菜，而且有较高的药用价值，近年来，食用百合在丽水市种植面积稳中有升，丽水市百合种植基本卷丹百合，全市九县（市、区）基本都有种植，全市百合种植面积达4 700余亩，其中景宁县种植2 000余亩，庆元县也有近千亩种植，百合种植势头强劲，效益显著，据初步统计，丽水市百合平均亩产为220千克/亩，按照市场价格50元/千克计算，亩产值达到11 000元/亩，效益高。甜玉米采用分批播种育苗，分批上市，以减轻货源过于集中上市带来的市场销售风险，于3月中下旬套种于百合中，6月中旬收获；甜玉米平均亩产1 000千克，单价2元/千克，甜玉米秸秆1 600千克，单价0.3元/千克亩产值2 480元，效益显著。

第一节　百合玉米套种栽培模式

一、模式概述

百合喜凉爽，较耐寒。高温地区会影响生长，喜干旱，怕水涝。土壤湿度过高则引起鲜鳞茎腐烂死亡。对土壤要求不严，但在土层深厚、肥沃疏松的沙壤土中，鲜茎色泽洁白、肉质较厚。黏重的土壤不宜栽培。根系粗壮发达，耐肥。春季出土后要求充足的氮素营养及足够的磷钾肥料，N:P:K=1:0.8:1，肥料应以有机肥为主。忌连作，3~4年轮作一次，前作以豆科、禾本科作物为好，玉米为禾本科植物，是理想中的套种植物。

为了减少土地季节性抛荒，提高单位面积土地产出率，增加经济收益，丽水市庆元县农业局引进卷丹百合种植的同时，于2011—2012年在本县黄田镇进行百合-鲜食甜玉米一年两熟生产模式示范，第一茬百合，每亩鲜百合平均产量 633 千克、产值 18 610 元、净收入 10 760 元；第二茬鲜食甜玉米，平均产量 753 千克、产值 3 163 元、净收入 2 413 元；两季合计产值 21 773 元、净收入 13 173 元，取得了较好效益。该种植模式既最大限度地实行土地周年生产，同时又是不同科作物的轮作，改善了农田的土壤性状和生态环境，是一种具有广阔发展前景的种植新模式。

二、生产技术

（一）茬口安排

季节安排。第 1 季百合 9 月中下旬至 10 月中下旬栽种，次年的 8 月中旬收获。第 2 季鲜食甜玉米 6 月下旬至 7 月下旬播种，7 月上旬至 8 月上旬移栽（或直播），9 月下旬至 10 月下旬陆续收获上市。

（二）百合栽培模式

1. 选择适地、整地施肥

百合为根茎类药材，土壤宜选择地势较高，排灌方便，土层深厚，土质肥沃、疏松的砂质壤土。栽植前耕翻 25~30 厘米，结合耕翻，每亩施入腐熟厩肥或堆肥 2 500 千克、过磷酸钙 50 千克，翻入土中做基肥，整细耙平，作成 1.3 米宽的高畦，畦沟宽 30 厘米，四周开好较深的排水沟，以利排水。

2. 土壤消毒

每亩施 50% 地亚农 0.6 千克或 50 千克生石灰，10 茶饼进行土壤消毒，杀灭地老虎等地下害虫虫卵。

3. 精选种球

选种时将有斑点、霉点、虫眼伤及鳞片污黑、底盘干腐的球茎剔除；应选球茎新鲜、色泽洁白的肉质根、底盘完好的做种。

4. 种球处理

种球处理可分药剂浸种和拌种。可用 39%~40% 甲醛 50 倍液浸种 15 分钟，75% 治萎灵 500~700 倍液浸种 25 分钟；70% 抗菌剂 "402" 1 000 倍液浸种 15 分钟；10% 双效灵 500 倍浸种 25 分钟；浸种后均须晾干再播。拌种：70% 敌克松粉剂 300 倍液拌种；5% 或 10% 适乐时悬浮种衣剂拌种，用量为 2.5% 适乐时 20 毫升或 10% 适乐时 150 毫升（稀释到 5 千克），拌种 100 千克。

5. 适时栽植，合理密植

（1）栽植期。百合的栽植期以秋植为好，最适宜的发根温度为 12~13℃，秋植百合在第二年春出苗早，且幼苗的生长势比春植的旺盛，产量也高。在长江中下游地区，栽植适期是 9 月下旬至 10 月中下旬。

（2）种球选择。选择只有一个鳞芽，无病虫伤害、洁白、无霉点、鳞茎无损伤、鳞片紧密抱合而不分裂、中等大小（单个鳞茎大形种直径 3.3~5 厘米、重 100~125 克）的鳞茎栽植为宜。播种前种球用恶霉灵 1 700~2 000 倍，密霉胺 660~750 倍，5% 阿维菌素 1 500 倍，辛硫磷 500 倍，10% 特螨清 500~560 倍，福美双 500 倍浸种 20 分钟。栽培前将种球的鳞茎底盘的根剪去，如果根系良好，也可保留。

（3）合理密植。一般 150 克以上种球行距为 40 厘米，株距为 20 厘米，种球重量 100~140 克的种球密度为行距 40 厘米，株距为 17 厘米，种球重量为 80~100 克为密度为行距 35 厘米，株距 14 厘米，栽植前，按行距开栽植沟，沟的深度为种球的 3 倍，一般种植深度为

3~5厘米，培土后达到8~10厘米深。锄松沟底土，然后按株距栽下种球，鳞茎尖一定要朝上。在种球周围填入细土，将种球固定；再在每2个种球之间施入底肥，注意底肥不能接触种球；最后用土将沟填满，并且稍微高出地面，以利排水。

6. 科学施肥，加强管理

科学施肥。一般生长期内追肥3、4次，第一次在12月下旬施冬肥，以有机肥为主，加施适量复合肥；第二次在3月下旬苗高10厘米，每亩施复合肥15千克作提苗肥；第三次在5月上中旬百合已从茎叶生长向鳞茎膨大转变时，应重施含硫复合肥30千克；第四次在6月上中旬追施复合肥10千克。此外可用0.2%磷酸二氢钾分别在苗期、打顶期和6月上中旬进行3次叶面喷施。

7. 中耕、除草、培土

百合中耕能够疏松土壤，破除板结，提高地温，消灭杂草，减少病虫害，增加土壤通透性，促进土壤微生物活动，加速养分分解。不同生育阶段，中耕作用、方法也不同。

（1）中耕培土。

① 苗期中耕：主要提高土温，促进根系生长，实现壮苗早发。一般中耕2~3次，在百合未出土前（12月中旬）中耕1、2次，可结合施冬肥进行1次浅耕，出苗前（笠年2月上旬）再浅锄1次，以破坏土壳，铲除杂草，提高地温，促其出苗快，幼苗出土后（3月下旬），再中耕1次，中耕深度1~2寸，行间深，株间浅，为防杂草，可在百合未出苗前（2月上旬）喷施除草剂1次。

② 蕾期中耕：一般在5月上旬，结合培土，进行一次深中耕，深度6厘米左右，促进根系多生深扎，控制地上茎徒长防倒。病虫害防治应以农业防治为主，结合化学防治：一是清洁田园，铲除田间杂草，减少越冬虫口；二是实行合理轮作；三是选择排水良好、土壤疏松的地块栽培或采用高厢深沟或高垄栽培，要求畦面平整，以利水系排除；四是种球须严格选择，采用绝对无病种球，种前种球用1:500倍液福美双浸种15~30分钟；五是加强田间管理，注意开沟排水，采用配方施肥技术，适当增施磷钾肥，提高抗病力，使幼苗生长健壮，要尽早除去发病株，以防传染。同时，在进行农药防止时，应该选择高效、低毒、低残留农药，切实按照农药安全间隔期使用。

③ 培土：百合培土能够提高保肥能力，减少养分流失，增加肥效，有利于根系发育，防根早衰，抗旱，排水防涝，防止植株倒伏，减少杂草，改善行间通风透光条件，降低田间湿度，防止鳞茎腐烂。培土一般在现蕾前（4月下旬至5月上旬）分次完成，培土厚度做到深栽薄培，浅栽适当厚培，培土时不要损伤和埋压植株，深浅一致。

（2）除草。百合定植后，年前要人工除草1~2次，锄草时宜浅锄，不宜深锄，以免锄伤鳞茎。8—9月高温季节田间草可视草情间除，因为此草有利于保墒增湿，保证百合茎球增粗膨大水分需要。或年前至次年1月底苗未出土时也可用41%草甘膦异丙胺盐150~180毫升/亩对水50~60千克喷雾除草。开春后要中耕除草3~4次，后期应适度培土，最后一次培土在5月中旬进行，培土10~12厘米防止倒伏。3月有禾本科杂草旺长时用盖草能喷雾除草。

8. 疏苗、打顶、除株芽

能调节百合体内营养物质的分配，减少养分无效消耗，使养分集中供给鳞茎膨大的需要，还能改善通风透光条件，减少病害，促进鳞茎生长发育和早熟高产。疏苗：百合出苗后（3月中下旬），当一株百合发出两根以上地上茎时，应选留一个强壮的地上茎，其他一律抹除，以免鳞片分裂。打顶：通过打顶，能够控制顶端优势，减少养分消耗，促进光合产物向鳞茎输送，试验表明，打顶可增产10%左右。打顶一般在百合现蕾时（5月下旬）比较适合，选择晴天上午露水干后打顶，利于伤口愈合，防止病菌入侵。除株芽：6月上旬，百合叶腋间产生球茎（气生鳞茎）应及时抹除。

9. 排、灌水

百合有两层比较发达的根，能吸收利用土壤深层的水，比较耐旱，但它的生育期正处于多雨季节，须认真做好清沟排渍，做到沟沟相通，沟缺相对，雨停水干，百合生育期需水规律：苗期少、蕾花期多、盛花期少。

（1）排水。在5—6月夏季高温多雨季节排水。土壤过湿，通气不良，百合容易发生病害，应保持土壤干燥，以利于百合生长。

（2）灌水。①百合播种后，如遇较长时间天不下雨，可适当浇一次水，保持土壤有一定湿度。②百合摘顶心、花蕾后，鳞茎膨大期，如遇长时间无雨，应每星期浇透水1次，直至收获。

10. 病虫害防治

坚持贯彻保护环境，维持生态平衡的环保方针及预防为主、综合防治原则，采用农业措施防治、生物防治和化学防治相结合，做好病虫害的预测预报和药效试验，提高防治效果，禁止使用国家禁用农药，将病虫害对百合的危害降低到最低程度。

（1）农业防治。

① 清理园地：前作物于早春或晚秋清理的残、枯、病、虫枝条，在同园地周围的枯草落叶，集中园外烧毁，消灭病虫源。

② 土壤耕作：早春土壤浅耕、中耕除草、挖坑施肥、灌水封闭和秋季翻晒园地、杀灭土层中羽化虫体，降低虫口密度。

③ 选择排水良好、土壤疏松的地块栽培或采用高厢深沟或高垄栽培，要求畦面平整，以利水系排除。

④ 种球：须严格选择，采用绝对无病种球，种前种球用1:500倍液福美双浸种15~30分钟。

⑤ 加强田间管理：注意开沟排水，采用配方施肥技术，适当增施磷钾肥，提高抗病力，使幼苗生长健壮，要尽早除去发病株，以防传染。同时，在进行农药防止时，应该选择高效、低毒、低残留农药，切实按照农药安全间隔期使用。

（2）菌病防治。

① 病毒病的防治：病症受害植株矮小，早期枯萎，叶片黄绿相间，凹凸不平，并有黑斑；防治时间为3月上旬；农药品种以生物制剂为主，辅以高效低毒的广普性药剂；防治方法要选无菌鳞茎繁殖，并消灭传染病害的蚜虫。

② 立枯病的防治：病症受病初期鳞茎出现褐色，最后腐烂脱落；防治时间为3月下旬；农药品种选高效低残毒的湿性粉剂；防治方法：做土壤消毒处理。发病初期和盛期加50%退菌特粉剂1 000倍液灌淋。

③ 青霉病的防治：病症由真菌病原青霉引起，鳞片上可见腐烂致斑点；防治时间为5~6月梅雨季节；防治方法种茎要在低温条件下贮藏；栽种时要选健壮种源。

④ 鳞茎、片腐烂病的防治：病症感染后叶片显示白绿色，地下部和侧部或鳞片与盘茎交接处出现褐斑，并开始腐烂；防治时期为7月下旬；进行土壤消毒；发病初期用25%多菌灵500~800倍液进行防治。

⑤ 百合脚腐病的防治：病症植株生长突然萎蔫，基部软腐，叶片黄化，主要是由烟草疫菌引起；防治时间是6—8月，栽种前进行土壤消毒，在疫病发生期，先用杀菌剂进行防治。

百合病害较多，如腐霉病、鳞茎软腐病、百合潜隐花叶病、萎缩病等，危害程度较轻，稍加预防即可。

⑥ 虫害的防治：蚜虫为害幼芽，用40%乐果乳油1 000~1 500倍液进行嫩梢喷雾防治；地老虎、蛴螬土壤消毒杀灭虫卵，或出苗前，每亩用新鲜菜籽饼5千克压碎炒香拌入适量温水溶化开的90%晶体敌百虫粉0.7千克，拌匀，制成香毒饵在田间诱杀。百合后期生长期发现虫害可用90%晶体敌百虫或50%西维因可湿性粉剂800倍液灌根，每株用药液100~150克。

11. 适时收获

根据百合用途不同，进行分期采收。作加工和鲜百合销售的应早收，一般在立秋后，处暑前后；作留种用的应在9月上旬，待百合充分成熟，晴天采收，分级贮藏。

12. 加工

（1）剥片。即把鳞片分开，剥片时应把外鳞片、中鳞片和芯片分开，以免泡片时老嫩不一，难以掌握泡片时间，影响质量。

（2）泡片。待水沸腾后，将鳞片放入锅内，及时翻动，5~10分钟，待鳞片边缘柔软，背部有微裂时迅速捞出，在清水中漂洗去黏液。每锅开水，一般可连续泡片2次或3次。

（3）晒片。将漂洗后的鳞片轻轻薄摊晒垫，使其分布均匀，翻晒直至全干。以鳞片洁白完整，大而肥厚者为好。

（三）玉米栽培模式

1. 品种选择

选用适销对路、高产、优质、抗性强的品种，如先甜5号、力禾308、华珍、香珍等。

2. 育苗定植

以1月中下旬播种育苗为宜。宜选用半紧凑品种，如绵单118等。采用肥团育苗，按1 000千克菜园土加150克尿素、3千克过磷酸钙和300千克有机肥混合堆沤5~7天后做成直径为4~5厘米的肥团，每团播1粒精选种子，播种后及时盖上细土，浇透水后盖上地膜，要求地膜四周一定要压严。播种后2~3天要对育苗床进行温度和水分观察，出苗前苗床温度不超过35℃，出苗后床内温度控制在25~28℃，如果肥团土表干旱应适当补充水分，并保持土壤湿润，以利于出苗整齐。当玉米苗达一叶时，揭膜炼苗。当玉米苗达1叶1心时，即可移栽，栽培密度为定植3 000株/亩。

3. 查苗补苗

当移栽苗成活后要及时查苗，补苗，换去弱小苗，保证苗齐、苗全、苗壮。补苗后及时浇足定根水。

4. 合理追肥

要做到分次施用，重施攻苞肥。苗期，用尿素5千克/亩对清粪水施用；大喇叭口期重施攻苞穗肥，用碳铵40千克/亩或尿10~15千克/亩对2 000千克/亩猪粪水施用，施后进行中耕培土；抽雄后视苗情补施尿素3~4千克/亩攻粒肥，防止叶片早衰。

5. 人工辅助授粉

玉米隔行去雄、人工辅助授粉可提高单产5%~10%，特别是在干旱年份，雌雄蕊不协调时人工授粉增产更明显。其方法是：去雄后在玉米抽雄吐丝期选择晴天上午9—11时，用木棒在行间摇动植株，隔天进行1次，连续2~4次。

6. 及时防治病虫害

主要的病虫害有玉米螟、纹枯病、大斑病和小斑病等，可选用阿维菌素、井冈霉素、苯醚甲环唑等药剂进行防治。

病虫害防治

（1）大、小斑病。用 50% 百菌清、70% 甲基托布津、75% 代森锰锌其中任选 1 种用 500 倍液喷雾每隔 7 天喷施，连续 2 次或 3 次。

（2）纹枯病。用 20% 井冈霉素可湿性粉剂 50 克/亩对水 50~60 千克，喷雾防治 2~3 次。施药前要剥除基部叶片，施药时要注意将药液喷到雌穗及以下的茎秆上，以取得较高的防治效果。

（3）锈病。在植株发病初期用 25% 粉锈宁可湿性粉剂 500~1 500 倍液喷雾，每 10 天喷 1 次，喷施 2 次或 3 次。

（4）地下害虫。玉米苗期、幼虫 3 龄前用敌杀死常规喷雾，幼虫 3 龄后用乐斯本等农药拌新鲜菜叶或青草制成毒饵，于傍晚投放在玉米植株四周防治土蚕、毛虫。

（5）玉米螟。大喇叭口期用杀虫双大粒剂投在玉米心叶内进行防。

7. 及时采收

鲜食甜玉米在授粉后 20 天左右，当花丝变褐色、玉米子粒表面有光泽时即可收获，采收过晚皮厚渣多，甜度下降。用干净的网袋包装后即可上市。甜玉米采收后可溶性糖含量迅速下降，子粒皱缩，味淡渣多，风味变差，因此应及时销售供食用或加工（图 15-1、图 15-2）。

图 15-1　遂昌百合基地

图 15-2　遂昌百合基地

第十六章
温郁金间作套种春季鲜食玉米栽培模式

温郁金属姜科姜黄属植物，为浙江省著名道地药材"浙八味"之一，主产温州、丽水等浙南地区。以根茎（莪术）和块根（郁金）入药。块根煮熟晒干是著名药材"温郁金"，味微苦、辛，性微温，能疏肝解郁，行气祛瘀，利胆退黄；侧根茎鲜切厚片晒干称"片姜黄"，味辛苦，性温，能行气破瘀，通经络；主根茎煮熟晒干称"温莪术"，味苦、辛，性温，能破血散气，消症积，止痛，对子宫颈癌、子宫颈糜烂、皮肤病等有一定疗效。近年来，由于从温郁金的莪术油中分离出一种新型抗癌活性物质榄香烯，已研制开发成疗效好、副作用小的新型抗肿瘤药物，产区农民纷纷种植温郁金提取挥发油。

温郁金属于亚热带植物，性喜温暖气候，怕严寒霜冻。

①光：温郁金对光照敏感，强光对其生长不利，故在栽培过程需创造条件让植株稍有荫蔽的环境。

②温度：温郁金喜欢温暖的气候，对严寒的抵抗力很弱，希望在全年无霜期250天左右的中低海拔区域生长，在气温降至−3℃以下时易受冻害致死。

③水分：温郁金要求生长在湿润的土壤，干旱对块根和植株的生长不利，尤其是在幼苗期必须保持土壤湿润，否则植株生长不良或易造成缺水枯苗；同时，温郁金块根含水量大，若田间排水不畅而积水，也会发生烂根危害。

④土壤：种植温郁金的土壤宜选用土层深厚、疏松湿润、透水良好的中性或偏酸性的土壤，以砂质壤土或冲击土为好，尽可能做到一年一轮换。

⑤海拔：温郁金主要产区的海拔一般在50~800米。

第一节　温郁金间作套种春季鲜食玉米栽培模式

一、模式概述

丽水市温郁金种植主要有龙泉市、云和县、莲都区和遂昌县，2016年种植面积692亩，产量262.96吨，单产380千克/亩（干），产值553.6万元，亩效益8 000元，种植效益较高，合理安排间作套种有利于改善土壤肥力，改善了温郁金和玉米的通风透光条件，提高了光能利用率，充分发挥边行优势的增产作用。甜玉米采用分批播种育苗，分批上市，以减轻货源过于集中上市带来的市场销售风险，于3月中下旬套种于温郁金中，6月中旬收获；甜玉米平均亩产1 000千克，单价2元/千克，甜玉米秸秆1 600千克，单价0.3元/千克亩产值2 480元，效益显著。

二、生产技术

（一）温郁金栽培模式

1. 选地整地

温郁金栽培基地宜选择在水源、土壤和大气等没有污染的环境，整地时间安排在3月底到4月初，选择晴天将土地深翻20~25厘米，耙细作成宽度120厘米的床面，在作畦时，尽可能保持25~30厘米的沟渠作步道，要求沟渠平直、中高边低，有利于沟水畅通，以免积水。温郁金最忌连作，应当选择前作为水稻或油菜、豆类等作物用地，以耕作层深厚疏松的冲击土或沙质壤土为佳。如果选用闲耕地种植郁金，一般要进行翻耕，但不提倡深耕，以免郁金根茎扎得过深。

选好的地段应在冬季进行翻耕，翻耕的土壤经冬季风华，有利病虫害的减少和土壤肥力的提高。种前（3—4月）将土地深翻20~25厘米，耙细，并亩施腐熟农家肥1 500~2 000千克或复合肥50~60千克作基肥，筑畦种单行，畦基部宽90~100厘米，高20~30厘米，畦面渐狭至宽30~35厘米。

2. 留种繁殖

温郁金以根茎繁殖为主。收获时，选择根茎肥大、体实无病虫害的作种，堆贮于室内干燥通风处，厚30~40厘米，防日光照射，并翻动1~2次，避免发芽；或抖去附土稍晾后立即下窖，或用砂藏于室内。春季栽种前取出，除去须根，把母姜与子姜分开，以便分期播种。在浙南山区栽培温郁金，应在4月上旬完成。不能过迟，否则，不仅会影响栽植成活率，而且生长期短，产量低。

3. 栽种密度

温郁金一般采用穴栽，按行距35厘米、株距30厘米的栽植密度，穴深7厘米，口大底平，行与行间的穴位实行交错排列，每穴1个根茎，种茎芽头向上，放好后覆盖细土2厘米左右。

4. 田间管理

（1）中耕除草。一般进行3~5次，与追肥结合。第一次在4月下旬至5月上旬进行，温郁金新芽出土前可用除草一次，以后根据温郁金生长情况，发现有杂草生长就要及时除去，并在每次除草后进行一次追肥。在温郁金生长过程，不能施用除草剂，可以在行间进行中耕除草，以提高工作效率，但中耕宜浅不宜深，以铲表土2~3厘米为宜，因郁金栽种不深，根茎横走，深耕易伤根茎。

（2）追肥。在每次中耕除草后要施入速效肥料，促进温郁金的生长发育。在第一、二次追肥时可以氮肥为主，第三次开始要氮磷钾肥搭配，防止营养生长过旺，茎叶徒长，影响块根生长，并且在9月中旬以后就要停止施肥。第一、第二次每次每亩用人畜粪尿1 500千克，加水4倍稀释，于早晨或傍晚土温较低时浇施床面土中；第三次每亩用腐熟饼粉50千克，草木灰100千克，加少量人畜粪尿拌和均匀，施于植株基部土面，并培土覆盖；以后施肥可用复合肥每亩每次60千克。

（3）排灌。温郁金栽后如遇连续下雨，则应及时疏沟排水，防止地面积水。在7—9月高温期，如久旱不雨，土壤水分不足时，应在早晨或傍晚时间用稀薄人畜粪尿对水浇灌，以利土壤保持湿润。

5. 结金期管理

温郁金块根生长过程为结金期，历时70~90天，从9月初长出块根开始，至11月中旬基本结束。此阶段为温郁金产量形成期，加强田间管理有利于产量提高。应注意以下管理：

（1）进行追肥一次。以钾肥为主，提高地下部位产量，每亩可施钾肥 30 千克。

（2）台风来临时。要及时清理田间沟渠，确保旱能灌、涝能排、旱涝保收。大雨过后，及时排除田间积水，防止温郁金陷沟。连阴雨天气，为了防止块茎腐烂，要开好降渍沟；离沟渠比较近的地方，在条件允许的情况下要及时排干沟渠的水，降低地下水位。

（3）10 月以后一般不再灌水。保持田间相对干燥。

6. 病虫害防治

根据病虫害发生规律和预报，采用综合防治技术，以农业防治为主，辅以生物、物理、机械防治，化学农药选用高效低毒低残留的农药种类，遵循最低有效剂量原则。

（1）农业防治。一是轮作倒茬，不宜连作，可与禾本科和豆科作物进行轮作，轮作间隔时间 2 年以上。二是发病季节及时清除病残株，集中烧毁，收货后清洁田园，烧毁残枝落叶。三是栽种前冬季翻耕，杀死越冬虫蛹。四是加强田间灌溉排水管理，防治病害滋生。

（2）化学防治。

病害防治：

① 根结线虫（meloidogyne incognita XT Chitwood）：7—11 月发生，引起生长发育不良，叶色退绿变白，根上形成瘤状结节。

防治方法：可选用抗病品种，实行水旱轮作进行防治。

② 叶斑病（*Alternaria* sp.）：发生于叶片。

防治方法：可清除病叶烧毁，或用 50%托布津 500 倍液防治。

③ 软腐病：般于 6—7 月发病，发病初期侧根成水渍状，后期会黑褐腐烂，并向上蔓延导致地上部分茎叶发黄，最后全株枯死。

防治方法：注意田间排水，保持地内无积水，发病期浇灌 50%退菌特可湿性粉剂 1 000 倍液。

④ 黑斑病：一般 6—8 月为发病高峰期，发病初期叶片出现淡灰色的病斑，严重时叶片枯焦。

防治方法：增施磷钾肥，增强抗病能力，发病时用 50%多菌灵 800 倍或 50%甲基托布津 1 000 倍液喷施。

虫害防治：

① 地老虎 [*Agrotis ypsilon*（Rottemberg）]：与蟛蜞幼苗期咬食须根，使块根不能形成，造成减产。

防治方法：人工捕杀；毒饵诱杀，配制方法是将麦麸炒香，用 90%晶体敌百虫 30 倍液拌匀于傍晚撒在姜地周围；杀虫脒毒土毒杀。

② 姜弄蝶（*Udaspes folus* Cramer）：又名苞叶虫，以幼虫为害叶片，先将叶片做成卷筒的叶苞，后在叶苞中取食，使叶片成缺刻或孔洞。1 年发生四代，以幼虫在地表枯枝落叶上越冬。4 月上中旬出现第一代幼虫，7—8 月为发生盛期。卵散产于寄主嫩叶上，孵化后幼虫吐丝缀叶做苞藏于其中为害。

防治方法：冬季清洁田间，烧毁枯落茎叶，消灭越冬幼虫；人工捕杀虫，幼虫发生初期用 90%敌百虫 800~1 000 倍液，或用 80%敌敌畏 1 500~2 000 倍液喷雾毒杀，5~7 天喷一次，连续 2~3 次。

7. 采收与加工

在郁金栽种当年 12 月下旬（冬至后），茎叶逐渐枯萎，块根已生长充实，即可收获。温郁金一般在 12 月中下旬为采收适期。收获不宜过早，过早块根不充实，炕干率低，影响产量和质量；也不能太迟，迟到雨水节时，块根水分增多，加工干燥后容易起泡，降低品质。

（1）种姜的收获。在栽种当年 12 月下旬至翌年 2 月上旬采挖全株。在挖出的根茎中选择肥大、结实无虫害的母姜、子姜作种。

（2）种姜的贮藏。堆放在室内干燥通风的地方，厚 30~36 厘米。贮藏期中应防阳光照射，温度增高会引起发热腐烂，并注意防冻，可用砂藏或在低温来临时用草席覆盖。此外，在贮藏期间酌情翻堆 1~2 次，以免发热或提早发芽。

8. 留种

温郁金采用根茎繁殖，产区习惯把其根茎分成老头、大头、二头、三头、奶头和小头等 6 类。老头即母种第 1 次生出来的根茎，大头是生在老头上的根茎，二头是生长在大头上的根茎，三头是生长于二头上的根茎，奶头、小头依此类推。留种考虑经济成本因素，一般选健壮而芽饱满，形粗短的二头、三头作种，根茎愈短愈好。选当年生长健壮、无病虫害的母株留种。在冬至前后挖起，选择强壮二头或三头根茎留种。选好的种茎应去掉须根，平铺在通风的泥地上，高 30~35 厘米，下垫黄沙，上盖摘下的细须根，再密覆泥沙，待翌年春分开始发芽，剔除有病的种茎于清明前后下种。

注意事项：

留种用的块茎切勿受霜冻，以免在贮藏时发生霉变。所以，在采挖时，最好采取当天挖当天收，避免过夜受霜冻。

9. 加工

采收的块根和根茎，除去杂质，剪去须根，洗净泥土，按不同药用部位进行加工。

（1）温郁金。将温郁金加适量清水放锅内煮 2 小时以上，拣较大的一颗折断，用指甲掐其内心无响音，或粉质略为熟透。滤去残渣摊放竹帘上晒干即可。

（2）温莪术。将温莪术加适量清水放锅内煮沸后再煮 2 小时左右可熟透（竹筷轻戳能穿过横茎者为已熟），滤去残渣摊放竹帘上晒干，再置石臼内捣去皮层疙瘩，以基本光滑为度。

（3）片姜黄。将姜黄切 0.7 厘米厚片晒干，筛去碎屑即可。

（二）甜玉米栽培模式

1. 品种选择

选用适销对路、高产、优质、抗性强的品种，如先甜 5 号、力禾 308、华珍、香珍等。

2. 育苗定植

以 1 月中下旬播种育苗为宜。宜选用半紧凑品种，如绵单 118 等。采用肥团育苗，按 1 000 千克菜园土加 150 克尿素、3 千克过磷酸钙和 300 千克有机肥混合堆沤 5~7 天后做成直径为 4~5 厘米的肥团，每团播 1 粒精选种子，播种后及时盖上细土，浇透水后盖上地膜，要求地膜四周一定要压严。播种后 2~3 天要对育苗床进行温度和水分观察，出苗前苗床温度不超过 35℃，出苗后床内温度控制在 25~28℃，如果肥团土表干旱应适当补充水分，并保持土壤湿润，以利于出苗整齐。当玉米苗达一叶时，揭膜炼苗。当玉米苗达 1 叶 1 心时，即可移栽，栽培密度为定植 3 000 株/亩。

3. 查苗补苗

当移栽苗成活后要及时查苗，补苗，换去弱小苗，保证苗齐、苗全、苗壮。补苗后及时浇足定根水。

4. 合理追肥

要做到分次施用，重施攻苞肥。苗期，用尿素 5 千克/亩对清粪水施用；大喇叭口期重施攻苞穗肥，用碳铵 40 千克/亩或尿 10~15 千克/亩对 2 000 千克/亩猪粪水施用，施后进行中耕培土；抽雄后视苗情补施尿素 3~4 千克/亩攻粒肥，防止叶片早衰。

5. 人工辅助授粉

玉米隔行去雄、人工辅助授粉可提高单产 5%~10%，特别是在干旱年份，雌雄蕊不协调时人工授粉增产更明显。其方法是：去雄后在玉米抽雄吐丝期选择晴天上午 9—11 时，用木棒在行间摇动植株，隔天进行 1 次，连续 2~4 次。

6. 及时防治病虫害

主要的病虫害有玉米螟、纹枯病、大斑病和小斑病等，可选用阿维菌素、井冈霉素、苯醚甲环唑等药剂进行防治。

病虫害防治。

（1）大、小斑病。用 50% 百菌清、70% 甲基托布津、75% 代森锰锌其中任选 1 种用 500 倍液喷雾每隔 7d 喷施，连续 2~3 次。

（2）纹枯病。用 20% 井冈霉素可湿性粉剂 50 克/亩对水 50~60 千克，喷雾防治 2~3 次。施药前要剥除基部叶片，施药时要注意将药液喷到雌穗及以下的茎秆上，以取得较高的防治效果。

（3）锈病。在植株发病初期用 25% 粉锈宁可湿性粉剂 500~1 500 倍液喷雾，每 10 天喷 1 次，喷施 2~3 次。

（4）地下害虫。玉米苗期、幼虫 3 龄前用敌杀死常规喷雾，幼虫 3 龄后用乐斯本等农药拌新鲜菜叶或青草制成毒饵，于傍晚投放在玉米植株四周防治土蚕、毛虫。

（5）玉米螟。大喇叭口期用杀虫双大粒剂投在玉米心叶内进行防治。

7. 及时采收

鲜食甜玉米在授粉后 20 天左右，当花丝变褐色、玉米子粒表面有光泽时即可收获，采收过晚皮厚渣多，甜度下降。用干净的网袋包装后即可上市。甜玉米采收后可溶性糖含量迅速下降，籽粒皱缩，味淡渣多，风味变差，因此应及时销售供食用或加工。

（三）套种关键技术

温郁金主要采用地下根茎进行繁殖，4 月初选择上年留种（无病虫害）的种茎进行栽种。温郁金（温莪术）下种后，空隙大，为充分利用土地，可间作套种春季鲜食玉米等作物，间作物应在 7 月中、下旬采收，不影响温郁金生长。春季甜玉米为禾本科植物，非常适合于温郁金间作套种，改善土壤环境和增加单位面积产能效益，有效增加山区农民收入，促进农业增效。

春季鲜食玉米育苗方式：宜采取育苗移栽方式，亩用种（0.8~1.0）千克，地膜覆盖栽培时可选用宽度 60 厘米的地膜覆盖栽培，在大田覆膜后即破膜移栽，用塑盘或营养钵育苗，在二叶一心前移栽，栽后用细土将破口封，一般 3 月 10 日左右播种。间作规格：种于温郁金畦两边，每隔 3 穴种 1 穴玉米，这样对温郁金无多大影响，日常结合温郁金栽培模式进行田间管理。春播一般在吐丝后（18~25）天即 6 月上中旬采收为宜，在收获了玉米后，要求及时拔除玉米植株，这样便于中耕除草等（图 16-1、图 16-2）。

图 16-1　遂昌新路湾温郁金基地

图 16-2　遂昌新路湾温郁金基地

重楼又称七叶一枝花（*Rhizoma paridis*）性微寒，味苦，是多年生药用植物，俗称"铁灯台""灯台七""七叶莲"等。在我国四川省、云南省、湖南省、湖北省、广西壮族自治区、贵州省、江苏省，福建省、安徽省、江西省、浙江省等都有广泛分布，其药用价值高，在《本草纲目》《神农本草经》《滇南本草》等古今多部医药典籍中均有记载。其根部入药，性味苦微寒，有清热解毒，消肿止疼，息风定惊，平喘止咳等作用，特别是治疗毒蛇咬伤，疮疡肿毒疗效显著。现代医学研究还有抗癌作用。因医药应用广泛，经济效益好，但近几年，民间滥采乱挖，导致野生资源锐减，而其药用部位生长周期长，野生产量已无法满足市场需求，产需矛盾大。人工栽培提高产量，是缓解这一供需矛盾的有效途径。丽水市处于亚热带季风性湿润气候带，十分适宜七叶一枝花的生长。丽水市林地资源丰富，七叶一枝花仿野生栽培土地资源充沛。开展七叶一枝花的仿野生栽培既有利于林地管护，也能发展林下经济、缓解其野生资源枯竭的矛盾、保护野生资源、促进农民增收。

截至 2016 年，丽水市重楼种植面积为 95 亩，种植面积较小，主要集中在莲都、庆元和龙泉，丽水市重楼种植刚刚起步，人工种植面积虽小，但野生重楼分布较广，种植势头较好，药农种植愿望高，一方面因为重楼市场需求量大，另一方面重楼丽水市林地面积广，可充分利用林下经济带动农民收入，下一步，丽水市将继续探索林下种植重楼高效种植模式。

第一节　林下重楼仿野生种植

一、模式概述

"中草药仿生栽培"就是中草药的仿生态栽培，即通过在森林生态环境条件下，开展林、药结合，进行林下间种，采取人工促繁和收集种源集中栽培的方法，适量施肥，使药物的品质和疗效达到或接近野生中草药的水平。

采用林下种植的模式，既可养护林木，促进森林覆盖率，又可充分利用林下土地资源和林荫优势从事林下种植的生态经营模式。这种模式把田地耕作变成林下种植让生产得到发展。它的发展是农林产业的有机结合，是相互协调发展的生态组合，不仅节约了农耕土地资源、扩宽了生产空间，还为保护现有森林资源，维护生态平衡做出巨大贡献。重楼是个喜肥的物种，重楼的仿生态栽培需要丰富的土壤有机质才能使其良好生长，不但需要大量的农家肥作底肥，而且每年需要多次人畜粪水作追肥；在林内生态环境下栽培重楼，适宜的栽培措施是密度按 25 厘米×20 厘米的株行距、施用农家肥 3 000 克/平方米、追施人畜粪水 3 次。通过实验得知仿野生环境栽培七叶一枝花，其产量较野生的有较大提高，其药用部位的性状与野生的性状一致，栽培措施简化，栽培模式容易掌握，是丽水市山区农民发展林下经济实现增收的重要途径。

二、生产技术

（一）林下栽培重楼技术

1. 种植地清理和整地

在冬季选好种植地后要进行土地清理，主要针对林中空地或能够进行整地的地块，认真清除杂灌、杂草、杂质和残渣，但高处的树枝不宜修理过多，保证遮阴度在80%左右，以免幼苗移植后受到强阳光直射，根据移植后的年限逐渐修除高处多余的树枝，原则上要掌握2年后遮阴度在70%，4年后在40%~60%。第一年种植地要深翻，将腐熟的农家肥均匀地撒在地面上，施用标准为：30 000~45 000千克/公顷，再采用牛犁、机耕或人工深翻30厘米以上，暴晒一个月左右，以消灭虫卵、病菌，然后细碎耙平土壤。

2. 育苗技术

七叶一枝花的育苗方法有2种，一种是采用种子进行育苗，叫有性繁殖；另一种是利用根茎切块繁殖，叫营养繁殖。在育苗时2种方法都可以采用，但要根据不同的种植规模和根茎种源状况来选择育苗方法，一般来讲大规模种植时尽量采用种子育苗，而小规模种植和根茎来源充足时采用营养繁殖来育苗。

种子育苗

（1）种子采收。掌握适宜时间采收种子十分重要，为增进种子萌发力，获取质量一致的优质种子，当朔果出现裂开，露出鲜红色浆果时应及时进行采收。

（2）种子处理。七叶一枝花的种胚具有明显的后熟作用，因此，采收来的果实应适时洗去果肉，稍晾水分，以降低种子萌发抑制物质与ABA含量，并将达到饱满、成熟、无病害、霉变和损伤的种子与湿沙按1:5比例，加入种子重量1%的多菌灵可湿性粉剂进行拌匀，装进催苗框中，置于室内，催芽温度保持在18~22℃，每15天检查一次，沙子的湿度保持在30%~40%，通过110天的处理，当种子胚根萌发后便可播种。

沟内，然后覆盖比例为1:1的腐殖土和草木灰，覆上厚约1.5厘米的细土或细粪，浇透水，并加盖地膜，保持湿润。苗期注意除草和适当施肥，培育2~3天后可进行移植。

（3）根茎切块繁殖育苗。根茎繁殖育苗分为带顶芽切块、不带顶芽切块和分株繁殖3种方法，不管采用任何一种，其切口必须进行严格消毒处理，防止病菌从切口侵入感染，造成种块腐烂。其中，带顶芽切块繁殖的成活率最高、长势最好，目前生产上多采用此种方法育苗。带顶芽切块和不带顶芽切块的繁殖方法为：在秋、冬季地上茎倒苗后，根茎采收时将健壮、无病虫害、完整无损的根茎按垂直于根茎主轴方向，在带顶芽部分节长3~4厘米处切割，或按根茎的芽残茎、芽痕特征，切成小段，每段保证带1个芽痕，其余部分可晒干作商品药材出售，切好后伤口蘸草木灰和生石灰，像播种一样条栽于苗床，并加盖地膜，为保证出苗整齐，带顶芽和不带顶芽的要分开育苗，到第二年冬季即可移植。

3. 选种备肥

9月底，开始收获时选取20~40克的无破损，无病斑的块茎做种，或采挖野生的做种。表皮晾干后，覆草储藏或沙藏，播种时切块，每块至少留一个芽痕。切好后用草木灰蘸种，切口愈合快，可以防治感染。种植前，准备2 000千克/亩左右的土杂肥，其中人畜粪占25%，土灰25%，泥土占50%，拌匀备用。

4. 移栽定植

移栽的时间可以选在春季 3—4 月芽萌动前，也可以选在 10 月至 11 月上旬进行。应选择在阴天或午后阳光弱时进行，按株行距 15 厘米×15 厘米进行移栽.移栽时在畦面横向开沟，沟深 4~6 厘米，按种植密度放置种苗，要求随挖随栽，注意要将顶芽芽尖向上放置，根系在沟内舒展开，用开第二沟的土覆盖在前一沟。栽好后浇透定根水，以后视情况再浇水 2~3 次，保持土壤湿润。畦面要覆盖松针、碎草、锯木屑或腐殖土，厚度以不露土为宜。

5. 间苗与补苗

在 5 月中下旬需对种植地或直播地适当拔除一部分过密、瘦弱和有病虫害的幼苗，选留壮苗，同时查塘补缺，补苗时要浇定根水，利用小苗保证全苗和足够的密度。

6. 合理密植

种植时，按 30 厘米行距开种植沟，种植沟宽 15 厘米，深 10 厘米，将切块，蘸草木灰的种块按 15 厘米的株距双行交叉摆放在种植沟内，芽眼朝上，覆盖准备好的土杂肥，然后覆土，覆盖的土杂肥和泥土厚度达 7~8 厘米为宜。这样做的目的是防止冻伤种块，提高出苗率。

7. 加强田间管理

（1）苗前管理。出苗前搞好清沟排渍，防止渍水烂种。七叶一枝花在 3 月上旬以后开始出苗，进入 1 月中下旬进行第 1 次出苗前除草，方法是用 100 毫升/亩乙草胺加 75.7% 草甘膦粉剂 50 克对水 40 千克喷雾。2 月中旬以前，追施沤制好的有机肥 1 500 千克/亩加 45% 硫酸钾 10 千克，混匀撒施。并进行一次浅中耕，方法是用齿长 5~6 厘米的草耙，耙破表土层，利于出苗。

（2）出苗后中耕除草。七叶一枝花 3 月上旬出苗后，4 月中旬出苗完成。苗高 25~30 厘米过后进行第 2 次中耕除草，轻锄薄垄，直到 5 月上中旬前，除草以人工为主，五月上中旬，结合追肥进行第 3 次中耕，追施 15 千克/亩 45% 硫酸钾复合肥，培土垄苑，有利于块茎膨大，提高产量。然后每亩用 10.8% 的金喹嗯啉 40 毫升对水 40 千克定向喷雾防治杂草。

（3）摘蕾。为减少养分消耗，使养分集中供应在其营养生长上，促进地下根茎生长，在 4~7 月出现花萼片时，除留种外，应及时对不留种的植株摘除子房，但要保留萼片，可增进光合作用，提高产量。

（4）遮阴保湿。七叶一枝花喜阴湿，一般要求透光率 50%~60%，在本栽培模式中，除了利用林木遮阴外，如果还是达不到要求，还要利用遮阳网遮阴。在连续干旱时，要注意补充水分，保持湿度达到 70% 以上。

灌溉与排水移栽后每 10~15 天应及时浇水一次，使土壤水分保持在 30%~40%。定苗后，在地上茎出苗前不宜浇水，否则易烂根。出苗后，畦面及土层要保持湿润，在雨季来临之前要及时浇水，并注意理沟，保持排水畅通，多雨季节要及时排水，切忌畦面积水，诱发病害。

（5）追肥。七叶一枝花是个喜肥的物种，每年以多次人畜粪水作追肥对其长势、品质和产量都具有显著效果.肥料以有机肥为主，辅以复合肥和各种微量元素肥料，不用或少用化肥，禁用化学氮肥，施肥时间选在 4 月、6 月、10 月，采用撒施或对水浇施，施肥后应浇一次水或在下雨前追施。

8. 病害防治

七叶一枝花的主要病害为黑斑病、茎腐病、根腐病、菌核病，虫害主要是金龟子。

（1）黑斑病。病害从叶尖或叶基开始，产生圆形或近圆形病斑，有时病害蔓延至花轴，形成叶枯和茎枯。要注意排水排湿，降低空气湿度，减轻发病。

防治措施：发病初期喷洒 1%菌毒清水剂 300~500 倍液，或用 50%甲基硫菌灵悬浮剂 1 500~2 000 倍液，或 50%异菌脲可湿性粉剂 1 000~1 500 倍液，效果均好。

（2）茎腐病。首先在茎基部产生黄褐色病斑，病斑扩大后，叶尖失水下垂，严重时茎基湿腐倒苗。此病苗床期多发生，高温多雨大田期为害更为严重。

防治措施：移栽前苗床喷 50%多菌灵可湿性粉剂 1 000 倍液，作为"送嫁药"；大田发病初期用 95%敌磺钠可湿性粉剂 1 000 倍液灌塘，隔 10 天灌 1 次，连灌 2~3 次。

（3）金龟子。以成虫（炒豆虫）为害叶片，以幼虫（白土蚕）咬食根茎，影响重楼生长。防治措施：晚间火把诱杀成虫，用鲜菜叶喷敌百虫放于墒面诱杀幼虫；整地理墒时，每亩撒施 5%辛硫磷颗粒剂 1.5~2 千克，或 3%呋喃丹颗粒剂 2~3 千克。

（4）根腐病

防治方法：多发生在 6—7 月高温阴湿季节，及时拔除病死植株，并在穴内撒生石灰，或用多菌灵可湿性粉剂 250 倍液喷雾防治。

（5）菌核病。发生在 5 月多雨高湿时节，此病为害较为严重。

防治方法：及时理沟排水，降低种植地湿度；及时清除病死株，在发病中心撒施生石灰；严重时可采用甲基托布津 50%可湿性粉剂 1 000~2 000 倍液喷雾防治。而猝倒病发病的起因为土壤带菌或积水过多。

9. 适时采收加工

选择适宜采收季节，适时合理采收是保证药材产量和品质的重要环节，七叶一枝花的最佳采收年限为：用种子繁殖的 6 年以上，根茎切块繁殖的 3 年左右采挖时间应选择在 10 月至翌年 3 月以前，即其地上茎枯萎以后，此时营养物质大部分都贮存在根茎内，药物成分较高，药材质量较好，产量也较高。采挖时选择晴天，先割除茎叶，然后用洁净的锄头从侧面开挖，挖出根茎；采挖时尽量避免损伤根茎，保证根茎完好无损，采挖好的根茎，去净泥土和茎叶，把带顶芽部分切下用作种苗，其余部分用清水洗刷干净，除去须根，粗大者切成 2~4 块，采取晾晒干燥或以 30~65℃进行烘干，将干品打包好后贮藏或出售利用。

10. 留种

选取 20~40 克芽痕饱满无病的块茎留种。其他洗净泥土后分级，30 克以下分一级，30~50 克优等级，然后切 2~3 毫米厚的薄片，晾干即可。达不到收获年限的，第二年继续按上述操作技术管理（图 17-1）。

图 17-1　林下重楼仿野生种植技术

鱼腥草（*Herba houttuyniae*）又名蕺、蕺儿根、摘儿根等，为三白草科多年生草本植物，因其茎叶手搓后有鱼腥味，故名鱼腥草。它不仅是一种常用中草药，其嫩根、嫩茎叶还是营养丰富、独具风味的特种蔬菜，有强身健体之效。近年由于人们食用鱼腥草数量的增加，野生资源已供不应求，从而为人工栽培提供了广阔的市场。由于鱼腥草对光温的要求不太严格，较耐阴，比较适宜在柑橘园等果园中套种，这样，一来可以果园地面小环境，二来可以收获较大量鱼腥草。

鱼腥草是一种多年生宿根性草本植物，草的高度受环境影响，高度不一，一般在15~50厘米。鱼腥草根部有节，每节的粗细在0.4~0.6厘米，节间长3.5~4.5厘米，每节容易生长出不定根。鱼腥草叶形状呈心形或阔卵形，叶子长达到3~8厘米，宽度可以达4~6厘米。叶子顶部不断变尖，局部有细腺点，叶子脉稍呈柔毛状，叶子反面为紫红色；叶柄的长度在3~5厘米，形状为条形，叶子的下半部与叶柄共同组合形成鞘状。鱼腥草的穗状花在茎顶处开放，1片叶子对应1朵花，花朵包含4枚白色花瓣状苞片；鱼腥草的花朵形成较小，并且密度较大，呈淡紫色，为两性花，没有花被，花期是每年的5月中下旬，每年的7月结出果实。

充分利用荒地、坡地、阴湿地种植鱼腥草，实为适应农业结构调整、提高农民收入的一个好的栽培植物。此外，利用鱼腥草可开发制成鱼腥草饮料、鱼腥草茶、鱼腥草酒等多种产品。鱼腥草的需求将会越来越大，栽培鱼腥草将会获得更大的经济效益。截至2016年，丽水市鱼腥草种植面积626亩，为近两年较为稳定的中药材种植品种之一，主要集中于龙泉、青田、遂昌、松阳及莲都，种植广度较广，但种植面积相对其他大宗药材还是较小，究其原因主要一方面是种植不是非常成熟高效，另一方面市场价格不是非常稳定。下一步，丽水市将继续推广鱼腥草高效栽培模式及高效种植模式，增加农民收入。

第一节　鱼腥草套种玉米高效栽培模式

一、模式概述

鱼腥草是喜温暖阴湿环境，怕干旱，较耐寒，常野生于溪谷、田埂、草丛中或塘边。鱼腥草对水分要求较高，整个生长期都要求有充足的水分供应，保持土壤湿润；在温暖阴湿环境下生长较好，怕霜冻，地下茎较耐寒，在-15℃以下可越冬，12℃开始萌发，生长适温16~25℃，但对土壤及光照要求不严，要求土壤肥沃，忌干旱，但适应性强。利用鱼腥草的喜潮湿、半阴等生长特性，利用玉米地的遮荫条件及土壤湿度，营造鱼腥草生长的环境。为进一步提高生产效益，调整种植业结构，增加经济效益，改善人民生活，玉米套种侧耳根可降低地面温度，增加湿度。所以，只要采取合理的生产栽培管理技术，该栽培模式不仅可以充分利用土地、空间、温度和散射光，而且可获得较高的经济效益。

丽水市青田县对玉米地套种鱼腥草模式进行了研究，通过多年的试验总结，探索出一套鱼腥草套种玉米的高效栽培模式，并在生产中大面积推广，取得了一定的经济效益。经测产验收，鱼腥草平均每亩产 500 千克（干），玉米平均每亩产 508 千克。

二、生产技术

（一）鱼腥草栽培模式

1. 种茎繁殖措施

种茎繁殖措施是提高鱼腥草产量的重要手段。人工栽培鱼腥草的种源来自于野生资源，通过野生鱼腥草的无性繁殖获取。鱼腥草的种植期限可以是 1 年中的任意季节，但以 12 月为最佳。利用鱼腥草的种子进行种植，则发芽率不高，仅 20% 左右。一般采用分株、插枝和根茎繁殖鱼腥草，在鱼腥草的实际生产过程中，采用根茎繁殖的效果较好，产量最高。

2. 种植选地措施

鱼腥草虽然在各种类型的土壤中均可生长，但是，在疏松肥沃的沙土或沙质壤中，鱼腥草的生长最为旺盛。因此，鱼腥草的种植地应选择地势平坦、水源充足、排灌方便、耕层深厚的平地。中性或微酸性的土壤对鱼腥草的生长有利，所以，应注意控制水源，达到"三废"污染为零的标准。此外，鱼腥草应选择交通便利，阳光充足的地方种植，方便管理，减轻劳动强度，增加经济效益。

3. 田间施肥措施

鱼腥草既需要湿润的土壤，还需要充足的肥料。一般肥料以氮、钾肥为主，对磷肥的要求是少而不缺。在实际的种植过程中，当幼苗出土高约 3 厘米，便可进行施肥。主要施氮肥，配以尿素，促进幼苗生长。当鱼腥草进入生长的中后期时，根茎叶生长迅猛，对肥料的需求增大，此时应施加对根茎生长有利的钾肥。

（1）第一次于鱼腥草移植正常生长后，其苗嫩黄绿色，施氮肥，每亩用 1 000~1 500 千克淡人畜粪水对入尿素 3~5 千克施于根部，以促进幼苗快速生长。

（2）第二次于 4 月中旬增施至 2 000 千克，对入尿素 13~15 千克、硫酸钾 10 千克，以满足鱼腥草植株迅速抽生地上茎和长出大量分枝叶以及地下茎腋芽迅速萌生，同时满足其对钾肥的需要。

（3）第三次在 5 月中旬植株孕穗开花前期，每亩用腐熟饼肥粉 50 千克与过磷酸钙 30 千克及火灰 500 千克混匀，撒施株间蔸部，并培土护蔸。

4. 病虫防治措施

（1）鱼腥草的病害主要有白绢病、紫斑病、根瘤病及叶斑病，主要为白绢病。

① 白绢病：发作会使鱼腥草的地上茎、叶变黄，而地下的茎呈白色，并有丝状菌体，产生软腐现象。

防止方法是注意排水，增施磷钾肥，加强管理，提高植株抗病力。及时挖除病株，并且每亩用五氯硝基苯 0.5 千克拌细土 15 千克撒在病穴内，进行土壤消毒。对轻病株每隔 10 天左右喷一次 2.5% 粉锈宁 1 000 倍稀释液（共喷 2 次或 3 次），或用 50% 托布津 600~800 倍液灌根，或用 50% 退菌特 250~300 倍液浇灌土壤。

② 紫斑病：紫斑病为害叶片，心轮纹，造成叶片干枯死亡。

防治方法是发病地秋季深耕，把表土翻入土内；不连作；收集病株烧毁；发病初期，喷洒 1:1:160 的波尔多液或 70%代森锰锌 500 倍液 2~3 次。

③ 根瘤病：从根尖开始发病，最后根系腐败枯死，叶片卷缩。

防治方法是注意排水，烧毁病株，实行轮作；播种时，种茎用 1:1:100 的波尔多液浸种茎或用 20%石灰水浸泡消毒；发病初期，每亩用五氯硝基苯 500 克拌细土 15 千克，撒在根部周围或用 50%托布津 1 千克加水 500 千克灌根。

④ 叶斑病：生长中后期，经常大量发生，为害叶片。

防治方法是实行水旱轮作；播种前用 50%多菌灵 500 倍液浸泡种茎 24 小时消毒；发病时用 50%托布津 800~1 000 倍液或 70%代森锰锌 400~600 倍液喷雾。

（2）虫害。主要包括螨类、蟒槽、地老虎、金龟牛、金针虫、红蜘蛛，主要为螨类，可以分别采用敌百虫、敌敌畏、螨特乳油等药剂进行防治。

螨类防治。用 5%尼索朗乳油 3 000~5 000 倍液或 73%克螨特乳油 2 000~3 000 倍液喷雾防治，采收前 20 天停止用药。

5. 中耕除草

幼苗成活至封行前，中耕除草 2 次或 3 次。前期中耕除草为避免损伤根苗，离植株根部 5 厘米处可不再松土，但见杂草须用手拔除，以免杂草与鱼腥草幼苗争夺养分和光照。也可在种根移植后立即每亩用 50%乙草胺乳油 70~75 毫升对水 40~45 千克均匀喷雾于畦面，有较好的除草效果。

6. 摘除花蕾

地上部徒长时，应及时采收嫩茎叶；开化现蕾时及时摘除花蕾，以免开化消耗大量养分而抑制地下茎的生长。

7. 采收加工

一年采收 2 季，第 1 季 5—7 月；第 2 季霜冻前。采后洗净晒干即可。

（二）玉米栽培模式

1. 育苗定植

以 2 月中下旬播种育苗为宜。宜选用半紧凑品种，如绵单 118 等。采用肥团育苗，按 1 000 千克菜园土加 150 克尿素、3 千克过磷酸钙和 300 千克有机肥混合堆沤 5~7 天后做成直径为 4~5 厘米的肥团，每团播 1 粒精选种子，播种后及时盖上细土，浇透水后盖上地膜，要求地膜四周一定要压严。播种后 2~3 天要对育苗床进行温度和水分观察，出苗前苗床温度不超过 35℃，出苗后床内温度控制在 25~28℃，如果肥团土表干旱应适当补充水分，并保持土壤湿润，以利于出苗整齐。当玉米苗达一叶时，揭膜炼苗。当玉米苗达一叶一心时，即可移栽，栽培密度为定植 3 000 株/亩。

2. 查苗补苗

当移栽苗成活后要及时查苗，补苗，换去弱小苗，保证苗齐、苗全、苗壮。补苗后及时浇足定根水。

3. 合理追肥

要做到分次施用，重施攻苞肥。苗期，用尿素 5 千克/亩对清粪水施用；大喇叭口期重施攻苞穗肥，用碳铵 40 千克/亩或尿素 10~15 千克/亩对 2 000 千克/亩猪粪水施用，施后进行中耕培土；抽雄后视苗情补施尿素 3~4 千克/亩攻粒肥，防止叶片早衰。

4. 人工辅助授粉

隔行去雄、人工辅助授粉可提高单产 5%~10%，特别是在干旱年份，雌雄蕊不协调时人工授粉增产更明显。其方法是：去雄后在玉米抽雄吐丝期选择晴天上午 9—11 时，用木棒在行间摇动植株，隔天进行 1 次，连续 2~4 次。

5. 病虫害防治

（1）病害。

① 大、小斑病：用 50%百菌清、70%甲基托布津、75%代森锰锌其中任选 1 种用 500 倍液喷雾每隔 7 天喷施，连续 2 次或 3 次。

② 纹枯病：用 20%井冈霉素可湿性粉剂 50 克/亩对水 50~60 千克，喷雾防治 2~3 次。施药前要剥除基部叶片，施药时要注意将药液喷到雌穗及以下的茎秆上，以取得较高的防治效果。

③ 锈病：在植株发病初期用 25%粉锈宁可湿性粉剂 500~1 500 倍液喷雾，每 10 天喷 1 次，喷施 2~3 次。

（2）地下害虫。

① 玉米苗期：幼虫三龄前用敌杀死常规喷雾，幼虫三龄后用乐斯本等农药拌新鲜菜叶或青草制成毒饵，于傍晚投放在玉米植株四周防治土蚕、毛虫。

② 玉米螟：大喇叭口期用杀虫双大粒剂投在玉米心叶内进行防治。

6. 适期采收

当玉米苞叶开始发黄，籽粒变硬时即可收获，此时玉米品质最好。收获过晚易发病霉变和发芽，降低品质。

（三）套种关键技术

鱼腥草栽植时间在 12 月，经过种植实验得知，此时间段最适合丽水市鱼腥草产量提升。因为 12 月栽种鱼腥草，种茎发芽快，出芽整齐，生长期长，能获得较高的产量。播种前，将幼嫩纤细，弱小的根茎、枯茎、腐烂根茎去掉，选择粗壮肥大、节间长、根系损失少、无病虫害的老茎作种用。玉米播种期为 1 月上旬，选择靠近大田、排灌方面、土质疏松肥沃的田块作苗床，晴天备好苗床。播种后盖薄膜，出苗后，晴天揭开苗床两端的薄膜炼苗，防止高温烧苗，待玉米叶心时，及时带土移栽。玉米的根系发达，需肥量大，吸肥力强，因此，重施底肥，一般每亩施有机肥 1 000 千克，钙镁磷肥 25 千克，复合肥 15 千克作底肥。

鱼腥草与玉米进行间作，科学、因地制宜地种植。鱼腥草套种玉米，按 155 厘米拉绳开厢种植，其中用 70 厘米的厢面种玉米，80 厘米的厢面种鱼腥草。玉米进行单株定向移栽，玉米株行距 24 厘米×70 厘米。播种鱼腥草时，在厢面上进行横向开沟，沟深 10~15 厘米，沟距 15~20 厘米，栽前将种茎切成 3~5 厘米的小段，每段保留 2~3 个节，平放在种植沟内，沟内泼浇清粪水，粪水浸下即可种植，每亩用种鱼腥草 85~100 千克。鱼腥草整个生育期内适时排灌，保持土壤湿润畦面不积水。

鱼腥草极少发生病虫害其主要病害有白绢病、叶斑病、根瘤病虫害主要有蟋蟀、斜蚊夜蛾和毛毛虫。以农业防治为基础，以生物防治，物理防治为主，化学防治为辅。化学防治要选用高效低毒低残留的农药，适量用药。为害玉米的病虫害主要有大小斑病、纹枯病、玉米螟和玉米蚜，要注意病虫害的防治。禁止使用剧毒、高残留农药。为不影响和少影响鱼腥草的生长，让鱼腥草尽快的更多的进行光合作用，当玉米成熟时就及时收获，玉米收获后，砍出玉米秆，并进行中耕除草，加强田间管理。

第二节　果园套种鱼腥草栽培模式

一、模式概述

鱼腥草具有喜温温阴湿环境、怕干旱、较耐寒的特点，因此采用果园套种加地膜覆盖方式栽培菜用鱼腥草。按规范化的种植要求，种植前需要对果园空地进行翻耕松土、精耕细作，这样能抑制杂草生长，提高土壤肥力，改善小区环境，在生产过程中也能起到生草覆盖的作用，不但不会影响水果生产，反而有利于果树生长，能促进果园产量提高。据调查，进行套种鱼腥草的果园，当年的水果产量与过去相比都略有提高。此外，在果园套种鱼腥草还会增加鱼腥草的产量和效益，经济效益十分显著，更重要的是节约了土地和生产成本，是值得推广的一项生态农业项目。选择土层深厚，有机质丰富的壤土或沙壤土果园栽种较好，由于果园耕地不便机械操作，一般采用人工耕整，为了省工省力，常采用挖沟施肥再播种的方法，具体做法是：顺着果园走道方向挖沟，要注意将沟挖的绍宽，不小于 25 厘米宽，5~10 厘米深即可，然后在尽量靠近沟的一侧施肥，另一侧摆种。两沟的距离要求在 30 厘米左右，同时，要求留足果园的工作走道，以便于果园中后期的田间管理及收货。如果是利用嫩叶做蔬菜，一般在 6 月前后采摘；如果是食用地下茎，一般在 10 月之后根据市场需求分批或一次挖出出售，也可以放在田中越冬。等到来年开春出苗以前挖出销售，果园套种鱼腥草，一般当年种植当年一般可收获食用鲜茎 500 千克以上。

丽市莲都、龙泉、青田、遂昌、松阳均有种植鱼腥草，其中龙泉、青田种植面积达到 200 余亩。青田县与 2010 年开始试验果园套种鱼腥草试验，并取得较好的效益。鱼腥草亩产达 500 千克，按照市场价格 10 元/千克计算，亩产值达 5 000 元，给果园种植带来更大效益，有效增加了果农的收入，提高了山区农业效益。利用果园的立地空间，创造出了更大的收益价值。今后，丽水市将进一步推广果园–药材种植模式，给山区人民带来更多效益，真正实现高效农业。

二、生产技术

（一）鱼腥草栽培模式

1. 种茎繁殖措施

种茎繁殖措施是提高鱼腥草产量的重要手段。人工栽培鱼腥草的种源来自于野生资源，通过野生鱼腥草的无性繁殖获取。鱼腥草的种植期限可以是 1 年中的任意季节，但以 12 月为最佳。利用鱼腥草的种子进行种植，则发芽率不高，仅 20%左右。一般采用分株、插枝和根茎繁殖鱼腥草，在鱼腥草的实际生产过程中，采用根茎繁殖的效果较好，产量最高。

2. 种植选地措施

鱼腥草虽然在各种类型的土壤中均可生长，但是，在疏松肥沃的沙土或沙质壤中，鱼腥草的生长最为旺盛。因此，鱼腥草的种植地应选择地势平坦、水源充足、排灌方便、耕层深厚的平地。中性或微酸性的土壤对鱼腥草的生长有利，所以，应注意控制水源，达到"三废"污染为零的标准。此外，鱼腥草应选择交通便利，阳光充足的地方种植，方便管理，减轻劳动强度，增加经济效益。

3. 田间施肥措施

鱼腥草既需要湿润的土壤，还需要充足的肥料。一般肥料以氮、钾肥为主，对磷肥的要求是少而不缺。在实际的种植过程中，当幼苗出土高约 3 厘米，便可进行施肥。主要施氮肥，配以尿素，促进幼苗生长。当鱼腥草进人生长的中后期时，根茎叶生长迅猛，对肥料的需求增大，此时应施加对根茎生长有利的钾肥。

（1）第一次于鱼腥草移植正常生长后，其苗嫩黄绿色，施氮肥，每亩用 1 000~1 500 千克淡人畜粪水兑入尿素 3~5 千克施于根部，以促进幼苗快速生长。

（2）第二次于 4 月中旬增施至 2 000 千克，兑入尿素 13~15 千克、硫酸钾 10 千克，以满足鱼腥草植株迅速抽生地上茎和长出大量分枝叶以及地下茎腋芽迅速萌生，同时满足其对钾肥的需要。

（3）第三次在 5 月中旬植株孕穗开花前期，每亩用腐熟饼肥粉 50 千克与过磷酸钙 30 千克及火灰 500 千克混匀，撒施株间兜部，并培土护兜。

4. 病虫防治措施

（1）鱼腥草的病害主要有白绢病、紫斑病、根瘤病及叶斑病，主要为白绢病。

① 白绢病：发作会使鱼腥草的地上茎、叶变黄，而地下的茎呈白色，并有丝状菌体，产生软腐现象。

防止方法是注意排水，增施磷钾肥，加强管理，提高植株抗病力。及时挖除病株，并且每亩用五氯硝基苯 0.5 千克拌细土 15 千克撒在病穴内，进行土壤消毒。对轻病株每隔 10 天左右喷一次 2.5% 粉锈宁 1 000 倍稀释液（共喷 2~3 次），或用 50% 托布津 600~800 倍液灌根，或用 50% 退菌特 250~300 倍液浇灌土壤。

② 紫斑病：紫斑病为害叶片，心轮纹，造成叶片干枯死亡。

防治方法是发病地秋季深耕，把表土翻人土内；不连作；收集病株烧毁；发病初期，喷洒 1:1:160 的波尔多液或 70% 代森锰锌 500 倍液 2 次或者 3 次。

③ 根瘤病：从根尖开始发病，最后根系腐败枯死，叶片卷缩。

防治方法是注意排水，烧毁病株，实行轮作；播种时，种茎用 1:1:100 的波尔多液浸种茎或用 20% 石灰水浸泡消毒；发病初期，每亩用五氯硝基苯 500 克拌细土 15 千克，撒在根部周围或用 50% 托布津 1 千克加水 500 千克灌根。

④ 叶斑病：生长中后期，经常大量发生，为害叶片。

防治方法是实行水旱轮作；播种前用 50% 多菌灵 500 倍液浸泡种茎 24 小时消毒；发病时用 50% 托布津 800~1 000 倍液或 70% 代森锰锌 400~600 倍液喷雾。

（2）虫害。主要包括螨类、蟪槽、地老虎、金龟牛、金针虫、红蜘蛛，主要为螨类，可以分别采用敌百虫、敌敌畏、瞒特乳油等药剂进行防治。

螨类防治是用 5% 尼索朗乳油 3 000~5 000 倍液或 73% 克螨特乳油 2 000~3 000 倍液喷雾防治，采收前 20 天停止用药。

5. 中耕除草

幼苗成活至封行前，中耕除草 2~3 次。前期中耕除草为避免损伤根苗，离植株根部 5 厘米处可不再松土，但见杂草须用手拔除，以免杂草与鱼腥草幼苗争夺养分和光照。也可在种根移植后立即每亩用 50% 乙草胺乳油 70~75 毫升对水 40~45 千克均匀喷雾于畦面，有较好的除草效果。

6. 摘除花蕾

地上部徒长时，应及时采收嫩茎叶；开化现蕾时及时摘除花蕾，以免开化消耗大量养分而抑制地下茎的生长。

7. 采收加工

一年采收 2 季，第一季 5—7 月；第二季霜冻前。采后洗净晒干即可。

(二) 果园栽种主要技术

茬口安排要点：鱼腥草植株矮小，叶互生，种茎先发子蔓，再生孙蔓，主要分布在20~35厘米的土层内，鱼腥草耐荫喜湿，生长要求较湿度，要求土壤相对湿度在80%左右，空气相对湿度在50%~80%，才能正常生长，而种植梨、桃、李、杏、葡萄等果树的果园土壤蓄水量大，树叶阻碍水分挥发，能确保空气相对湿度，从而保障鱼腥草的生长条件，提高产量。

鱼腥草1—12月均可栽培，最佳种植时间12月，选好地块后，沿果树行间留1米宽不耕作，其余彻底清除杂草、碎石，深耕晒垄，撒施腐熟农家肥250~350千克/公顷、草木灰15~20千克/公顷，耕翻后根据果树行间大小作定植畦。根茎移栽：12月挖出根状茎，选择粗壮、无病虫的鱼腥草根茎，剪成10~12厘米长小段栽植（每段有2个或3个节，并留须根），用量为6千克/公顷。移栽前在定植畦上挖宽20厘米、深30厘米的穴沟，将根茎平放穴沟中，撒上5~7厘米厚的沙土，浇泼适量的稀粪水，保持地块湿润。盖膜：备好长30厘米的薄竹片，根据畦的长度按每50厘米放1竹片，把竹片搭成拱架，盖上薄膜，用土块将薄膜压住，使畦面与外层薄膜保持15~20厘米的距离。田间管理：幼苗成活至封行前，中耕除草和追肥2~3次，施肥以人粪尿为主，用量700~1 000千克/公顷。果园套种菜用鱼腥草的技术关键在于对土壤的翻耕松土和精耕细作，这既是对菜用鱼腥草的品质保障的需要，也是促进果树生长、提高果园产量的必然要求（图18-1、图18-2）。

图18-1　青田海口鱼腥草基地

图18-2　青田海口鱼腥草基地

玉竹为百合科植物玉竹的干燥根茎。最早以萎蕤之名载于《神农本草经》，列为上品，是我国常用中药材。玉竹以地下茎入入药，性平、味甘，也有认为性微寒，人肺、胃、脾、肾经，具养阴、润燥、生津、止咳等功效，主治热病伤阴、虚热燥咳、心脏病、糖尿病、结核病等症，并可做高级滋补品、佳肴和饮料性平，味甘，具有养阴润燥、生津止渴的功能。多糖是玉竹中主要有效成分之一，具有养阴润燥，降血压、改善心肌缺氧、生津止渴的功能，此外玉竹可用于热病口燥咽干、干咳少痰、心烦心悸、糖尿病等。

玉竹属药食兼用植物，幼苗和根状茎亦可食用，营养丰富，市场前景广阔。现代研究表明，玉竹具有扩张冠脉、降血脂、降血糖和增强免疫力等作用，在保健食品中得到广泛的应用，其综合利用经济价值也逐渐引起人们的重视。此外，玉竹还应用于保健和食品领域，市场份额为 10% 左右，主要产品有玉竹饼、玉竹茶、玉竹果脯、玉竹果糖、玉竹米粉等，并且可以利用玉竹制作美容保健功能的饮料，这些产品成为保健食品，物美价廉在两广地区、中国香港、新加坡、东南亚等国家，煲汤与饮用，保健效果好，价廉质优深受欢迎。

玉竹是丽水市近年来从磐安县引进种植的药材品种，截至 2016 年全市玉竹种植面积 913 亩，其中云和县 270 亩、景宁县 178 亩、龙泉市 150 亩、缙云县 130 亩、青田县 100 亩等。

第一节　幼龄红花油茶林下玉竹套种栽培模式

一、模式概述

长期以来，油茶造林均是按传统的、单一的纯林栽培模式经营，导致土地利用率不高，林地生产力低下、油茶综合效益不高，严重制约着油茶产业的可持续发展。近年来正逢我国油茶产业化发展的巨大浪潮，各地也在积极探索通过油茶立体经营栽培模式，充分利用地力，挖掘潜力，使油茶生产向深度和广度发展。油茶立体经营栽培模式主要包括有套种、间种、养殖等方面。油茶林通过合理套种、间种、养殖等手段，不仅增加套种、间作等产品的收入，还可以耕代抚，抑制杂草灌木的生长，节约管理成本，明显提高土壤肥力，改善油茶生长环境，提高经济效益。

玉竹适应性很强，喜凉爽潮湿蔽荫环境，耐寒、积水和强光直射。利用幼龄油茶园地套种玉竹等中药材品种，以中耕施肥代替抚育，有效控制杂灌生长，提高土壤蓄水保肥能力，造林头几年的施肥特别重要，因此，在幼龄油茶园地套种玉竹等中药材品种，既能有效的改良土壤，提高土地利用率，同时还能增加收益，通过利用油茶幼龄园套种示范，形成相关的套种技术。

二、生产技术

（一）玉竹栽培模式

1. 选种

为保证遗传性稳定，确保丰产和缩短生长周期，一般采用根状茎繁殖。选种时从苗杆粗壮的植株中选择芽头大、顶芽饱满，无病虫害、无黑斑、无麻点、无机械损伤，色泽新鲜黄白，须根多，质量 10 克以上，有 2~3 个节的肥大嫩根状茎做种茎。种茎必须选当年生、芽端整齐、略向内凹的粗壮分枝，瘦弱细小和芽端尖锐向外突出的分枝及老分枝很难发芽，不宜留种，也不宜用主茎留种，以免成本太高和影响产品质量。种茎最好挖出后当天切下栽种，也可摊放在室内阴凉处 3~5 天后栽种，若需贮藏更长时间，最好用湿沙保存。种茎用量根据套种基地实际情况而定，一般根据土地利用率 40% 计算，亩用种量为 120~150 千克。如种植地土壤肥沃，栽种年限长，用种量可适当减少，反之则增加。

2. 选地整地

海拔 300~1 000 米的幼龄油茶基地均可种植玉竹。选择背风向阳、土层深厚、排水保水能力强，pH 值在 5.5~6.5 的微酸性砂质黄红壤土，不宜连作。整地半月前应除尽杂草（含草根），让烈日暴晒。整地时结合施基肥，基肥用量为每亩钙镁磷肥 150 千克、腐熟有机肥 1 000 千克，肥料均匀散于地面上，将土深翻 30 厘米整地时注意清除地中石块和草根，做到厢面平整，土粒细碎。丘陵坡地栽培要从坡下开始逐年往坡上栽培，不宜从坡上向坡下栽培。畦长和宽视地形与方便作业定，畦面尽量做高，畦距 30 厘米左右，沟深 30 厘米。

3. 栽种

（1）播种时间与种茎处理。8—11 月播种，在 11 月下旬前栽完，一天中栽培的最佳时间是上午 9 时前。播种前种茎最好先用 70% 托布津加代森锰锌各 25 克配 800 倍水，浸泡 3~5 分钟消毒，以减少病害。

（2）施基肥。玉竹生育期长，一般要播种后 2~3 年采收，因此玉竹栽培时，需要结合整地施足基肥。基肥施用宜采用有机肥和复合肥配合施肥，一般亩施用复合肥 30 千克+有机肥 1000 千克左右为宜，增施磷钾肥能显著促进玉竹根茎生长。

（3）播种密度。播种时开一行播一行，第三年采栽种密度可为 30 厘米×8 厘米。土壤肥力高、施肥多或栽种时间长的密度稍稀，否则略密，种植时将芽头部分切下长 3~7 厘米一段，在沟底按株距 7~17 厘米纵向排列，芽头朝一个方向，斜向上放好，先覆盖有机肥或土杂肥，再开另一行沟的土覆盖。

4. 田间管理

（1）防踩。玉竹一般在 3 月出苗，苗茎脆弱易断且为独生苗，一旦踩断当年不可再生，所以要严防人畜入地踩踏。

（2）追肥。一般一年两次，以有机肥为主，辅以少量尿素、复合肥、磷肥等。春季萌芽前进行第一次追肥，亩用腐熟人粪 600~1 000 千克和尿素 3~5 千克，以促进茎叶生长。当苗长到 7~10 厘米高时，再亩用 45% 硫酸钾复合肥 10 千克或 5~8 千克尿素追一次提苗肥。

（3）中耕除草。玉竹栽培第一年一般只长出一个地上茎，且地下根茎分支也较少，在生长前期可在行间进行适当浅耕，采用化学除草和人工除草相结合的方法，出苗后可选择"盖草能"（高效氟吡甲禾灵）来除去单子叶杂草，对于双子叶阔叶杂草则只能采取人工拔除。为了防止损害幼苗或松动根系，6 月后就不再拔草，一般用手拔除，以防用锄伤及根状茎，导致腐烂，雨后或土壤过湿时不宜拔草。

（4）培覆土。冬季倒苗后扯除杂草覆在畦面上，然后再在上面施一层土杂肥或腐熟栏肥，再加盖杂草树叶 6~8 厘米。玉竹生长两年后，根状茎分枝多，纵横交错，易裸露于地表而变绿，为不影响商品外观和防止冻害，必须及时培土覆盖。

（5）排水。玉竹最忌积水，春季南方雨水较多，在多雨季节到来之前，要疏通畦沟以利排水，倒苗后培覆时要结合做好清沟沥水，防止渍水沤根死苗。

5. 病虫害防治

玉竹的主要病害有：褐斑病、锈病、灰霉病、紫轮病、白绢病等。主要虫害有蛴螬、棕色金龟子、黑色金龟等。

（1）褐斑病。褐斑病病原菌为半知菌亚门尾孢属真菌中华尾孢，发作时叶片上可见褐色病斑，不规则圆形，中心色泽较淡，后期病斑处出现黑色的霉状物，即病原菌的分生孢子梗和分生孢子。一般 6 月中下旬开始发病，高温潮湿多雨的 7—8 月达到严重期，若不加防治可持续到收获期。

（2）紫轮病。紫轮病病原菌为半知菌亚门大茎点霉属真菌血红大茎点，主要以越冬的分生孢子随潮湿的气流传播引起侵染，发作时叶片的两面均能被感染，病斑多呈圆形或椭圆形，直径大小不等，发病初期病斑呈红色，后期中心部分则呈灰褐色，可以见到黑色小点，即病原菌的分生孢子器。每年 6 月下旬开始发病，7—8 月达到盛期。褐斑病和紫轮病防治方法：在发病前或发病初期喷 1:1:120 波尔多液或 50% 代森铵 800 倍液，每 10 天喷 1 次，连续喷 2 次或 3 次；也有用 37% 苯醚环唑加醚菌酯混施或 70% 甲基硫菌灵 1 000 倍液加 3% 井冈霉素 500 倍液混施防治。

（3）锈病。病原菌为担子菌亚门锈孢锈属真菌，受害叶面上长有黄色圆形病斑，背面生黄色杯状小粒即病原菌锈子腔（亦称病原菌锈孢子器）。5 月发生，6—7 月多雨季节严重。防治方法：发现病株及时拔除、烧毁，穴内撒石灰消毒，喷洒石硫合剂，喷 25% 粉锈宁 1 000 倍液等进行防治。褐斑病、紫轮病和锈病整体受害率低于 10% 可不用药物防治；发病面积较大、单株病害率大于 15% 以上时需进行药物防治。施药的原则是早发现早防治，以减少用药量和用药次数，可视病情的轻重决定施药次数，一般 2~3 次即可，每次间隔 10~15 天。

（4）根腐病。病原菌为半知菌亚门镰刀菌，越冬菌丝体及分生孢子在条件适合时开始传染，属专性土传病害。发病初期可见淡褐色或淡红褐色圆形病斑，严重时开始腐烂，多个病斑可蔓延成片，最后导致整个根茎全部腐烂，甚至波及邻近根茎，每年 7—8 月多雨季节土壤湿度过大时易发病，尤其是低洼易涝地。

（5）曲霉病。病原菌为半知菌亚门曲霉属真菌，7—8 月土壤湿度过大时，在病残体上越冬的分生孢子萌发引起侵染，病变处初期呈红褐色，近圆形，后期发展成不规则形状，病体发软甚至腐烂，并在腐烂部位长出黑色霉点状的子实体。根腐病、曲霉病为地下病害，其地上植株表现一般不明显，高温天气雨后天晴最易发作，此时要及早预防处理。发病初期用 50% 多菌灵 500~600 倍液喷施或根部浇灌防治，在生长期提前喷施进行预防，严重时也可灌根。用药注意轮换，一般要连续施 2~3 次。

（6）虫害。主要有蛴螬、棕色金龟子、黑色金龟等，主要危害根部。防治方法：施用充分腐熟的有机肥做基肥或追肥；用米或麦麸炒后制成毒饵，于傍晚撒在畦面上诱杀，严重时用 90% 敌百虫 1 000 倍液浇注根部。此外，还有蛴螬、野蛞蝓白蚁也对玉竹有一定危害，预防方法是播种前每公顷用海利呋喃丹 45 千克撒在播种沟内，生长期可用 50% 辛硫磷乳剂 1 000 倍液灌根。

6. 采收与加工

（1）采收。玉竹一般于栽种后的第 3 年收获。根据市场行情，一般在入秋后的 8—10 月，待地上部分正常枯萎谢苗后进行采挖，选雨后晴天、土壤湿度比较适宜收获。采挖时，先割去地上茎秆，然后用齿耙反向顺行挖掘，抖净泥土，防止折断。

（2）加工。将挖出的根状茎，按长、短、粗、细选分等，再分别摊晒在水泥场地，夜晚待玉竹凉透后加覆盖物覆盖，切勿将未凉透的玉竹堆放或装袋，以免发热变质。晒 2~3 天至柔软、不易折断后，放入箩筐内撞去须根和泥沙，再取出放在板或木板上搓揉。搓揉时要先慢后快，由轻到重至粗皮净，内无硬心，色泽金黄，呈半透明，手感有糖汁黏附时为止要防止搓揉过度，否则色深红，甚至变黑，影响商品质量。揉好的玉竹再晒干使含水量为 12%~15%，即得商品玉竹也有采用蒸揉结合加工方法，既先将鲜玉竹晒软后，蒸 10 分钟，用高温促其发汗，使糖汁渗出，再用不透气塑料袋装好约 30 分钟后用手揉或整包用脚踩踏，直到色黄半透明为止取出摊晒至商品需要含水量。

（二）油茶种植关键技术

1. 选地整地

根据坡度状况进行造林地整地，20° 以下的可全垦整地水平带整地。20° 以上的迹地可块状整地。全面整地深度为 20 厘米；水平带整地宽 100 厘米以上、深 20 厘米以上；块状整地 100 厘米×100 厘米×20 厘米。造林穴规格 40 厘米×40 厘米×25 厘米，造林应在 12 月底前开挖结束。栽植穴开挖完工后施足基肥，熟的厩肥、堆肥和饼肥作基肥，厩肥、堆肥 2~5 千克/穴、饼肥 250 克/穴。回填表土充分拌匀，然后填满待稍沉降后栽植。

2. 定植

油茶栽植在冬季 11 月下旬至翌年春季的 3 月上旬均可。但应避开严寒干燥时段，且以春季定植较好。海拔高 400 米以下地段可在冬季栽植，但在干旱的冬季不能栽植油茶。定植宜选阴天或晴天进行，定植时在根苑处加焦泥灰 250 克/株、钙镁磷肥 5 克/株。将苗木根系自然舒展开，加土分层压实，栽植嫁接苗时嫁接口与地面平，做到根舒、苗正、土实，栽后浇透定根水使根系与土壤紧密结合。

3. 抚育管理

油茶忌渍水和干旱。雨季要注意排水，夏秋干旱时及时做好抗旱保苗工作。夏季旱季来临前除草抚育 1 次，并将铲下的草皮覆于树兜周围的地表，给幼树培兜。减轻地表高温对幼树的烧伤，同时起到保湿作用。冬季结合施有机肥进行块状松土除草抚育。林地土壤条件较好的套种绿肥或豆科植物。实行以耕代抚增加收入。油茶幼树由于抽梢量大，组织幼嫩，易受冻害，多施磷、钾肥，同时加强病虫害防治，增强抗逆性。

4. 施肥

油茶幼林期以营养生长为主，施肥以氮肥为主，配合钾肥，主攻春、夏、秋三次梢，施肥量逐年增加。定植当年常不施肥，有条件的可在 6—7 月幼树恢复后适当浇些稀的人粪尿或尿素 10 克/株左右。从第 2 年起，3 月新梢萌动 5 天施速效氮肥 50 克/株，采用开沟施肥法，在距幼树 30 厘米以上开沟，投肥后覆土。当油茶幼片由绿转为淡黄色时再施肥。施尿素约 20 克/株左右，保证幼树生长所需的养分，促进快速稳定生长，提前进入投产。10 月下旬喷施 1% 磷酸二氢钾水溶液，喷遍幼树茎叶，加速木质化以利越冬。进入冬季，对油茶林进行全部翻挖，捡出大块石头和恶性草根，杂草铺在树塘内。翻挖的土块不能敲细，让其自然风化。全年应除草 2~3 次，让其在地里自然腐烂，增加土壤有机质。

5. 培育树型

幼树长到 40 厘米高时，在距接口 30~40 厘米处定干，适当保留主干。第一年在 30 厘米处选留 3 个或 4 个生长强壮，方位合理的侧枝培养为主枝；第二年在每个主枝上保留 2 个或 3 个强壮分枝作为副主枝；第 3~4 年，在继续培养正副主枝的基础上，将其上的强壮春梢培养为侧枝群，使三者之间比例合理，分布均匀。油茶树具有内膛结果习性，但要注意在树冠内多保留枝组以培养树冠紧凑、树形开张的丰产树型。要注意摘心，控制枝梢徒长，并及时剪除扰乱树形的徒长枝、病虫枝、重叠枝和枯枝等。幼树前 3 年摘掉花蕾，不挂果，维持树体营养生长，加快树冠成形（图 19-1、图 19-2、图 19-3、图 19-4）。

图 19-1　幼龄红花油茶林下玉竹套种栽培

图19-2　幼龄红花油茶林下玉竹套种栽培

图19-3　幼龄红花油茶林下玉竹套种栽培

图19-4　幼龄红花油茶林下玉竹套种栽培

杜瓜，又名栝楼、瓜蒌、苦瓜等，是葫芦科多年生草本植物。杜瓜全身是宝，其根、果实、果皮、种仁（子）都可药用。《本草纲目》卷十八载：瓜蒌"润肺燥、降火、治咳嗽、涤痰结、止消渴、利大便、消痈肿疮毒"；瓜蒌籽炒用："补虚劳口干、润心肺、治吐血、肠风泻血、赤白痢、手面皱"。

瓜蒌皮、全瓜蒌的主要成分为三萜皂（有机化合物的一种，有香味），有机酸、糖类及色素，主要有润肺祛痰、滑肠结之作用，主治肺热咳嗽、胸闷、心绞痛、便泌、乳腺炎等病有疗效；瓜蒌仁的主要成分为不饱和脂肪酸16.8%，蛋白质5.46%，并含17种氨基酸，三贴皂甙，多种维生素以及钙、铁、锌、硒等16种微量元素，可制作成椒盐蒌仁（也可直接入药），主要功效为润燥滑肠，清热化痰，主治大便燥结、肺热咳嗽、痰稠等；其块根（天花粉）主要成分为蛋白质、多种氨基酸、糖类及淀粉等，主要功效：清热化痰、养胃生津、解毒消肿，主治肺热燥咳，治疗糖尿病、疮疡疖肿，经香港中文大学杨显荣博士鉴测，可提炼花粉蛋白，治疗艾滋病。据1986年、1987年南京药学院、上海市药检所鉴定："平湖瓜蒌"系瓜蒌正品，乃正品，乃地道药材富含三萜皂、有机酸、糖类及色素。

丽水市青田县海溪乡西坑边村村民余松芹2007年开始引种杜瓜0.6亩获得成功，到2012年该基地发展到300多亩。据统计，2016年丽水市杜瓜种植面积3 613亩，其中松阳县2 450亩、青田县820亩、莲都区173亩，缙云110亩，庆元县60亩。杜瓜为藤本多年生植物，其旺盛生长期在5月下旬至10月上旬，而且密植度较低，可以与其他经济作物实行间套种，从而提高单位面积产值。所以，可以根据当地实际情况，摸索适宜的杜瓜间套种方式和茬口安排模式。

第一节　杜瓜-茶立体栽培种植

一、模式概述

杜瓜产业在山区具有显著的比较优势，可以充分利用集中连片和零星分散地块种植，山区山垄田面积大，同时有相当的抛荒田，并可与其他经济作物套种。亦可利用山区杂木、毛竹等杜瓜栽培所需的搭架材料，具有明显的生产成本优势。

为提高茶叶生产效益，丽水市莲都区等地茶农积极摸索开展白茶与杜瓜高立体栽培，并取得了较好的经济效益。通过间作显著低茶园树冠及土壤温度，增加相对空气湿度，提高土含水率，改良土壤理化性质，可以促进茶树光合作用进行。以茶园套种人为改善茶园光、温、湿等环境满茶树耐阴的生长特性，促进茶树生长，增加营养物质累，提高茶叶产量和品质。

这种栽培模式既不影响杜瓜生长，又有利于白茶的生产。春季白茶生长较早，一般在白茶春茶生产结束后，杜瓜才开始生长，两种作物互不干扰。夏秋季杜瓜的棚架为白茶营造了一个较为荫凉的小气候，可避过高温对白茶的危害，适宜的杜瓜密度，并在生长期间人工引导藤蔓生长，通过修剪整枝，使杜瓜藤蔓在棚顶均匀合理地分布，形成30%~40%的遮阴率，冬季吊瓜的落叶和地面盖草，使翌年早春气温回升快，白茶生长提早1周左右，具价格优势，提高效益。将有利于茶树生长提高产量并改善茶叶品质。该模式充分利用了土地资源，提高复种指数，增加单位面积产出率，是茶叶生产中的新型农作制度创新，对推动生态循环农业发展具有重要意义。

二、生产技术

（一）杜瓜栽培模式

1. 形态生态特征特性

杜瓜为多年生草质藤本，一般长达10米。块根肥厚，茎攀援，多分枝，表面有浅纵沟，光滑无毛；卷须腋生，细长，先端2歧。叶片近圆形或近心形，长宽各8~20厘米，常为5~7浅裂或中裂，少为3裂，裂片倒卵形、矩圆形、椭圆形至矩圆状披针形，先端急尖或短渐尖，边缘有疏齿或再作浅裂，幼时两面疏生柔毛，老时下面有粗糙斑点。

杜瓜性喜温暖、湿润，半阴、半阳环境，较耐寒，不耐旱，忌积水。生长发育适宜温度20~33℃，开花坐瓜的温度不能低于20℃。一般年平均气温在20℃左右，7月平均气温28℃以下、1月平均气温6℃以上的地区均适合杜瓜生长。

杜瓜对土壤要求不严，一般土壤均能种植。但宜选土层深厚、疏松肥沃、排水良好、周围无污染源的砂质壤土平原地或15°~40°的向阳山坡地种植。不宜在地势高燥、干旱或土质黏重、低坡地种植；也不宜在低洼易积水地栽培。

杜瓜植株根深叶茂，生长旺盛，一般棚架成片种植单株遮荫面20~30平方米，庭院种植在30~60平方米，主蔓长度可达10米以上。所以，杜瓜的栽培密度较低，一般每亩以30株为宜株。但新建杜瓜园，由于播种当年或用1~2年块根繁殖的当年，杜瓜植株生长势相对较弱，为了提高单位面积产量，可以适当密植。

2. 栽培模式

（1）建园搭架。

① 土壤选择：杜瓜喜温暖潮湿，但属旱性作物。宜选择向阳，排水良好，土层深厚、疏松、肥沃的沙壤土栽种，pH值以6.5~7.5中性偏碱为宜。在偏酸土壤，需要通过施生石灰改良。入冬前深翻土地，促使土壤风化。根据园地大小，地势，种植规模，规划好机械、人行道路，排灌沟渠。

② 搭架：按（5~6）米×4米埋柱搭架，用长250厘米左右水泥柱子（240厘米×10厘米×10厘米左右）深埋地下50厘米，地面上高200厘米左右，园地周边柱子埋在杜瓜行的外侧。各柱间横纵用直径3~4毫米的钢绞线连结，钢绞线两头固定在棚架外相应埋好的水泥柱上，然后用紧线机拉紧。主架拉好后，再用直径0.13毫米左右的钢丝在主架上织成网状，孔径30厘米左右，也可以用尼龙绳防鸟网替代。

（2）品种选择及繁殖。

① 品种选择：耐热湿性好、果形大、皮色黄而光滑、易栽种、产量高等特点。如：圆形台黑、新丰宝等。

② 繁殖：目前生产上采用块根繁殖，其优点是当年可结果、且产量较高，雌雄株能控

制，缺点是繁殖量有限，不能一次性大规模栽培。一般在初春进行，种植后约 20 天出苗。7—8 月开花结果，9—10 月果实成熟，190 天左右，可分批采收。选取结果 3~4 年、生长健壮、无病虫害的雌株块根作繁殖材料（生产上常用方法）。在 3 月下旬至 4 月上旬挖取种根，放在室内凉放 1 天，待表皮稍起皱纹、伤口自然愈合后栽种（也可用多菌灵拌种是伤口愈合）。选用根直径 4~8 厘米，第 6~15 厘米的鲜根，每段种根切成长约 10 厘米，确保每段的重量不少于 50 克。粗的短一些，细的稍长一些。开穴平埋，用松泥覆盖 5~7 厘米，根据土壤湿度适量浇水，20 天以后出苗。当年即可结果。

（3）整地施肥。杜瓜植株根深叶茂，不耐旱涝，栽培上必须满足其对肥水的要求，避免旱灾或涝灾。不同的栽植地点作不同的整地处理：对地下水位低的岗地、坡地、滩地以低畦、低穴栽种为宜，以提高其抗旱性；地下水位高的地块则宜高墩、高畦栽种，以提高防涝能力。不论低畦、低穴还是高墩、高畦，都要开深沟，确保土壤透水通气性好，排水畅通，暴雨期间避免受涝。整地一般冬前完成，并施足底肥。

块根栽植地的基肥施用。园内开 0.8 米见方的穴，穴内四周撒施生石灰，进行土壤消毒。然后，视土壤肥力施足底肥，一般每穴施腐熟厩肥 30~50 千克，复合肥 0.5~1 千克，过磷酸钙 1~1.5 千克、硼砂 10~15 克，一层肥一层土混施，施后盖土 15 厘米左右耙平，待栽。

（4）栽种密度。根据土壤肥水状况、繁殖方式、栽后的年限等确定密度。土壤肥水条件好则稀植，反之则密植；种子直播或育苗栽种当年生长势弱，需拔除大量雄株，必须密植，块根栽种则相对稀植；投产园随地下块根生长、营养的积累，生长势逐年增强，要逐年适当删稀。

块根栽植时，将块根顶部朝上或平放，植入后用地松泥或黄沙护好块根并压实，上面再覆土 10 厘米起墩，以利块根发根长芽、防止积水。禁止雨天栽植。一般在栽植后 20~30 天出苗。一般杜瓜密度以每亩 20~30 株为宜，杜瓜密度过高藤蔓造成茶园过度遮阴，茶树冠面阳光不足将严重影响茶树生长降低茶叶产量。因杜瓜是雌雄异株，且以自然授粉为主，播栽时要求按 10:1 种植为宜（10 株雌株 1 株雄株）。

（5）田间管理。根据杜瓜生长生育的特性，田间管理总的要求：当年栽植的杜瓜采取前促后稳的管理措施，争取当年早结果、多结果。对投产的杜瓜园采取前控中促后稳的管理措施，促进多结果、结大果。

① 整枝引蔓：种子繁殖的当年在苗长 15 厘米左右时，将主蔓引蔓上架，其余侧蔓全部去除。主蔓上架后应左右错开均匀引蔓，并留取侧蔓，开花后及时删除雄株。块根栽植及投产的杜瓜园，根据架面空间选留 1~2 个根蔓，引蔓上架摘心，保留架面下适量的一次枝蔓，并对一次枝蔓上坐果节位前的二次枝进行摘除，以免茎生长过旺。坐果后，生长势减弱，要及时疏掉一些细弱枝和重叠枝，集中养分，改善架面通风透光条件。同时，经常理蔓，保持茎蔓向上向前生长，防止蔓头下挂，影响继续开花结果。投产的园注意将植株向同一方向引蔓，有利于充分利用架面结果。

② 肥水管理：杜瓜从出苗至开花坐果前（4 月中下旬至 6 月中下旬）土壤潮湿，气候适宜，投产的杜瓜枝蔓生长迅速，管理上要控肥控水，防止营养生长过旺，落花落果。

对新发展的杜瓜坐果前要适量多次追肥，促使生长，让其快发枝，多发枝，增加结果面，提高当年产量。在苗长 15 厘米左右时追施 1 次提苗肥，每亩施 3~5 千克尿素，5 月下旬至 7 月中旬再追肥 2~3 次，每次每亩施 5~7.5 千克复合肥。此阶段要注意多雨天气排水防涝，避免吊瓜出现涝灾。

杜瓜开花坐果后，单株叶面积逐渐增大，营养生长与果实发育同时进行，需肥需水量大，所以，在施足底肥的基础上巧施追肥。一般坐果后施 1 次，数量视土壤肥力、植株的长势长相、结果状况而定，土壤肥力好、长势旺、结果少不施或少施，反之多施，一般每亩施复合肥 5~10 千克。7 月下旬重施 1 次追肥，促使 7 月底 8 月上旬多发新枝多结果。9 月下旬，前期果陆续成熟采收，中后期果还处于生长发育期，此时，对长势弱、缺乏后劲的地块要适时适量补施化肥或根外追肥，提高粒重。同时，杜瓜生长中后期，处于气温高、易干旱季节，叶面蒸发量大，要注意浇水保湿抗旱。否则，生长受阻，不易坐果，果小籽少，千粒重低，品质差，影响产量和效益。

③ 促进坐果：配授粉雄株，实行人工授粉；待花始盛期；于每天上午露水干时进行人工授粉，可增加果率。营养生长过旺，控氮、伤根、刺茎蔓以抑生长，喷施硼肥促进坐果。营养生长过弱，加强肥水管理。

④ 病虫防治：杜瓜主要病害是炭疽病、蔓枯病、病毒病和根结线虫病，有些地区枯萎病和白粉病也有发生，其主要虫害有黄足黄守瓜、蚜虫、瓜实蝇等。

炭疽病。发病症状：危害叶片、茎蔓和果实。叶片黑色圆形斑，具轮纹；茎蔓、果实圆形斑，略凹陷。发病规律：温度、湿度对发病影响最大，台风、多湿、多雨或重雾发病重；地势低洼、种植过密、施肥不足、氮肥过多、连茬、通风透光不良也易引起发病。整个生育期均有发生，但以初夏（5 月下旬至 6 月，初花期）和秋季（8—9 月，果实膨大期）最为严重。防治方法：①农业防治：选择种植地；选用无病壮苗；冬季清洁田园；合理密植；加强藤蔓管理；科学肥水管理。②化学防治：叶面病害，在 5 月下旬至 6 月发病初期防治可用农药有 43% 好力克水剂 5 000 倍、40% 福星乳油 4 000 倍、10% 世高水剂 1 000 倍、25% 使百克水剂 500~700 倍。7~10 天一次，连续 2~3 次。果实病害，在 7 月下旬至 9 月上旬防治，喷雾药剂及使用浓度同上。

蔓枯病。发病症状：为害瓜蔓，病斑椭圆形至梭形，蔓上裂纹、流出灰、红色胶状液体；重者全株死亡，蔓干燥后呈赤褐色。发病规律：主要发生在 6—8 月，暴雨后遇晴热天气尤其容易发生。在温度变化大时，病害发生严重；天气变化不大，但高温高湿，更容易导致病害流行，并且蔓延速度加快。此外，在地势低洼、枝蔓茂密、通风不良、湿度大、长势弱等条件下发病严重。防治方法：抓住关键时期，采取防、治结合。防治时间：从杜瓜茎蔓长至 20~30 厘米时，每隔 10 天防治 1 次，连续防治 3 次，之后在入梅后的 6 月底、7 月初和入秋后 8 月上中旬再分别防治 1 次。化学防治：43% 好力克水剂 5 000 倍、10% 世高水剂 1 000 倍、25% 使百克水剂 500~700 倍。此外，用 10% 世高 200 倍涂茎具有较好的病情控制效果。

病毒病。发病症状：叶片呈花叶状，现深绿色疣状隆起斑，叶脉皱缩、变小、畸形，嫩叶病状明显。结果能力降低，而且果实硬、小，种子发育不良。发病规律：传播媒介主要是蚜虫。引种时引进了带病种苗也是病毒病发生的主要原因。春季若遇高温干旱蚜虫活动频繁，病毒病容易发生，植株感病越早，受害程度也越重；一般 5 月中旬至 7 月是病毒病的高发期。农事操作和汁液接触也可扩大蔓延。防治蚜虫。发现早期迁飞的蚜虫，及时用低残毒、易分解杀虫剂除治，不能在症状出现以后再除治。定植前后及时清除杂草，减少蚜量；药剂可采用阿克泰 7 500 倍（每包 2 克冲水 15 千克），或用 10% 吡虫啉可湿性粉剂 1 500 倍喷雾。发病初期。用 2% 菌克毒克水剂 260 倍液，隔 7 天喷 1 次，连喷 2~3 次，注意农事操作。

根结线虫病。发病症状：发病的植株地下部主根、侧根和须根上生有大小不等的肿瘤，主根上的瘤体较大，直径在 2 厘米以上。有时出现先须根变褐腐烂，后主根局部或全部腐烂。造成植株地上部生长衰弱。发病规律：根结线虫在土壤中生活，传播途径主要是病苗、病土及灌溉水。一般地势较高、土质疏松、通气好的沙土、沙壤土发病重，连作地发生重。发病程度有随栽培年限逐年加重的趋势。农业防治（同炭疽病），特别是实行轮作、采用无病种苗。块根消毒，栽种前用4%甲基异硫磷乳油800倍液浸渍10~15分钟，晾干后栽植。土壤消毒，用20%甲基异硫磷乳油每亩1.5千克加细土30千克，翻入土中消毒。

瓜绢螟。危害症状：低龄幼虫在叶背啃食叶肉，呈灰白斑。3龄后吐丝将叶或嫩梢缀合，匿居其中取食，使叶片穿孔或缺刻，严重时仅留叶脉。幼虫常蛀入瓜内，严重影响产量。发生规律：1年发生4~5代。越冬代成虫初见在5月中下旬，幼虫自7月下旬普发后，8月上旬数量上升，自8月下旬至10月初，幼虫、卵量一直维持在一定数量，其中8月至9月中旬，为全年成虫高峰期，对杜瓜为害最重。之后发生的幼虫，对果实产量影响不大。防治时间：重点8月至9月中旬，于卵孵盛期及幼虫卷叶为害前喷药防治。药剂选用：5%锐劲特悬浮剂1 500倍液（养蜂地区禁用）、52.25%农地乐乳油1 000倍液、2.5%功夫菊酯3 000倍液、50%辛硫磷1 500倍液、25%杀虫双水剂500倍液、1.8%阿维菌素乳油800倍。

瓜实蝇。危害特点：幼虫在瓜内取食，受害瓜先局部变黄，而后全瓜腐烂变臭，大量落瓜，或致果实畸形下陷、硬实。发生规律：越冬成虫4月开始活动，具有日出性，对糖、酒、醋及芳香类物质有趋性。雌成虫以产卵管刺入幼瓜表皮内产卵，幼虫孵化后即在瓜内取食。老熟幼虫在瓜落前或瓜熟后弹跳落地，钻入表土层化蛹。主要为害期为杜瓜开始成熟至收获。防治方法：

① 毒饵诱杀：用香蕉皮或菠萝皮（也可用南瓜、甘薯煮熟经发酵）40份，90%敌百虫晶体0.5份（或其他农药），香精1份，加水调成糊状毒饵，直接涂在瓜棚篱竹上或装入容器挂于棚下，每亩设20个点，每点放25克，可诱杀成虫。

② 人工处理：及时摘除被害瓜，喷药处理烂瓜、落瓜，并深埋。

③ 化学防治：在成虫盛发期，用50%敌敌畏乳油1 000倍或2.5%溴氰菊酯3 000倍喷雾，每3~5天喷一次，连续2~3次。

④ 适时采收：9月下旬开始，当杜瓜果皮表面开始有白粉，由青绿变淡黄色时，即可分批采收。采收不宜过嫩，否则籽粒不饱满、产量低、品质差。采收时一般从果柄处剪下，先摊在地上晒2~3天，使后熟变软，然后剖瓜，并将杜瓜籽装进塑料袋或滤水的容器内，通过踩踏、摩擦去外皮，洗净晒干即可。以洁净、粒大、饱满、油性足的籽粒为佳。一般每100千克果实可收10千克籽粒，高的可达15千克左右。

⑤ 越冬管理：杜瓜属多年生草质藤本植物，一次种植多年采收，其栽培管理是否到位直接影响单位面积产量和产品质量。根据各地杜瓜高产栽培经验，杜瓜在采收后的冬季管理非常重要。一般用玉米秸或麦秸等对田块覆盖，厚度要不少于30厘米，或将栝楼基部周围的土集成土堆，土堆高出地面30厘米。

杜瓜采摘结束，大部分叶黄时在离地5厘米处剪断藤蔓，并用86.2%铜大师1 000倍液喷施一次，待藤蔓稍干时，去除杜瓜藤，扫尽落叶，集中烧掉。这样通过清园，可大大降低越冬病虫害基数，减轻来年的病虫害发生。对发病杜瓜植株要彻底清除，并在病穴内撒施新鲜石灰粉杀菌，对有病杜瓜块根应清除（远离吊瓜地），撒上新鲜石灰粉深埋，不能乱丢，以防污染、病菌传播。冰冻前，在杜瓜基部每株施5~10千克有机肥，并在肥料上面再复盖一层细泥，以利保温防冻，促进来年生长。对杜瓜地套种冬作物的应保持吊瓜植株基部泥土高出其畦面，做成馒头形，在植株根基部80厘米以内不种冬作，以利保护地下块根。同时利用冬季相对空闲时机，对杜瓜棚柱、棚绳、棚架进行全面进行检查维修，以保证棚架的牢固安全。

（二）白茶栽培关键技术

（1）选好园地。建设白茶园，应选择避风向阳、地势平坦、土层深厚的缓坡地段。全土层要求 0.80~1.00 米，松土层要求 0.50 米左右。地下水位低，通气保肥性良好的土地。土类以值呈酸性的黄壤、沙性黄壤和红黄壤土为好。

（2）耕地施肥。春茶前中耕：3 月中上旬，10~15 厘米，可疏松土壤，消除春茶杂草，结合催芽肥，是增产春茶的主要措施。春茶后浅锄：春茶采摘结束后进行，10 厘米左右，能锄去杂草根系，切断毛细管作用，保蓄水肥。夏茶后浅锄：夏茶结束后，4~7 厘米，消灭杂草。根据实际需要可以在 8—9 月增加 1~2 次浅锄。深耕：在秋茶采摘结束以后进行，农历 7—8 月进行，17~25 厘米，改善土壤水分，空气状况，提高土壤肥力。

白茶园施肥抓住春茶前三月上旬，在幼龄期可以多施一些含氮高的肥料，但到了开采后，要适当控制氮肥的使用，特别是早春的催芽肥不能施，施用后叶片中叶绿素成份增加，叶片白度受到影响。亩施尿素 30 千克；秋茶前亩施尿素 30 千克；秋茶后重施有机肥，亩施茶饼 150 千克，磷肥 15 千克，甸肥 25 千克。白茶树修剪与其他茶树一样，每一次种植时定型高度为 20 厘米；第二次在第二年秋进行高度为 35 厘米；第三次在第三年秋进行定型高度为 50 厘米。

（3）种植规模。为了提高效益。可适当密植。单行条栽行距 1.33，丛距 0.33 米，每丛种 2~3 株苗，双行式、小行距 0.33 米，其他同单行。

（4）移栽。在茶苗定植时，按种植规模确定的行丛距，开好移植沟或定植穴。最好是做到现开现栽。保持沟（穴）内土壤湿润。白茶苗均采用无性扦插繁殖。无主根，根系分布较浅，定植时要适当深栽。一般栽到埋没根颈处（泥门）为适度。移栽要求当天取苗当天移栽，种植时边挖种植穴边种植，茶苗大小均匀。种植时复土至根颈处，不得过深或过浅。移栽后浇一次透水并马上定型修剪，定型高度 15 厘米左右，留 3~4 片叶，不易过高。种植后如遇连续晴天，应每隔 3~5 天浇透水一次。冬季做好防冻措施，一是铺草，二是浇水，三是拥土。

（5）如遇久晴天气补浇几次水，做好抗旱防冻工作。并做到缺株补植，可以采用同龄苗带土移植，归拼补缺的办法。来达到全苗和齐苗。

（6）防治病虫害，勤施肥料。茶园在幼龄期应采用人工除草。茶园的施肥应做到薄肥勤施，按照生长季节采用多次施肥，春茶发芽前施一次催芽肥，夏、秋茶期间再施 3~5 次追肥，追肥应以速效氮肥为主。秋末初冬施足基肥，基肥可用畜肥、饼肥或复合肥。施肥方法同常规茶园。白茶比较易遭病虫害，一定要加强茶肥的肥培管理，增树的抗性，保持茶园无杂草，适时防治病虫害发生。白叶蝉易生，防治可用 10% 吡虫啉可湿性粉剂，每亩用量 20~30 毫升，稀释 3 000~4 000 倍。

（7）修剪和采摘。白茶园的定型修剪和轻修剪的方法与常规茶园相同。但在修剪程度上应该适当轻一点。幼龄期的采摘应该做到多留少采。培养好丰产树冠（图 20-1、图 20-2）。

图 20-1　杜瓜-茶立体栽培种植　　　图 20-2　杜瓜-茶立体栽培种植

前胡为伞形科植物白花前胡（*Peucedanum praeruptorum* Dunn）的干燥根为多年生草本植物，分白花前胡和紫花前胡2种，均以根供药用。前胡主要分布在浙江、湖南、四川、江苏、安徽等地，多为野生，只有少量栽培，因此种植潜力大。前胡为常用中药，性微寒，味苦、辛。具有散风清热、降气化痰之功能。用于风热咳嗽痰多、痰热喘满、咳痰黄稠。前胡主根头部粗大，下部有分枝，根为不规则圆柱形、圆锥形或纺锤形，稍扭角，直径1~2厘米，长3~15厘米，表面黑褐色或灰黄色，根头部多有茎痕及维状叶鞘残基，上端有密集的环纹，下部有纵沟、纵皱纹及横的白色皮孔。质较柔软，干者坚硬，易折断，断面不平整，淡黄白色，皮部约占横断面的2/3，散有多数棕黄的油点，形成层环纹棕色，木部黄棕色。

前胡气分香，味苦微辛，归肺、脾经。具有散风清热、降气化痰之功能，常用于治疗风热咳嗽痰多，痰热喘满、咳痰黄稠、胸隔满腔闷等痰病。前胡喜阴凉湿润气候，比较耐荫，多生于海拔700~1 000米的山区向阳山坡土层深厚、疏松、肥沃、腐殖质含量高的夹沙土，pH值在6.5~8.0。前胡为宿根植物，宿生根3月初子芽萌动，中旬出苗，4—5月为营养生长盛期。5月下旬开始抽苔孕蕾，6—7月开花盛期，11—12月果实成熟，当年繁殖苗生长期比宿生植株要长。前胡的抗病力强，一般不会出现病害。

第一节　油茶-前胡复合经营技术

一、模式概述

复合经营指在特定的区域环境中，根据不同的生物学特性，组成空间的多层次结构、时间的有序配置，以充分利用光热资源、空间资源和土地资源，油茶属多年生植物，盛产期可达几十年甚至上百年，成年油茶林林下空间非常适合耐弱光植物的生长。

油茶在丽水市山地种植面积较广，是重要的木本食油树种，抓好油茶生产，对于实现综合开发利用木本油料资源，具有重要意义，但是，由于长期以来对油茶生产实行粗放经营，油茶单产一直很低，且大、小年明显，经济效益差，限制了油茶生产的发展。为了改变油茶林低产、低值的现状，丽水市从20世纪80年代开始就在莲都区大坑村进行了油茶林套种试验，当时主要套种一些农作物和杨梅，通过对比套种后的土壤肥力和效益明显高于单一油茶林。正常栽培情况下，油茶实生树3~4年开花结果，而嫁接树则2~3年；造林后4~6年开始挂果有一定产量，8年后才逐渐进入盛果期。可见，油茶造林前6年只有投入而无收入，其回报周期长，直接增加发展油茶的经济压力。景宁县从2012年开始将中药材前胡与油茶林进行复合经营，有效提高了单位林地产值，解决了幼林期无产出的问题，前胡喜阴凉湿润气候，比较耐阴，非常适合推广种植林下发展，据统计前胡与油茶林复合种植，亩产量可达120千克（干品），按照市场价55元/千克计算，每亩产值达6 600元，效益非常可观。使得林地综合生产能力大幅度提高，目前丽水市前胡种植刚刚起步，景宁县、青田县、遂昌县有种植，总计面积224亩，下一步，我们将进一步推广林下中药材复合经营模式，利用林下空间优势和特定药材的立地特点将二者高效有机合理的"结合"种植，达到最大限度利用林下土地空间创造林下经济，以达到增加山区农民收入，增加农业效益的目的。

二、生产技术

（一）前胡栽培模式

1. 繁殖方法

前胡结种子较多，种子发芽率较高，可用种子繁殖、育苗移栽或直播。一般9~10月霜降后，前胡果实呈黄白色时，果实成熟，把成熟的前胡种蓬用剪刀连花梗剪下，放于室内后熟一段时间，晒干擦打，搓下果实，然后除去杂质，再过筛簸净作种。

2. 选地

前胡的生长适应性广，无论田园坡地、荒山荒滩都可种植。土壤以土层深厚、疏松、肥沃、腐殖质含量高的夹沙土，pH值在6.5~8.0，中性偏碱的腐殖质土、油沙土、黄沙壤土最为合适。温度高且持续时间长的平坝地区以及荫蔽过度、排水不良的低洼易涝地方生长不良，且易烂根；质地黏重的黄泥土和干燥瘠薄的河沙土不宜栽种。所以前胡选择阳光充足、土壤湿润而不积水的平地或坡地栽种。最好是在头年冬季，将地上前作枯物及杂草除下，铺于地面烧毁，然后深翻土地让其越冬。次年2月施入腐熟的猪牛粪后再翻1次土，除去杂草，耙细整平。

3. 整地

种植前胡的土地要精细整理，冬前清除田间及四周杂草，铺于田间地面进行烧毁，深翻土地，炕冬。冬翻土地前10天，可每亩地用48%氟乐灵乳油（草甘磷）80~100毫升对水40~50升对表土均匀喷洒，但喷洒后及时进行浅翻、将药液及时混入5~7厘米土层中，增强除草效果。次年播前铲除四周及田间的杂草，再行翻犁，碎土耙平，清除杂质，按1.5米开厢，厢面宽1.2米，厢沟宽30厘米，深15厘米（稻田略深，25厘米）清除厢面杂质，耙细整平，待播种。

4. 播种

前胡播种过早，气温低容易烂种，种子不发芽或发芽率低，造成出苗不整齐。播种过晚，气温升高，幼苗出土后，真叶易灼伤，造成死亡。同时播种过晚，气温较高，前胡没有足够的营养生长期，造成逼熟，根茎不发达，易抽薹开花，本质化加重，降低前胡的质量。因此，应在早春气温稳定通过10℃的3月中下旬播种为宜，既能保证早春不烂种，出苗整齐，又能保证有足够的营养生长时间，使前胡质量好，产量高。播种前1~2天将种子晒3~4小时，播种时进行种子消毒，方法是用种子量的0.5%多菌灵拌种，多菌灵是粉剂，先用适量的水稀湿，以能浸湿种子为宜，拌均后，再加草木灰（过筛，每亩100斤以上），然后拌和均匀，再行播种，随拌随播。每亩用种量0.6~0.8千克。

播种以点播和条播为好。点播和条播中耕除草比较方便，且可用锄头除草。

（1）条播。按行距30厘米开播种沟，沟深5厘米，然后将种子撒播在沟内。

（2）点播。按行距30厘米、窝距20厘米，窝深5厘米播种。前胡种子小，芽顶土力弱，盖土不宜过深，否则会影响出苗，播后盖一层薄土或火土灰或者用扫把轻轻扫一下，不见种子即可。

5. 田间管理

"三分种、七分管"。种子下地，"管"字跟上，争取前胡品质好、产量高。总的原则是前控后促。意思是，幼苗重点是防治草害，不宜追肥过早，要控制生长，后期追肥，促进其生长。

（1）查苗补苗。前胡出苗后，及时查苗补苗，出苗差的地块应及时补种或者结合间苗移密补稀。保证苗齐苗壮，按 10~15 厘米的株行距间苗，并结合进行一次田间除草。

（2）除草。前胡栽培管理比较容易，草害是前胡栽培中的最大障碍，因此要注意除草。撂荒地种植杂草较多，不易清除，增加劳动力投入。前胡封行前进行一次浅中耕，保持土壤墒情，改善土壤通透性，铲除杂草，以防杂草与前胡争光争肥，为前胡生长创造一个良好的环境。除草的方式有化学药剂除草和人工除草。

① 化学药剂除草：化学除草应以播种前土壤施药为主，争取一次施药便能保证整个生育期不受杂草危害。根据田间杂草情况，冬翻土地前，每亩地用草甘磷 100 毫升对水 45~50 千克，对表土进行均匀喷洒处理，喷药 7~10 天后再冬翻土地。如果冬翻土地时杂草较少，可以在播种后 15~20 天种子出芽前用。在幼苗期，多数杂草处于二叶一心时，用"精喹禾灵"喷施，可有效清除针叶类杂草。其余阔叶杂草用人工除草方法清除。

② 人工除草：人工除草一般在封行前进行，中耕深度根据地下部生长情况而定。苗期前胡植株小，杂草易滋生，应勤除草。待其植株生长茂盛后，此时不宜用锄除草，以免损伤植株，可采用人工拔草。

6. 施肥

前胡整个生长过程一般施肥 3 次，第一次为施基肥，以草木灰为主，随播种一同施用。第二次在 5 月底、6 月初追肥，亩施尿素 2.5 千克或人粪尿 750 千克；第三次在白露前后，每亩施复合肥 5~10 千克。

7. 摘薹

前胡一旦开花，根部失去营养，造成木质化，俗称为"公子"，药用质量较差。因此，前胡抽苔时，要及时将苔割除。具体要求是"见薹就割"，除保留基生叶外，从地表基部折断花茎，经过折枝打顶后的前胡根部较未开花植株长得粗壮，产量也大幅度提高。后期管理也主要是防止杂草蔓延，决不能发生草荒，影响前胡生长。

8. 病虫防治

主要是白粉病，发病后，叶表面发生粉状病斑，渐次扩大，叶片变黄枯萎。防治方法：在未发病时用 25% 的多菌灵喷施；发现病株及时拔除烧毁，并喷施甲基托布津防治。前胡虫害主要有蚜虫、蚂蚁、地蚕、在苗期重点做好蚜虫防治即可。

9. 抗旱和排涝

前胡耐旱，但严重干旱也会影响产量，遇干旱时有水源的地方，适当浇水，一般 3 次或 4 次，关键在 8—10 月。前胡怕涝，特别是春夏季节，阴雨天要随时清沟排水。

10. 收获

前胡以根入药，收割过早产量低，晚了会造成根茎木质化，降低商品质量。因此，要掌握好季节及时收获，一般在冬至前后开始采挖。收割时先割去枯残茎秆，然后挖出全根，根茎粗状的作商品，细小的可以继续栽在土里等第二年收。收获的前胡根洗净沙土，晾晒 2~3 天，干后即成药品，应及时送交收购站点，以防因为天气或人畜破坏造成不必要损失，做到丰产丰收。

11. 效益分析

前胡作为一味传统中药,用量大。在感冒中药方剂中,一般都有前胡。种植前胡见效快,效益好,经济价值高,当年栽种,当年采收受益。年亩产鲜前胡可达 750~1 000 千克,产值可达 2 400 元以上,最高亩产值可达 4 800 元以上。市场前景十分广阔。

(二)油茶栽培模式

1. 良种选择

油茶是两性花,异花授粉。正因为异株授粉效果好,结实多。因此,每块造林小班(1公顷以上)要配置 2 个以上花期相近果期相近的品种。

2. 土壤选择

油茶适生性强,对土壤要求不严,但为了见效快、高产、稳产,宜选择土壤深厚、疏松、肥沃、排灌方便的向阳丘陵、缓坡山麓地带的荒山先行造林。以防火为主要目的的生物防火带,则按照防火带的设计走向尽量选较好地带栽植或直播造林。

3. 细致整地

整地是造林成活成林的关键一环。细致整地可以改良土壤理化性质,提高肥力,积蓄水分,利于油茶成活和生长。整地方式可因地制宜采用全垦、带状整地和穴状整地 3 种。整地前要砍除杂灌、杂草。因油茶幼树喜半日照,带状和穴状整地可适当保留一些阔叶树,待油茶成林后,再逐步除去。全垦整地只限 15°坡以下的丘陵山麓。整地栽植穴都必须深挖 60 厘米×60 厘米×60 厘米,并注意设计作业道、排水沟和原生带(草带、水保带),挖栽植穴时,注意品字形配置。

4. 松土除草

栽植当年要进行 2 次以上松土除草、除杂灌萌条,做到不伤皮,不伤根,蔸边浅,冠外深。除下的杂草、萌条放在松过土的蔸下,既做肥料,又可抗旱,还能压制杂草生长。

5. 修剪整形

油茶一年中有多次生长,3 月中旬至 5 月上旬春梢生长、5 月中旬至 7 月中旬第一次夏梢长出、7 月中旬至 8 月下旬夏梢第二次生长、9 月上旬至 11 月下旬秋梢生长。因此,整形修剪是形成树冠、提早开花结实的关键。主干高保留不超过 80 厘米,以上部分要及时摘心,促进侧枝发育,头三年的花芽幼果及时摘除,以免消耗养分,影响树冠生长。

6. 病虫害防治

油茶病虫害较少,主要是油茶炭疽病、油茶软腐病、油茶煤污病和油茶尺蠖(又叫量步虫)。均造成一定程度的落果、落叶和枝枯,造成减产,但不会死树毁林。这几种病都与油茶林经营管理水平密切相关。林内通风透光,树体健壮,肥、水、土条件好,病枝、病叶、病果、过密枝得到及时剪除和深埋,发病就轻,反之就较重。品种的抗病能力也有差异,造林前可以选择抗性强的品种。发病期,可自配波尔多液控制病情。实在有必要可喷施退菌特 800 倍液防治。量步虫幼虫身体光滑无毛,行动迟缓,可以直接人工捕杀。

(三)复合经营技术

1. 林分选择

选择阳光充足、土层深厚肥沃、结构疏松的油茶林地,坡度不超过 25°,以幼龄油茶林为好。干燥瘠薄的沙土、质地黏重的黏土和低洼易涝地不宜种植。

2. 林地整理

清理地上前作枯物及杂草,全面深翻土地,耙细整平,根据立地条件顺势做成 1.2~1.5 米宽的平整畦面,沟宽 30 厘米,沟深 20 厘米。斜坡种植每隔 3~10 米设置一条生草带,以防水土流失。

3. 基肥

前胡种植前每公顷油茶林地施腐熟有机肥 15 000 千克作基肥。

4. 播种时间

12 月至次年 3 月，以年前为好。种子播前处理前胡种子必须符合 GB8080 中规定的三级良种标准。播种前先将种子放入 40℃温水中浸泡 12 小时，然后沥干待播。

5. 播种方法

撒播或条播。将种子均匀撒于畦面或按行距 25 厘米开沟播种，沟深 3~5 厘米，播后用木板轻压并覆盖一层薄薄的草木灰或泥土，以不见种子为宜。播种量每公顷用前胡种子 15 千克。

6. 采收时间

前胡一般在 11 月底开始采挖。最佳采收期是冬至后至第二年萌芽前，此时采收产量折干率最高，商品品质最佳。留种果实霜降后当果实表面呈紫褐色时即可采收（图 21-1、图 21-2）。

图 21-1　油茶-前胡复合经营　　　　　图 21-2　油茶-前胡复合经营

程文亮，李建良，何伯伟，等.2014.浙江丽水药物志 ［M］.北京：中国农业出版社.

陈震，丁万隆，王淑芳，等.2003.百种药用植物栽培答疑 ［M］.北京：中国农业出版社.

丁建云，丁万隆.2004.药用植物使用农药指南 ［M］.北京：中国农业出版社.

国家药典委员会.2000.中华人民共和国药典一部 ［M］.2000年版.北京：化学工业出版社.

郭巧生.2000.最新常用中药材栽培技术 ［M］.北京：中国农业出版社.

国家中医药管理局《中华本草》编委会.1999.中华本草 ［M］.上海：上海科学技术出版社.

何建清.2010.丽水农作制度创新与实践 ［M］.北京：中国农业出版社.

林锦仪，李勇.1999.药用植物栽培技术 ［M］.北京：中国林业出版社.

李林，陶正明.2004.浙南无公害中药材栽培技术 ［M］.北京：中国农业出版社.

李庆典.2005.药用真菌高效生产新技术 ［M］.北京：中国农业出版社.

陆善旦，赵胜德，杨福顺.2000.大宗药材高产栽培及药用加工 ［M］.南宁：广西科学技术出版社.

吕晔，陈宝儿.2001.中药材种养关键技术：三分册 ［M］.南京：江苏科学技术出版社.

任德权，周荣汉.2003.中药材生产质量管理规范（GAP）实施指南 ［M］.北京：中国农业出版社.

王春兰，王康才.2002.中药材种养关键技术：一分册 ［M］.南京：江苏科学技术出版社.

王健敏，陆中华，张真.2012.浙江中药材 ［M］.北京：中国农业出版社.

王康才，赵伯涛.2001.中药材种养关键技术：五分册 ［M］.南京：江苏科学技术出版社.

王康才，徐德然.2002.中药材种养关键技术：六分册 ［M］.南京：江苏科学技术出版社.

翁榕安.2006.根茎类药用植物高效生产新技术 ［M］.北京：中国农业出版社.

肖培根.2002.新编中药志：第一、第二、第三卷 ［M］.北京：化学工业出版社.

姚宗凡.1989.常用中药种植技术 ［M］.北京：金盾出版社.

中国药材公司.1995.中国常用药材 ［M］.北京：科学出版社.

《浙江省农业志》编纂委员会.2003.浙江省农业志 ［M］.北京：中华书局出版社.

《浙江植物志》编辑委员会.1989—1993.浙江植物志：1～7卷 ［M］.杭州：浙江科学技术出版社.

詹若挺，徐鸿华.2002.41种根与根茎类药材加工 ［M］.广州：广东科学技术出版社.

张真.2002.绿色农产品生产指南 ［M］.北京：中国坏境科学出版社.

张真，胡一莉，潘兰兰.2007.浙八味中药材规范化生产技术 ［M］.北京：科学普及出版社.

张治国，俞巧仙，叶智根.2006.名贵中药–铁皮石斛 ［M］.上海：上海科学技术文献出版社.

附 录 （一）
丽水市中药材栽培模式表

1. 毛竹林下三叶青袋式仿野生栽培模式简表

月份	1月	2月	3月	4月	5月	6月	7月	8月	9月	10月	11月	12月
节气	小寒 大寒	立春 雨水	惊蛰 春分	清明 谷雨	立夏 小满	芒种 夏至	小暑 大暑	立秋 处暑	白露 秋分	寒露 霜降	立冬 小雪	大雪 冬至
三叶青	1. 低温休眠期，注意三叶青覆膜防止霜冻。2. 3年以上种植基地采挖。3. 2月底视植株抽芽前，追肥一次，使用水溶解复合肥后，灌根。		苗施腐烂熟肥或专用有机肥250~400千克，草木灰50千克磷肥50千克整理地块，畦之间开排水沟，使沟沟相通，排水良好。 选择材质为无纺布袋或底部有排水孔的塑料袋，每个容器2株定植，栽后压实，浇透定根水。		定植初期，每隔3~5天浇水一次，草木如发现缺苗，及时补苗，保持地面湿润，不积水，同时注意除草，保证袋式全。 采用0.4%氮磷钾，防治蚜虫，使用糖醋液防治蚜虫，可用50%甲基托布津可溶性粉剂800~1000倍液喷洒。		高温缓慢生长期和结果期，继续做好防旱排涝工作，同时防治病虫害，茎腐病可采用30%恶霉灵灌根2000~3000倍，6~7天/次，连续3次。 三叶青根腐病，用50%甲基托布津进行捕杀。		对于1年以上三叶青根处继续做好防旱排涝果园追肥，同上袋式栽培的透光率，使用水溶解复合肥后，对于3年以上袋式栽培的进行采挖，同时追肥一次，并进行灌根。		防止果园内三叶青，对于3年以上袋式栽培的进行采挖，具体视根表皮的颜色呈金黄色或褐色时可采收。	
管理主要内容	根据竹林密度，如果密度过大，进行过成熟竹材木不进行三叶青采收期间搭建遮阳网，注意留养竹笋，其合理科学施肥，活时通风，降湿。		如果竹林密度过小，前地管理，保持环境清洁，搭建遮阳网，同时注意进行除草，防治病虫害。		毛竹林要以满足三叶青的遮阴条件来进行调整。否则遮阴度太低，长时间的太阳光直射，三叶青不能存活。夏季阳光直射，竹林太稀考虑搭建遮阳网，梳理枝条。			对竹林的透光进行调照，遮阴挡光促进地下部分的生长，前期的行枝或稻草覆盖，遮阴网可以撤去。		减少竹林的透光率，冬天结冰前用稻草覆盖，以防种植的树或稻草覆盖，遮阴网可以撤去。	
毛竹林	种植沟。 其次采收期伐，以免损伤本竹下种植的竹苗，并在毛竹林下空地开挖，其次清理杂草，杂水清理杂草，活时通风，降湿。											防治台风天气对竹林的影响，合理施肥，注意竹林的中耕除草，做好排水防涝。

2. 果园下三叶青袋式仿野生栽培模式简表

月份	1月	2月	3月	4月	5月	6月	7月	8月	9月	10月	11月	12月
节气	小寒 大寒	立春 雨水	惊蛰 春分	清明 谷雨	立夏 小满	芒种 夏至	小暑 大暑	立秋 处暑	白露 秋分	寒露 霜降	立冬 小雪	大雪 冬至
管理主要内容 — 三叶青	1. 低温休眠期,注意三叶青覆膜防止霜冻害。2. 3年以上种植基地采挖。3. 2月底视植株抽芽前,追肥一次,使用水溶解复合肥后,灌根。		苗施腐熟粪栏肥或专用有机肥250~400千克,磷肥50千克,草木灰50千克整理地块,畦之间开排水沟,使沟与沟相通,排水良好。	选择材质为无纺布袋或底部有相水孔的塑料袋,每个容器2株定植,栽后压实,浇透定根水。	定植初期,每隔3~5天浇水一次,保持地面湿润,不积水,同时注意除草,防治蚜虫、蛴螬可以采用0.4%氯虫苯甲酰胺每亩2~3克。	检查袋式栽培苗的成活率,如发现枯苗、缺苗,及时补苗,保证袋式全苗,继续防治病虫害,使用糖醋液进行捕杀。	做好防旱排涝工作,尤其雨季,合注意,三叶青根腐病,用50%甲基托布津可溶性粉剂800~1 000倍液喷洒。	高温缓慢生长期和结果期,继续做好防旱排涝工作,同时防治病虫害,茎腐病可采用30%恶霉灵灌根2 000~3 000倍,6~7天次,连续3次。		对于1年以上袋式栽培果园的注意果园的透光率的同时追肥一次,并进行人工除草一次。	三叶青根处于膨大期,可以追肥,使用复合肥,用水溶解后灌根。	防止果园内三叶青冻害,对于3年以上袋式栽培的进行采挖,具体视根的颜色呈褐色,块根表皮呈金黄色可采收色时可采收。
管理主要内容 — 果园	越冬期,注意对果树的管理,有效的管理可以使得来年的挂果率增加。		注意果园的透光率调控,保持在45%~65%的程度。	加强生产场地管理,保持环境清洁,合理灌溉、科学施肥,适时通风、降湿。	不管是任何种园下套种,都要以满足三叶青的遮阴条件来进行整枝修剪,遮阴度大稀则三叶青没有产量,遮阴度太高,三叶青会因阳光太强而死亡。同时注意进行除草,防治病虫害。			防治台风天气对果园的影响,同时注意挂果期果园的管理,合理施肥,注意果园的中耕除草,做好排水防涝。		对果园进行整理,梳理枝条。	减少树体的遮阴增加光照,促进地下部分的生长。	冬天结冰前要对种植袋用稀疏的树枝或覆盖稻草进行覆盖保暖,以防治三叶青受冻。

133

3. 铁皮石斛附生梨树仿野生栽培模式简表

月份	1月	2月	3月	4月	5月	6月	7月	8月	9月	10月	11月	12月
节气	小寒 大寒	立春 雨水	惊蛰 春分	清明 谷雨	立夏 小满	芒种 夏至	小暑 大暑	立秋 处暑	白露 秋分	寒露 霜降	立冬 小雪	大雪 冬至

管理主要内容

铁皮石斛：

栽培后第二年采收期，采收至花蕾开花前。

1. 选择经炼苗一年后抗寒性强，无病虫害的石斛苗，将其植入苔藓基层，然后围绕树干自下而上一圈一圈地捆绑种植，上下圈间隔35厘米左右，每圈至少3丛，丛距8厘米左右，每丛3~5株。
2. 当多年生石斛花苞打开时，采集石斛花，防治石斛黑斑病。

种植后，每天喷水雾1次或2次，每次1~2小时，湿度保持在80%，防治叶枯病。注意虫害蚧壳虫防治，少量发生时，可用软牙刷等轻轻刷除，再用水冲洗干净。

高温干旱天气，应增加喷雾次数和时间，控制湿度在75%~90%，防治石斛非盲目病。

适度的光照能促进铁皮石斛的健壮生长，夏季在散射光条件下，树下和树室内温度保持在23~26℃。

视栽培情况，开始采收，一般栽培5年。

梨树：

先清理枯枝、病枝、虫枝，适当修剪，使树膛内空间开机肥，保证铁皮石斛附生梨树生长期，注意对梨园的水分、养分的控制，同时高温当修剪，并对主干进行刮皮处，以防止蚧壳虫上树为害铁皮石斛。

选择树龄在20年以上的翠冠梨为好，树龄越大树体表皮越粗糙，越适合于铁皮石斛附生。

深翻，施有机肥，保证铁皮石斛附生梨树有充足的生长天气注意防治病虫害。

对老梨树进行适当修剪，保证石斛光照，修剪过程中尽量减少对铁皮石斛的损坏，周围杂草清除。

清楚树皮上的虫明和粗老的树皮，周围杂草清除。

4. 铁皮石斛设施化栽培模式简表

月份	1月	2月	3月	4月	5月	6月	7月	8月	9月	10月	11月	12月
节气	小寒 / 大寒	立春 / 雨水	惊蛰 / 春分	清明 / 谷雨	立夏 / 小满	芒种 / 夏至	小暑 / 大暑	立秋 / 处暑	白露 / 秋分	寒露 / 霜降	立冬 / 小雪	大雪 / 冬至

设施化铁皮石斛管理主要内容：

- （1～2月）采收期，采收时注意应剪去部分老枝和枯枝，以及生长过密的茎枝，以促进新芽生长。防治炭疽病。

- （3～4月）栽种：选择合适的石斛幼苗（1～2年生），无病虫害，根系发达，萌芽多的1～2年生植株作为种株，每丛须有茎4～5枝，即可作为种株。栽种第二年施芽肥，除草一次，防治病害及蜗牛将嫩叶破坏。

- （5～6月）保持铁皮石斛环境湿润，适当浇水，切忌积水烂根，防治黑斑病、煤污病。防治叶枯病及石斛菲盾蚧，可采取剪除老枝叶片集中烧毁或捻死的办法进行防治。

- （7～10月）石斛生长期，注意施肥及除草，同时注意虫害蚧壳虫害根茎，用软牙刷等轻轻刷除，再用水冲洗干净。石斛根茎，除草时注意不要伤到石斛根茎，少量发生时，可用软牙刷等轻轻刷除，再用水冲洗干净。

- （11～12月）施保暖肥，主要为油饼、豆渣、牛粪、猪粪、肥泥加磷肥混合，量氮肥及少调匀，然后在其根部薄薄地糊上一层。开始采收铁皮石斛，注意栽种5～6年后进行翻蔸。

- 当多年生石斛花苞打开时，采集石斛花。

5. 锥栗林下套种多花黄精种植模式简表

月份	1月	2月	3月	4月	5月	6月	7月	8月	9月	10月	11月	12月
节气	小寒 大寒	立春 雨水	惊蛰 春分	清明 谷雨	立夏 小满	芒种 夏至	小暑 大暑	立秋 处暑	白露 秋分	寒露 霜降	立冬 小雪	大雪 冬至

管理主要内容

多花黄精

用2.5%敌百虫粉2~2.5千克或15%涕灭威颗粒剂1千克,加细土50千克,拌匀,防治小地老虎、蛴螬。现叶斑病及时对症。

注意病虫害,注意观察黄精出苗后出现花蕾初期,陆续将叶面喷施,使其养分向下遮阴情况。

黄精出苗后注意观察其养分向地下根茎积累,同时需要第一次追肥,下根据第二次追肥,同时第二次"喷施宝"等。

出现花蕾初期,陆续将叶面喷势,延续第三次喷施,使"黄金钾""海生素"三次追肥。

注意黄精生长势,延续第三次追肥。黄精生长期注意除草,培土,雨季及时排水,长期干旱时,进行浇灌,保持土壤湿润。及病虫害防治,同时注意不要避免伤至茎秆上叶片黄。

黄精生长期注意除草,追肥后第3年,栽后第3年,选择无病虫害、健壮根茎,芽眼向上放入穴中,覆土覆平。

霜降后挖取根茎,同时选择生长健壮的新鲜根茎作种。至完全脱落,无霜冻的天气,挖取根茎。

清理多余杂条的果木枝条,将郁闭的地块,清洁田园,消灭越冬病原。

(小地老虎、蛴螬) 防治小地老虎、蚜虫等。施提苗肥,防治小地老虎、蛴螬、蚜虫等稻绿虫。

锥栗

植苗,就近取苗,边起苗边栽,采用对棵外力干,二年生嫁接苗扶苗扶正,培土。

植苗后注意追肥管理,追肥一次,每株施复合肥(总养分≥40%)0.5~1.0千克,除去幼芽枝,从密生枝全部剪除,留下健壮的结果母枝。注意金龟子、栗大蚜、象冠高,科学负载。

开花期注意夏季挂果期施肥,每株施复合肥(总养分≥40%)0.5~1.0千克。注意花病虫叶,一旦发现,立即根据害虫发生情况,喷药防治。

除草,松土,施肥。间作干总苞呈黄后,每两年于行间进行1次深翻,除草,松土;同时色并自然开裂,坚果呈干褐色和红褐色并具光泽时,适时分批采收。

清园:冬季刮净枝干上的栗大蚜卵,挖净树皮缝隙中的栗干枯卵,刮除干腐病的枝干病灶,清除锥栗林的枯枝、病枝、机械损伤枝,将锥栗透光率控制在30%~40%。上的栗大蚜卵,抹除枝干上的翘皮。

注意夏季锥栗的修剪,降低树冠高,并促进幼龄树成形,科学负载。

6. 黄精套种玉米栽培模式简表

月份	节气	管理主要内容（多花黄精）	管理主要内容（玉米）
1月	小寒 大寒	用 2.5% 敌百虫粉 2~2.5 千克或 15% 毒·辛颗粒剂 1 千克，加细土 50 千克拌匀，防治小地老虎、蝼蛄。	鲜食甜玉米育苗期，注意对苗床进行温度和水分观察。如果肥团土表干旱应当适当补充水分，并保持土壤湿润，以利于出苗整齐。
2月	立春 雨水	注意病虫害，同时注意观察黄精幼苗的生长，出现叶斑病及时对症。	
3月	惊蛰 春分	黄精出苗后注意观察林下遮阴情况。同时需要第一次追肥，施提苗肥。防治小地老虎、蚜虫等虫害。	玉米苗达 3 叶 1 心时，即可移栽，注意施肥。苗期用尿素对清废水施用。
4月	清明 谷雨	出现花蕾初期，陆续将其去除，使其养分向地下根茎积累。同时第二次追肥，防治棉铃虫。	栽苗成活后要及时查苗、补苗，换去弱小苗，保证苗齐、苗全、苗壮，施攻苞肥。
5月	立夏 小满	第三次追肥，叶面喷施"黄金钾""海生素""喷施宝"等。	中耕培土，攻粒肥，注意病虫害防止尤其是锈病、纹枯病和玉米螟防治。
6月	芒种 夏至	注意黄精长势，延续第三次追肥。	当玉米苞叶开始发黄，籽粒变硬时即可收获。
7月	小暑 大暑	黄精生长期注意除草及病虫害防治。同时注意除草、培土，注意不要避免伤根。雨季及时排水。长期干旱时，进行浇灌，保持土壤湿润。	
8月	立秋 处暑		及时拔除玉米植株，便于中耕除草。
9月	白露 秋分	栽后第 3 年，至第 4 年，茎秆上叶片完全脱落，无雨，无霜冻的天气，挖取带土黄精根茎；同时选取健壮根状茎作种苗。	黄精管理期，春季甜食玉米已采收完毕，注意清除春季甜食玉米的结秆，防治二次污染温棚金种植地，清理结秆，可将玉米秸秆粉碎用于土壤肥料增加使用，合理配置群体，有效改善了黄精和玉米的通风透光条件，提高了光能利用率，充分发挥边行优势的增产作用。
10月	寒露 霜降	选择无病虫害、健壮根茎，上放入穴中，芽眼向上，用土覆平。	
11月	立冬 小雪	清理多余的果木枝条，杂草、枯枝等，将郁闭度调控在 0.6~0.7。对收获后的地块，清洁田园，将枯枝病残体集中烧毁，消灭越冬病原。	
12月	大雪 冬至		

137

7. 浙贝母-单季稻水旱轮作栽培模式简表

月份	1月	2月	3月	4月	5月	6月	7月	8月	9月	10月	11月	12月
节气	小寒 大寒	立春 雨水	惊蛰 春分	清明 谷雨	立夏 小满	芒种 夏至	小暑 大暑	立秋 处暑	白露 秋分	寒露 霜降	立冬 小雪	大雪 冬至
时期	上旬 中旬 下旬	上旬 中旬 下旬	上旬 中旬 下旬	上旬 中旬 下旬	上旬 中旬 下旬	上旬 中旬 下旬	上旬 中旬 下旬	上旬 中旬 下旬	上旬 中旬 下旬	上旬 中旬 下旬	上旬 中旬 下旬	上旬 中旬 下旬
贝母物候期	出苗	茎叶生长期		鳞茎膨大开花结果	采收加工期	种子休眠越夏期			种子萌动期	播种期	种子发根发芽期	种子休眠储藏期
水稻生育期	种子休眠储藏期				播种	秧苗期 / 移栽	分蘖期	拔节孕穗期	抽穗扬花期	灌浆结实期 / 收获期	种子休眠储藏期	

农事管理要点

（2月）
1. 做好清沟排水工作。
2. 人工拔除杂草。

（3月）
1. 齐苗后施10千克/亩尿素。
2. 人工拔除杂草。

（4月）
1. 贝母茎叶施10千克/亩尿素，促鳞茎膨大。
2. 选择晴天将顶端切片烘干6~10厘米。
3. 在3月下旬用喷射1:1:100的波尔多液，7~10天1次，连续3次防治灰霉病、黑斑病。
4. 发病初期用50%多菌灵800倍液或40%乙磷铝250倍液喷雾治疗。

（5~6月）
1. 贝母茎叶枯萎后立即采收，无硫过磷酸钙30千克，切片烘干，密封干燥储存待售。
2. 水稻培育壮秧，秧龄在21~25天移栽。
3. 移栽前亩用尿素10千克。
4. 用30%丁苄可湿性粉剂每亩80毫升防治纹枯病。

（6~7月）
1. 大田施基肥：每亩施尿素15千克，氯化钾12.5千克。
2. 在80%够苗时搁田。
3. 用20%三唑磷75~100毫升或40%毒死蜱100毫升防治螟虫及稻纵卷叶螟。

（8~9月）
1. 亩施尿素12.5千克。
2. 稻龄100毫升或40%毒死蜱100毫升防治稻曲病。
3. 用25%稻瘟净30克防治稻瘟病。
4. 用5%井冈霉素400克+钙镁磷肥50千克作基肥。

（9~10月）
1. 用5%井冈霉素400毫升或20%三唑酮乳油75毫升加水50千克防治稻曲病。
2. 稻谷成熟度90%~95%时收割单季稻。
3. 翻耕作畦播种浙贝母，播前施土杂肥料2000千克+饼磷肥200千克/亩或焦泥灰500千克/亩作基肥。

（11~12月）
1. 12月中旬用除草剂进行一次除草。
2. 浇施1000千克/亩人类尿。

8. 浙贝母-甜玉米轮作栽培模式简表

月份	1月		2月		3月		4月		5月		6月		7月		8月		9月		10月		11月		12月	
节气	小寒	大寒	立春	雨水	惊蛰	春分	清明	谷雨	立夏	小满	芒种	夏至	小暑	大暑	立秋	处暑	白露	秋分	寒露	霜降	立冬	小雪	大雪	冬至
时期	上旬	中下旬	上旬	中下旬	上旬	中下旬	上旬	中下旬	上旬	中下旬	上旬	中下旬	上旬	中下旬	上旬	中下旬	上旬	中下旬	上旬	中下旬	上旬	中下旬	上旬	中下旬
贝母生育期	出苗		茎叶生长期			鳞茎膨大开花结果期			采收加工期		种子休眠越夏期						种子萌动期		播种期				种子发根发芽期		
玉米生育期	种子休眠储藏期					播种	苗期	移栽	营养生长期		拔节	穗期	鲜玉米收获	老玉米收获期			种子休眠储藏期							

农事管理要点

1~5月（贝母）

1. 做好清沟排水工作。
2. 人工拔除杂草。
1. 齐苗后施苗肥 10 千克尿素。
2. 人工拔除杂草。
1. 贝母施 10 千克/亩尿素促鳞茎膨大。
2. 选择晴天将顶端 6~10 厘米的花穗摘除。
3. 在 3 月下旬 1:1:100 波尔多液，7 天 1 次，连续 3 次防治灰霉病、黑斑病。
4. 发病初期用 50%多菌灵 800 倍液或 40%乙磷铝 250 倍液喷雾治疗。
5. 玉米催芽播种，密度 2 800 株/亩，施用复合肥 40 千克/亩；用 1.8%阿维菌素 10 千克/亩对水喷雾防治地老虎。
1. 贝母茎叶枯萎后立即采收，无硫切片片烘干，待售。
2. 玉米苗期使用碳铵 20 千克/亩对水追肥。拔节前用尿素 15 千克/亩对水浇施促进拔节，雄花抽出前施复合肥 25 千克/亩作穗粒肥。用 1%维盐防治玉米螟，用 10%吡虫啉 10 克/亩治蚜虫。25%三唑酮 1 500 倍液治锈病。
3. 雌穗花丝变黑时收获甜玉米。

7~8月（老玉米）

老玉米收获、兑粒、晒干、储藏。

9~12月（播种期）

1. 翻耕作畦播种贝母。
2. 播种前施杂肥料 2 000 千克+饼肥 200 千克+钙镁磷肥 50 千克或焦泥灰 500 千克/亩作基肥。
1. 12 月中旬用除草剂进行一次除草。
2. 浇施 1 000 千克/亩人粪尿。

9. 薏苡西瓜-荷兰豆套种栽培模式简表

月份	1月	2月	3月	4月	5月	6月	7月	8月	9月	10月	11月	12月
节气	小寒 大寒	立春 雨水	惊蛰 春分	清明 谷雨	立夏 小满	芒种 夏至	小暑 大暑	立秋 处暑	白露 秋分	寒露 霜降	立冬 小雪	大雪 冬至
时期	上 中 下	上 中 下	上 中 下	上 中 下	上 中 下	上 中 下	上 中 下	上 中 下	上 中 下	上 中 下	上 中 下	上 中 下
薏苡 生育期（物候期）	种子储藏期	种子储藏期	花荚期	播种 育苗期	移栽 茎蔓生长期	分蘖和营养生长期	开花结果期	拔节孕穗期	开花结实期	收获期	晒种期	种子储藏期
西瓜 生育期	种子储藏期	种子储藏期	种子储藏期	播种期	育苗期 移栽	茎蔓生长期	开花结果期	采收期	种子储藏期	种子储藏期	种子储藏期	种子储藏期
荷兰豆 生育期	长苗期	茎蔓生长期	花荚期	采收期	种子储藏期	种子储藏期	种子储藏期	种子储藏期	种子储藏期	晒种期	播种期	长苗期

农事管理要点

1. 薏苡种子消毒，将种子浸泡在60~65℃的温水中10~15分钟，捞出种子用湿布包好，用重物压沉入5%的生石灰水里浸泡24~48小时，取出以清水漂洗后播种，翻地施入土肥130~200千克/亩，亩施重肥翻细整平后播种。
2. 施荷兰豆花肥，结荚肥，亩追施磷酸二氢钾100克加硼砂50克加水50千克，苗追施磷酸二氢铵50千克/亩，用的药剂为素籽饼。
3. 立170-180厘米长的竹竿架，引蔓上架。
4. 及时分批采收荷兰豆。
5. 西瓜排拱棚营养钵育苗，做好移栽。

1. 瓜地每隔7天追施1次人，薏苡结合中耕除草施肥，共2~3次。第一次中耕除草时，亩施人畜粪尿1500~2000千克/亩或过磷酸钙50千克/亩；第二次施肥30~50千克/亩，在开花结果根外喷施2%的磷酸二氢钾用复合肥一次，亩施硫酸钾10千克，50千克/亩腐熟。第三次的磷酸二氢钾溶液1%。
2. 西瓜坐果实鸡蛋大津口大时，分别每亩施复合肥25千克。
3. 及时分批采收西瓜。

1. 薏苡人工辅助授粉：摇动植株，使花粉传播到雌花，3~5天一次，直至扬花结束为止。
2. 荷兰豆花粉传播。

1. 薏苡发病初期喷施1:1:100波尔多液，或用65%可湿性代森锌500倍液防治薏苡叶枯病，喷施1 Bt乳剂防治薏苡叶枯病，喷施玉米螟。
2. 荷兰豆播种前开沟深施有机肥每亩磷酸钙20~30千克或复合肥10~15千克，整平畦面待播荷兰豆。
3. 苗施5千克尿素或结合中耕除草一次。

1. 薏苡脱粒后晒干，或烘干，进行贮藏。
2. 荷兰豆播种，播后亩施薏苡株间间作或六播，播后亩用丁草胺3两亩封病。
3. 苗施5千克尿素，或结合中耕除草一次。

10. 薏苡油菜轮作栽培模式简表

月份	1月	2月	3月	4月	5月	6月	7月	8月	9月	10月	11月	12月
节气	小寒 大寒	立春 雨水	惊蛰 春分	清明 谷雨	立夏 小满	芒种 夏至	小暑 大暑	立秋 处暑	白露 秋分	寒露 霜降	立冬 小雪	大雪 冬至
时期	上中下旬	上中下旬	上中下旬	上中下旬	上中下旬	上中下旬	上中下旬	上中下旬	上中下旬	上中下旬	上中下旬	上中下旬
薏苡物候期	种子储藏期	种子储藏期	抽苔期	播种期	秧苗期	分蘖和拔节营养生长苗期	分蘖和拔节营养生长苗期	种子储藏期	开花结实期	收获期	晒种期	种子储藏期
油菜生育期	春发营养生长期	春发营养生长期	抽苔期	开花期	荚果期 采收期	采收期	种子储藏期	种子储藏期	播种期	秧苗期	移栽	壮苗期

农事管理要点

1月—2月：
1. 苗期防冻，油菜畦面上盖覆盖稻秆 200~300 千克。
2. 田间清沟排水。
3. 施苔肥一次。

3月：
1. 薏苡种子消毒，将种子浸泡在 60~65℃的温水中 10~15 分钟，捞出种子用布包好，用 5%的生石灰水浸泡 24~48 小时，取出后以清水漂洗，翻后播种；薏苡人土肥地施人土肥耙细整平后待播种。
2. 油菜用 10%吡虫啉可湿性粉剂 3000 倍液或 40%乐果乳剂 3000 倍液喷雾防治蚜虫。

4月—5月：
1. 清沟排水。
2. 始花期用 58%瑞毒霉可湿性粉剂 200~400 倍液或 65%代森锌 500 倍液喷雾防治霜霉病、菌核病。
3. 油菜喷施 0.4%硼砂。
4. 薏苡播种育苗。

6月—8月：
1. 薏苡结合中耕除草施肥 3 次：第一次中耕除草时，过磷酸钙 50 千克/亩加硫酸铵 10 千克/亩；第二次用复合肥 30~50 千克/亩；第三次在开花前于根外喷施 1%~2%的磷酸二氢钾溶液，磷酸二氢钾用量掌握在 1~1.5 千克/亩。
2. 全田 80%左右角果呈现淡黄色，主轴大部分角果籽粒呈现出黑褐色即收获油菜。

9月：
1. 薏苡人工辅助授粉；摇动植株，使花粉传播到雌花上，3~5 天一次，直至扬花结束为止。
2. 发病初期喷 1:1:100 波尔多液，或用 65%可湿性代森锌 500 倍液防治薏苡枯病；喷施 1 Bt 乳剂防治薏苡黏虫和玉米螟。
3. 油菜播种育苗。

10月—11月：
1. 秧苗期肥水管理。
2. 喷酒一次 50%多菌灵或 70%甲基托布津可湿防治霜霉病、菌核病。
3. 油菜移栽。

12月：
1. 在杂草 2~3 叶期、油菜 6~8 叶期每苗用 15%的阔草苗克 100 毫升对水 40 千克喷雾防除。
2. 中耕 2 次，苗用人畜粪 800 千克加尿素 2~3 千克浇施作提苗肥，12 月中下旬对油菜田追施腊肥，每苗用人畜腊肥、厩肥 1 500 千克施于油菜行间。

11. 青钱柳套种旱稻栽培模式简表

月份	1月	2月	3月	4月	5月	6月	7月	8月	9月	10月	11月	12月
节气	小寒 大寒	立春 雨水	惊蛰 春分	清明 谷雨	立夏 小满	芒种 夏至	小暑 大暑	立秋 处暑	白露 秋分	寒露 霜降	立冬 小雪	大雪 冬至

管理主要内容

青钱柳：

山坡地宜按每行大于1.5米标准做水平带，内做竹节沟，防止水土流失。多年生青钱柳处于生长期，注意观察青钱柳长势，做到精定根水。苗高20~50厘米，地方有条件的铺草覆盖，注意枝高，促进出圃移栽，注意浇水追肥。选择健壮无病虫，除草，并培土5~7厘米附近开始打顶以控制苗座控高，提高产量，注意排枝，注意排水防虫害地老虎。苗高达到2米，采用200毫升/克多效唑控制苗高，控制苗座控高，提高产量，注意预防青钱柳地老虎。如果长势过旺，采用轻修剪7天喷0.5%~1%波尔多液；发病前每7天喷0.5%~1%波尔多液，发病时，用70%甲基托布津松粉剂500份水溶液喷施。注意病害青枯病立枯病发生，防止积水。进行一次深翻耕，促使土壤风化，降低病虫基数，挖坑约50厘米，降低病虫基数，施足基肥。

旱粮（旱稻）：

整地时施入，每亩施用腐熟厩肥2 000~2 500千克，或用饼肥100千克。青钱柳生长期，旱稻未种植期。适合采收的青钱柳开始采收期至落叶为止。整平耙细，除尽杂草，浇透底墒水，采取分厢做畦，精细播种，耕整前每亩盖土2~3厘米厚，注意防治二化螟。旱稻种植，清除杂草，防止影响旱稻产量，同株穗大粒多，注意防治稻纵卷叶螟、稻飞虱。及时补充水"山糯谷"生育期在165~170天，及时收货的对青钱柳的生长保护。家肥1 000千克，氮磷钾复合肥15~25千克。越冬。

12. 西红花-水稻轮作种植模式简表

月份	1月		2月		3月		4月		5月		6月		7月		8月		9月		10月		11月		12月	
节气	小寒	大寒	立春	雨水	惊蛰	春分	清明	谷雨	立夏	小满	芒种	夏至	小暑	大暑	立秋	处暑	白露	秋分	寒露	霜降	立冬	小雪	大雪	冬至
时期	上/中/下旬		上/中/下旬		上/中/下旬		上/中/下旬		上/中/下旬		上/中/下旬		上/中/下旬		上/中/下旬		上/中/下旬		上/中/下旬		上/中/下旬		上/中/下旬	
西红花物候期	贮藏根生长期				球茎增大期				球茎收获期		球茎室内萌芽期						球茎抽芽期				开花期		球茎休眠期	
水稻生育期	种子休眠储藏期								播种 秧苗期		移栽		分蘖期		拔节孕穗期		抽穗扬花		灌浆结实期		收获期		种子休眠储藏期	

农事管理要点

西红花：

1. 追肥：1月中旬施追肥，2月上旬看苗施第二次追肥，2月初至3月初进行根外追肥。
2. 灌溉：栽种后应保持土壤湿润，春季雨水多时田间应及时清沟排水。
3. 除草：杂草及时手工拔除，除草时不宜翻动叶片。

1. 结合除草及时抹除球茎四周长出的侧芽。
2. 4月中旬西红花老叶正常转黄后停止除草。
3. 及时清沟排水。
4. 防治细菌性腐烂病、枯萎病等。

1. 西红花地上部分完全枯黄时全部收获。选晴天开沟，土壤较干燥时收获。
2. 水稻培育壮秧，移栽前用尿素作起身肥。

1. 西红花室内球茎整理，分级摊放；控制好室内温度、湿度和光度。
2. 6月中旬至7月水稻田施基肥；秧龄在21~25天后移栽；移栽后7~10天施尿素10千克；用30%丁草胺可湿性粉剂每亩80克除草。7~9月防治稻纵卷叶螟、稻虱，稻瘟病以及防治纹枯病等水稻病虫害。

1. 9月初球茎萌芽后，根据芽的长度调控室内光线强度，即芽过长要增加遮要经常上下左右互换位置。
2. 留芽、抹侧芽。
3. 开花期注意光、温、湿调控。
4. 10月底至11月中旬前采花与烘干。
5. 水稻收割。

采花结束后球茎返大田种植；施足基肥。

143

13. 西红花-稻鱼共生轮作高效种养模式简表

月份	1月	2月	3月	4月	5月	6月	7月	8月	9月	10月	11月	12月
节气	小寒	立春	惊蛰	清明	立夏	芒种	小暑	立秋	白露	寒露	立冬	大雪
	大寒	雨水	春分	谷雨	小满	夏至	大暑	处暑	秋分	霜降	小雪	冬至

主要内容

西红花

（1—2月）
1. 追肥：1月中旬施追肥，2月上旬看苗施第二次追肥，2月中旬至3月初进行根外追肥。
2. 栽种后应保持土壤湿润，春季雨水多时田间应及时清沟排水。
3. 除草：杂草及时清除，除草时不宜翻动叶片。

（3—4月）
1. 结合除草及时抹除球茎四周长出的侧芽。
2. 4月中旬西红花老叶正常转黄后停止除草。
3. 及时清沟排水。
4. 防治细菌性腐烂病、枯萎病等。

（5月）西红花地上部分完全枯黄时选晴天和土壤较干时收获。

（6—7月）西红花室内球茎整理；分级摊放，约20天后上匾；控制好室内温度、湿度和光度。

（8—9月）
1. 9月初球茎萌芽后，根据芽的长度调控至室内光线强弱，即芽过长要增加匾要经常上下左右互换位置。
2. 留芽，抹侧芽。
3. 开花期注意光、温、湿调控。
4. 10月底至11月中旬前采花与烘干。

（11—12月）采花结束后球茎返大田种植；施足基肥。

稻

1. 西红花采挖后搞好耕整，出水口和拦鱼设备，建进水口投饲抗病育苗大棚。
2. 水稻施肥跟普通种植水稻相比，化肥施用量减少50%，适当增加有机肥，创造以利于微生物生长的田间环境，培育水生浮游生物、昆虫等鱼类饵料。
3. 水稻病虫草害防治时，化学农药的使用量减少50%，一般整个生育期用药1次或2次。

鱼共生

1. 稻田周围田埂要加高、加宽、加固，也可用水泥硬化。
2. 选择青田鱼作稻鱼共生鱼种。
3. 在3月集中投放冬片鱼种，要选择鱼体光滑健壮、鳞片完整，体长10厘米左右的冬片鱼种，鱼种先喂以精饲料，集中一至二亩田培养。

管理

1. 保持水源和大田内水质清洁，水体溶氧量要保持3毫升/升以上，活水养鱼，增强鱼体的抗病能力。
2. 粗精搭配，科学投饲，坚持勤巡回，做好"六防"（防旱、防涝、防逃、防盗、防敌害、防鱼病）工作。
3. 做好鱼体消毒和病害预防，耕耘田后将集中离养的鱼苗分放到全田饲养。

14. 元胡-单季稻水旱轮作模式简表

月份	1月	2月	3月	4月	5月	6月	7月	8月	9月	10月	11月	12月
节气	小寒 大寒	立春 雨水	惊蛰 春分	清明 谷雨	立夏 小满	芒种 夏至	小暑 大暑	立秋 处暑	白露 秋分	寒露 霜降	立冬 小雪	大雪 冬至
时期	上中下旬	上中下旬	上中下旬	上中下旬	上中下旬	上中下旬	上中下旬	上中下旬	上中下旬	上中下旬	上中下旬	上中下旬
元胡物候期	种子发根发芽期	出苗 / 茎叶生长期	茎叶生长期	地下茎生长期、开花期	采收加工期	种子休眠越夏期	种子休眠越夏期	种子休眠越夏期	种子萌动期	播种期	种子发根发芽期	种子发根发芽期
水稻生育期	种子休眠储藏期	种子休眠储藏期	种子休眠储藏期		播种 / 秧苗期	秧苗期 / 移栽	分蘖期	拔节孕穗期	抽穗扬花	灌浆结实期	收获期 / 种子休眠储藏期	种子休眠储藏期

农事管理要点：

1月：
1. 做好清沟排水工作。
2. 人工拔除杂草。

2月：
1. 齐苗后施苗肥。
2. 人工拔除杂草。

3~4月：
1. 追肥。
2. 灌溉与排水。春季雨水多防积水。
3. 做好霜霉病、菌核病等病害防治。

5月（元胡）：
1. 元胡茎叶枯萎后立即采收，立即采收，切片烘干干燥储存待售。
2. 水稻培育壮秧，移栽前用尿素起身肥。

6~7月（水稻）：
1. 水稻田施基肥，秧龄在21~25天移栽。
2. 移栽后7~10天追施尿素10千克。
3. 用30%丁苄可湿性粉剂每亩80克除草。

8~9月：
防治螟虫及纵卷叶螟、稻虱以及防治纹枯病等水稻病虫害。

9~10月：
1. 防治稻曲病。
2. 收割单季稻。
3. 翻耕作畦、选种、播种元胡，施足基肥。

11月：
封杀杂草，施腊肥。

15. 元胡-芋艿套种模式简表

月份	1月	2月	3月	4月	5月	6月	7月	8月	9月	10月	11月	12月
节气	小寒 大寒	立春 雨水	惊蛰 春分	清明 谷雨	立夏 小满	芒种 夏至	小暑 大暑	立秋 处暑	白露 秋分	寒露 霜降	立冬 小雪	大雪 冬至
时期	上旬 中旬 下旬	上旬 中旬 下旬	上旬 中旬 下旬	上旬 中旬 下旬	上旬 中旬 下旬	上旬 中旬 下旬	上旬 中旬 下旬	上旬 中旬 下旬	上旬 中旬 下旬	上旬 中旬 下旬	上旬 中旬 下旬	上旬 中旬 下旬
物候期（元胡）	种子发根期	出苗 茎叶生长期		地下茎生长期，开花期	采收加工期		种子休眠越夏期		种子萌动期	播种期	种子发根发芽期	
生育期（芋艿）	休眠期	球茎萌发期	幼苗期			发棵期，球茎膨大期			成熟采收期	播种期	休眠期	

农事管理要点

元胡

1. 做好清沟排水工作。
2. 人工拔除杂草。

1. 齐苗后施苗肥。
2. 人工拔除杂草。

1. 追肥。
2. 灌溉与排水，春季雨水多防积水。
3. 做好霜霉病，菌核病等病害防治。

1. 元胡茎叶枯萎后立即采收，无硫芋艿苗追肥，切片烘干，密封干燥储存待售。
2. 芋艿田灌水，保持田间湿润，间歇轻烤水养根；墒干松时采挖。

1. 6月中旬芋艿追施芋艿苗肥，做好病虫害防治。30～40千克。

1. 立秋前后，在土时播种，先播元胡；沟覆平后播元胡，施足基肥。
2. 元胡和芋艿同时播种，先播种芋，播后元胡株地，同时结合芋艿还克。元封杂草，施腊肥。

16. 处州白莲套养泥鳅生态高效种养模式简表

月份	1月	2月	3月	4月	5月	6月	7月	8月	9月	10月	11月	12月
节气	小寒 大寒	立春 雨水	惊蛰 春分	清明 谷雨	立夏 小满	芒种 夏至	小暑 大暑	立秋 处暑	白露 秋分	寒露 霜降	立冬 小雪	大雪 冬至
处州白莲 管理主要内容	越冬期		栽种前将猪牛栏肥2 000千克或鸡鸭肥500千克深翻入土，进行耕、耙、整平。	挖穴15~20厘米，将藕斜放穴中种，并及时补数，顶芽朝下覆土，尾部朝露出水面，以防灌水烂藕。	及时检查是否有浮苗，并及时补数力争全苗，并施苗肥。（进行一次中耕，勿翻藕种旁边的泥土。）	第二次中耕，注意不要翻动藕种旁边的泥土；重施膏肥，注意莲腐败病。	注意不能断水，有利于结实，注意叶斑病防治。	注意防治斜纹夜蛾、福寿螺等虫害，防止台风大雨导致莲田水漫。	莲蓬出现浓褐色花斑，莲子种皮变褐色时，莲子与莲蓬孔稍分离时采摘。		白莲越冬，深耕晒垡，一次施足有机肥，基肥占总施肥量的80%以上。	
泥鳅 管理主要内容	做好越冬期间田间管理，夯实田埂和田底，并在莲田周围加装围网。				放养泥鳅苗，密度为泥鳅1万~2万尾/亩，并于前两周喂粉料，防治红鳍病、水霉病。		日投饲量为每亩2.5~3千克，分4次投喂，防治白鳍病。	观察泥鳅的成长情况，早晚巡视，观察鱼群的摄食、活动、水质，水位变化情况，设置饲料台，适时发现破漏应及时修整；以配合饲料，适时投入肥料；防治肠炎病；一般在冲泥采藕前，放置地笼捕获泥鳅上市。			越冬	

147

17. 菊米-油菜轮作栽培模式简表

月份	1月	2月	3月	4月	5月	6月	7月	8月	9月	10月	11月	12月
节气	小寒 大寒	立春 雨水	惊蛰 春分	清明 谷雨	立夏 小满	芒种 夏至	小暑 大暑	立秋 处暑	白露 秋分	寒露 霜降	立冬 小雪	大雪 冬至

管理主要内容

菊米：

越冬期，注意整地，杀死病菌。

每亩施用腐熟厩肥2 500千克，或用干厩肥100千克，或用饼肥100千克，为冬捕苗行整地。冬捕菊苗4月上旬出圃的大田进行移栽，移栽整地，施足基肥的前提下，深耕25厘米，行距50~60厘米，精细平整作畦。

对砂质土壤夏捕菊苗6月下旬出圃当苗高30厘米，进行修剪，促进菊苗打顶，夏捕每穴1株或2株。除草并培土。

冬捕菊打顶，早排涝。梅雨季节注意排水。

长势过旺的，可于8月上旬每亩施用150千克兑水的夏捕水人粪尿，注意减少，注意防氮、磷、钾（N、P、K）复合肥。

注意追肥，菊米采收每亩使用100~进行第一批采完毕，分批按成熟采收一批。

基本采收完毕，使降低病虫基数。深翻耕，促使土壤风化，降低病虫基数。

油菜：

移栽活棵后中耕松土，以利于通气为主，配合施肥。

应及时进行中耕松土、施厩肥、泥，饼肥为主，用一定量的草木灰，过磷酸钙，苗季防治。增强土壤供肥能力，增湿，增温，以利于通气为主，配合施肥，降湿，增温，肥能力，促进根系发育。

饼肥为25厘米或始花期可用58%瑞毒霉可湿性粉剂200~400倍液；65%代森锌1 000倍液喷雾防治。防治油菜霜霉病、油菜菌核病、油菜病毒病。

油菜苔等夏收作物地在收获后要立即翻耕施肥平整，准备进行菊米的轮作种植。

油菜收割后，清理结秆，培土，有效改善土壤肥力，有利于菊米的生长。

选择高产高含量好的油菜品种，于10月上、中旬播种，培育大壮苗。

将播种育苗及时保持排水通畅，土壤上覆盖油菜，移栽至菊米畦面上覆盖，结草，撒施草木灰，除草。

18. 金银花套种大豆（马铃薯）循环生产栽培模式简表

月份	1月	2月	3月	4月	5月	6月	7月	8月	9月	10月	11月	12月
节气	小寒 大寒	立春 雨水	惊蛰 春分	清明 谷雨	立夏 小满	芒种 夏至	小暑 大暑	立秋 处暑	白露 秋分	寒露 霜降	立冬 小雪	大雪 冬至
管理主要内容 — 金银花	萌芽后，施入土杂肥5千克，配施一定的氮肥和磷肥，氮肥可用尿素50~100克，磷肥可用过磷酸钙150~200克；注意防治炭疽病和锈病发生，清除残株病叶，集中烧毁。			做好清沟排水工作，雨水过多会影响幼嫩花蕾为破裂，防治蚜虫发生。	采收第一茬花后，追肥一次，以氮肥和磷肥为主，结合浇水进行，防治白粉病和炭疽病。	最后一茬花采收完毕后，用经高温沤制过的有机肥为主作基肥，全园撒施，同时修剪一次，注意防涝防旱。	选择2~3年苗，茎秆粗壮，节间短，苗高50厘米以上进行栽种，栽后踏实，浇足水，待水阴干后封土，略高于地面。	搭建棚架有利于主枝生长，修剪枝条弱小枝条，防病虫害。	进行最后一次夏剪，防治褐斑病发生，剪除病叶，然后用1:1.5:200波尔多液喷雾。	进行冬剪，结合整形进行，为丰产打下基础；自然圆头形留一个主干，伞状形留3个主干，每个主干上部留花条3~5个，个个剪去上部，其他枝条全部剪去。	金银花越冬期，做好冬季清园，可以有效防止金银花虫害发生。	
管理主要内容 — 马铃薯	播种，每亩施土肥1000千克，深耕后打磨平整，马铃薯用大薯切块栽植。	马铃薯出苗后，注意防治蚜虫。	做好防冻工作，扶苗时尽量少拉破地膜，在破膜口边上压土，保温保湿。	齐苗后，灌头水，现蕾期灌二水并结合灌水追肥磷酸二铵和尿素各10千克。	开花后以及块茎进入膨大期小水灌溉，保持土壤湿润，有利于块茎膨大。	中下旬采挖，准备上市，采收后将秸秆均匀埋入土中。	选择薯形规整，具有本品种典型特征，薯皮光滑，色泽鲜明的健康薯作种，马铃薯生长期结束，秸秆作为肥料供金银花培肥，尿素20千克，熟鸡粪250千克，硫酸钾高效复合肥25千克，过磷酸钙50千克，播种前再施播种时防治地下害虫。					
管理主要内容 — 大豆	土地翻耕时，用碳酸氢铵50千克/亩，过磷酸钙40千克和钾肥7千克作为基肥。		播种春大豆，用碳酸氢铵50千克/亩，出苗后及时破膜炼苗，晴天应揭开拱膜两头通风。	播种时保持土壤疏松，出苗后及时破膜炼苗，晴天应揭膜，施复合肥。	适当密植，注意排沟清水，治合肥料防虫。	鲜荚八成饱满即可采收，秸秆还田。	大豆种植结束，将秸秆还田，为金银花提供物料支持。			根据实际情况，将秸秆还田，均匀埋入土中，改善土壤养分，为金银花提供物料支持。		

19. 梨园-柳叶腊梅间作栽培模式简表

月份	1月	2月	3月	4月	5月	6月	7月	8月	9月	10月	11月	12月
节气	小寒	大寒 立春	雨水 惊蛰	春分 清明	谷雨 立夏	小满 芒种	夏至 小暑	大暑 立秋	处暑 白露	秋分 寒露	霜降 立冬	小雪 大雪 冬至
柳叶蜡梅	柳叶蜡梅休眠期				柳叶蜡梅生长期							

管理主要内容

柳叶蜡梅

扦插生根苗剪去植株下部侧枝和叶片后放入定植穴。定植应避开中午高温强光时，每穴施入有机肥1~2千克，并与土拌匀，栽植时，根系舒展，泥土压实，浇足定根水。

进行栽种前期整地工作，全垦整地，坡度在10°以上的地段。可开垦成水平带，按株行距（株距1.1~1.3米，行距1.3~1.5米）挖好定植穴，穴径40厘米，深40厘米。

栽种初期，种植时遇干旱季节应浇水保苗，苗木定植时施腐熟有机肥500千克，同时注意白蚁的防治，用10%吡虫啉150倍液+苏云金杆菌IAA2000毫克/升在插穗基部速浸10秒，按株行距5厘米×10厘米扦插到珍珠岩插床上。

翌年3~4月，植后注意白蚁的防治，用10%吡虫啉150倍液+苏云金杆菌40倍液喷杀。翌年3~4月补菌40倍液喷杀，及时补苗。

（翌年）5月采摘后，修剪留茬高度40厘米，并施有机肥。

（8~9月可进行育苗）选择生长健壮无病虫害的一年生枝条，剪成具有2~3对叶的插穗，扦插前用激素处理，注意遮光。

注意育苗期选择生长健壮无病虫害的一年生枝条，剪成具有2~3对叶的插穗，扦插前用激素，注意遮光。

采收柳叶蜡梅，及时施肥，每次有机肥300千克。

冬季注意修剪枝条，株距留40厘米，行距留15~18厘米距离留1个花芽以每厘米×10厘米扦插到珍珠岩若插床上。

采收柳叶蜡梅叶，及时施肥，每次有机肥300千克。注意修剪梅叶，及时修剪，第二次留茬20厘米，除草。

梨（梨园）

开花前，疏花疏蕾疏蕾原则：疏弱留强，疏密留稀，疏腋花芽留顶花芽，疏除萌动过迟的花蕾，疏除剩余花蕾。

小蕾留大，疏密留稀，疏腋花芽留顶花芽，疏除萌动过迟的花蕾，疏除剩余花蕾。

开花后，追肥，促进枝叶生长，花芽分化和果实膨大，防治梨锈病。

果实膨大后，继续追肥，注意保持梨树水分，防止形成铁锈梨，注意黑星病防治，可喷施75%百菌清600~800倍液，防治梨蚜，注意疏果。

干旱天气，适时喷水，注意保持梨树水分，防止形成"疙瘩"梨，复梢势又有利于柳叶蜡梅的生长，防治食心虫。

梨子采收后，继续施肥，干旱天气，适时喷水，可以改善土壤肥力，增加叶色，延长叶片寿命，恢复树势又有利于柳叶蜡梅的生长，防治食心虫。

清除落叶，落果和修剪下来的枝条及刮树皮，集中烧毁，消灭越冬菌源。

20. 幼龄甜橘柚套种白术栽培模式简表

月份	节气	白术（管理主要内容）	甜橘柚（管理主要内容）
1月	小寒、大寒	种栽消毒，适时栽种。一般穴栽深度10厘米，芽头朝上，施足基肥。	防冻。
2月	立春、雨水	如未种完，继续抓紧栽种。	清园，整枝修剪，施芽前肥，开沟排水。
3月	惊蛰、春分	幼苗出土后及时查苗补缺，确保种植密度合理。	高接换种，红蜘蛛、树脂病防治。
4月	清明、谷雨	齐苗后早施适施苗肥，尤其应施磷钾肥。做好清沟排水，预防立枯病、地老虎等病虫害。	抹芽控梢，红蜘蛛、花蕾蛆防治，叶面补肥，开沟排水。
5月	立夏、小满	中耕除草，清沟防积水，预防锈病等病虫害。	保花保果，劈草，防治第一代蚧类（介壳虫）、红蜘蛛。
6月	芒种、夏至	拔除杂草，做好根腐病、白绢病、斑枯病等防治工作。	排水防涝，控夏梢，添施夏梢肥，防治锈壁虱、天牛、树脂病等病。
7月	小暑、大暑	及时摘蕾；施用摘蕾肥，做好田间排水、抗旱，防治病虫害。	劈草盖园，施好壮果肥，第一次疏果，防治锈壁虱、第二代蚧类、粉虱、蚜虫类防治。
8月	立秋、处暑	施用后期根茎膨大肥，防治病虫害。	放秋梢，第二次疏果，潜叶蛾、锈壁虱防治，抗旱。
9月	白露、秋分	做好防台抗旱；叶面可以适当喷施磷酸二氢钾等叶面肥。	果实套袋，防治锈壁虱等、蚜虫、螨类、果煤炭病，摘秋梢，抹除夏草抗旱。
10月	寒露、霜降	防治病虫害；防治病虫害。	防治螨类，抹除晚秋梢，供水抗旱促果膨大。
11月	立冬、小雪	当茎干枯黄或茎黄褐色，干叶片枯黄时选择晴天收挖根茎及时烘干。	果实脱袋，适时采摘，施采果肥，抗旱防冻。
12月	大雪、冬至	翻耕施基肥，整理地，基地实际做无畦。选择无病伤病痕，顶芽饱满根茎作种栽。	采收果实，施冬肥，清园。

21. 覆盆子套种吊瓜立体栽培模式简表

月份	1月	2月	3月	4月	5月	6月	7月	8月	9月	10月	11月	12月
节气（上/中/下旬）	小寒 大寒	立春 雨水	惊蛰 春分	清明 谷雨	立夏 小满	芒种 夏至	小暑 大暑	立秋 处暑	白露 秋分	寒露 霜降	立冬 小雪	大雪 冬至
吊瓜 物候期	根茎越冬休眠期	播种育苗期	移栽期	茎蔓生长期	开花期	结果期	开花结果期	更新枝营养	收获期	叶片凋落与花芽分化期	根茎越冬休眠期	
覆盆子 物候期	休眠期		移栽期	开花期	结果期	老枝枯萎和新枝生长期			收获期	叶片枯萎期	休眠期	

农事管理要点

（1月） 做好清洁田园和清沟排水工作。

（2—4月）
1. 吊瓜种子用50%的多菌灵200倍浸种消毒后播种育苗。
2. 新栽田施足底肥，平整土地，挖长与宽各0.8米，深0.5米的土穴，用腐熟的有机肥1 000千克+磷肥30千克在穴施。然后要在肥料上盖10厘米左右的土。
3. 建棚架高度1.8～2.0米。
4. 4月中旬前完成移栽。

（5—6月）
1. 多次开展雨天排水，草时灌水，保持园地土壤湿润。
2. 吊瓜追施尿素3～5千克/亩。
3. 覆盆子分批采收上架。
4. 覆盆子分批采收质量，沸水烫2～3分钟，随后摊晒或烘干。
5. 当吊瓜由青绿变淡黄转橘黄色和橘红色时，即可分批采收。

吊瓜追施尿素10千克/亩的堆制肥。及时引吊瓜藤蔓上架。及时分批采收。覆盆子分批采收。

（7—8月）
1. 灌水防止干旱。
2. 主蔓长到3米时及时打顶。
3. 用40%毒斯本1 000倍或80%敌敌畏1 000倍液防治蚜虫。用70%代森锰锌可湿性粉剂1 000倍液防治炭疽病。及时引吊瓜藤蔓上架。
4. 喷甲基托布津500倍液或40%乙磷铝500倍液防治多种吊瓜疫病、白粉病；地面喷布2.5%敌百虫粉剂0.4千克加25千克细砂防治蛴螬，地面喷布2.5%敌百虫。

（9—11月）
1. 覆盆子11月施越冬肥，每亩施入粪尿1 500～2 000千克。
2. 做好排灌水工作，冬天草灌天草适时浇水，保持土壤适时润。

（12月）
1. 清理田园，将修剪下来的枝条，杜叶，杂草集中清理出田园。
2. 撒石灰消毒土壤。

22. 百合-玉米套种栽培模式简表

月份	1月		2月		3月		4月		5月		6月		7月		8月		9月		10月		11月		12月	
节气	小寒	大寒	立春	雨水	惊蛰	春分	清明	谷雨	立夏	小满	芒种	夏至	小暑	大暑	立秋	处暑	白露	秋分	寒露	霜降	立冬	小雪	大雪	冬至

管理主要内容

百合： 秋植百合郁金开始出苗，加强越冬管理，浅锄1次，以破坏土壳，铲除杂草，促其出苗快；防治地老虎、蛴螬。 / 施复合肥15千克作提苗肥，再中耕1次，中耕深度1~2寸，深锄防治立枯病。在出苗期可用0.2%磷酸二氢钾叶面肥喷施，同时进行疏苗，防治立枯病毒病。 / 结合培土，中耕提苗，促进根系多生深扎，做到深栽薄培，浅栽适当厚培，培土时不要损伤植株，埋压深浅一致。 / 当百合丛茎叶生长向鳞茎膨大转变时，应重施复合肥，含硫复合肥30千克，同时喷施叶面肥，合现蕾时打顶。 / 注意防治病虫害，当百合叶与球茎（气生球茎）应及时抹除，防治青霉病。 / 注意除草，培土，做好抗旱排涝工作，防治脚腐病。 / 作加工和鲜百合合销售的应早收，一般在立秋后，处暑前后；作留种用的应在9月上旬，待百合充分成熟，晴天采收。 / 上旬开始植苗，施基肥，植前耕翻25~30厘米，结合耕翻，开深沟，以利排水。 / 注意合理密植，可进行一次浅耕结合施冬肥。 / 12月下旬施冬肥，以有机肥为主，加施适量复合肥。

玉米： 鲜食甜玉米育苗期，注意对苗床进行温度和水分观察。如果肥团土表干旱应适当补充水分，并保持土壤湿润，以利于出苗整齐。 / 玉米苗达1叶1心时，即可移栽，注意施肥，苗期用尿素对清废水施用。 / 栽苗成活后，要及时查苗，补小苗、弱苗，保证苗齐、苗全，苗壮，施攻苞肥。 / 中耕培土，施攻粒肥，注意病虫害，防止其是锈病、纹枯病和玉米螟防治。 / 当玉米苞叶开始发黄，籽粒变硬时即可收获。 / 及时拔除玉米植株，便于中耕除草。

百合管理期，春季甜食玉米已采收完毕，注意清除春季甜食玉米的秸秆，防治二次污染金种植地，清理二次污染温温碎用使用，可将玉米秸秆粉碎用于土壤肥料增加使用，改善土壤肥力，有效改善了温郁都金和玉米的通风透光条件，提高了光能利用率，充分发挥边行优势的合理配置群体，增产作用。

153

23. 温郁金间作套种春季鲜食玉米栽培模式简表

月份	1月	2月	3月	4月	5月	6月	7月	8月	9月	10月	11月	12月
节气	小寒	立春	惊蛰	清明	立夏	芒种	小暑	立秋	白露	寒露	立冬	大雪
	大寒	雨水	春分	谷雨	小满	夏至	大暑	处暑	秋分	霜降	小雪	冬至

管理主要内容

温郁金：

- 进行翻耕，翻耕的土壤经冬季风华，有利于杀死越冬虫蛹及病虫害的减少和土壤肥力的提高。
- 对土地深翻，整30厘米，耙平。
- 施腐熟农家肥料1 500~2 000千克或复合肥50~60作基肥，筑畦种单行。
- 选择上午留种（无病虫害）的种茎，进行栽种，除草一次。（剔除须根，纵切成2~4块，每块留有1~2个壮芽）。
- 全面松土一次，并查苗补苗，中耕要注意湿程度，保持土壤湿润，用多菌灵浅。
- 中耕培土，植株封行后停止，注意防治病虫害。
- 生长旺盛期，中耕除草并施肥，防治黑斑病，注意施磷钾肥，增强抗病能力，疏沟排雨，做好排涝工作，防治软腐病，可50%退菌特可湿性粉剂1 000倍液。50%托布津500倍液，特可湿性粉剂500倍液防治。
- 中耕除草并施肥，防治对于干燥，注意不能积水。
- 保持土壤相对基本结束及时排干沟，降低地下水位。
- 温郁金基本结束，及时排干沟，降低地下水位。
- 温郁金结束，根全部起出，洗去泥土，分别加工。
- 清理地上部分，将畦整平（沟）其根全部起出，洗净泥土，分别加工。

玉米：

- 鲜食甜玉米苗期，注意对苗床进行温度和水分观察。如果果肥团土表干旱应适当补充水分，并保持土壤湿润，以利于出苗整齐。
- 玉米苗达1叶1心时，即可移栽，补去弱小苗，注意施肥，弱小苗，保证苗期施尿素，对清废水施全，苗齐，苗壮，施攻苞肥。
- 栽苗成活后，要及时查苗，补去弱苗，注意病虫害防止，尤其是锈病、纹枯病和玉米螟防治。
- 中耕培土，施攻粒肥，当玉米苞叶开始发黄，籽粒变硬时于中耕除草。
- 及时拔除玉米植株，便于土壤肥料增加使用，改善土壤肥力，合理配置群体，提高丁光能利用率，充分发挥边行优势的增产作用。
- 鲜食甜玉米已采收完毕，注意清除春季温郁金种植地，清理秸秆，可将玉米秸秆粉碎用于土壤肥料增加使用，改善土壤肥力，提高丁光能利用率，有效改善郁金和玉米的通风透光条件，充分发挥边行优势的增产作用。

24. 林下重楼仿野生种植模式简表

月份	1月	2月	3月	4月	5月	6月	7月	8月	9月	10月	11月	12月
节气	小寒 大寒	立春 雨水	惊蛰 春分	清明 谷雨	立夏 小满	芒种 夏至	小暑 大暑	立秋 处暑	白露 秋分	寒露 霜降	立冬 小雪	大雪 冬至
管理主要内容（重楼）	种植前，准备2 000千克/亩左右的土杂肥，其中人畜粪占25%，土灰25%，泥土占50%，拌匀备用。	对多年生重楼继续采收，进行移栽，月底前完成最后采收。	按株行距15厘米×15厘米进行移栽，将顶芽尖向上放置，根系在沟内舒展开。		对种植地或直播地适当拔除一部分过密、瘦弱和有病虫害的幼苗，选留壮苗，并浇透水。	摘蕾，促进地下根茎生长，浇水，保持土壤湿润，追肥，注意黑斑病和根腐病。	注意保持土壤湿度30%左右，同时防劳抗旱，切忌畦面积水，诱发病害。	注意黑斑病、茎腐病。	开始收获时选取20~40克的无破损、无病斑的块茎做种，或采挖野生的做种，追肥。		栽种，保持土壤湿润畦面要覆盖松针、碎草、锯木屑或腐殖土，厚度以不露土为宜。	清除林下杂灌、杂草、杂质和残渣防治虫害越冬。
管理主要内容（林下）	继续采收多年生重楼											

清除林下杂灌、杂草、杂质和残渣，保证遮阴度在80%左右，以免幼苗移植后受到强阳光直射，根据移植后的年限逐渐修除高处多余的树枝，原则上要掌握2年后遮阴度在70%，4年后在40%~60%。

25. 鱼腥草套种玉米高效栽培模式简表

月份	1月	2月	3月	4月	5月	6月	7月	8月	9月	10月	11月	12月
节气	小寒	大寒 立春	雨水 惊蛰	春分 清明	谷雨 立夏	小满 芒种	夏至 小暑	大暑 立秋	处暑 白露	秋分 寒露	霜降 立冬	小雪 大雪 冬至
管理主要内容 — 鱼腥草	种苗生长期间及时松土，并保持土壤湿润。	施氮肥或人畜粪水兑人尿素施于根部，促进幼苗生长。	继续松土，施肥，视土壤干湿程度，不能满足鱼腥草积水，并除抽生杂草，注意钾施人，免剪伤根茎，防止白绢病。0.5千克拌细土15千克，在六穴内，五氯硝基苯进行土壤消毒。	种苗处于生长前期施腐熟饼肥粉，过磷酸钙及草木灰撒施株间蔸，并撒土护蔸，除草，注意钾施人，防止螨类虫害。	在植株开花前，视地上茎秆总干旱积水，做好排水防面施肥，一季采制期。	视地上茎叶生长情况第一季采制期，注意防草排草茎叶生长，同时防止白绢病和螨类病虫害。	注意高温干旱，鱼腥草茎叶生长期，追施叶面肥，施2次或3次0.2%的磷酸二氢钾溶液等微肥。	第二季鱼腥草生长，同时防草，保持土壤湿润前采收，防止出现病虫害，防止白绢病虫害及螨类病虫害。	注意施肥，第二季茎叶采收后晒干，保持土壤湿润。施磷钾肥，加强管理，提高植株抗病力。	第二季茎叶采割器，注意要在霜冻前采收，做好栽种前准备工作。25厘米，沟深25厘米，做透水。	整地，清理选择种茎按株行距5厘米×20厘米，沟深25厘米，做透水，然后用稻草或秸秆覆盖。120~150厘米，沟宽25厘米，畦面覆土3~4厘米。	
管理主要内容 — 玉米	鲜食甜玉米育苗期，注意对苗床进行温度和水分观察。		玉米苗达1叶1心时，即可移栽，补小苗，换去弱小苗，注意病虫害，尤其是苗期用尿素施全，证苗齐、苗壮，对清废水施用。	栽苗成活后施攻粒肥，注意病虫害，防止尤其是锈病，纹枯，防治和玉米螟。	中耕培土，开始发黄，籽粒变硬时即可收获。	玉米苞叶米植株开始发黄，籽粒变硬时即可收获。	及时拔除玉米植株，开始发黄，籽粒变硬时即可收获。	移栽玉米苗于鱼腥草中。	注意施肥，施攻粒肥，注意病虫害，中耕培土，防止尤其是锈病和玉米螟。	中耕培土，施攻粒肥，注意病虫害，中耕培土，防治尤其是锈病，纹枯，防治。	当玉米苞叶米植株开始发黄，籽粒变硬时即可收获。	当玉米苞叶米植株开始发黄，籽粒变硬时于中耕除草。

26. 果园套种鱼腥草栽培模式简表

月份	1月	2月	3月	4月	5月	6月	7月	8月	9月	10月	11月	12月
节气	小寒 大寒	立春 雨水	惊蛰 春分	清明 谷雨	立夏 小满	芒种 夏至	小暑 大暑	立秋 处暑	白露 秋分	寒露 霜降	立冬 小雪	大雪 冬至

管理主要内容

鱼腥草

- 1月：种苗生长期间及时松土，并保持土壤湿润。
- 2月：施氮肥或人畜粪水对根部施入尿素对根部，促进幼苗生长。
- 3月：继续松土，施肥，视土壤干湿程度浇水，不能积水，除草，注意避免损伤根苗，防止白绢病出现，可用五氯硝基细土15千克散在病穴内，进行土壤消毒。
- 4月：种苗处于生长旺盛期，增加施肥量满足鱼腥草抽足鱼腥草地上茎，并生长，时注意钾肥施入，除草。
- 5月：在植株开花前期施腐熟饼肥粉，过磷酸钙及火灰撒混匀，施株间兜部，并搭土护兜，防止螨类虫害。
- 6月：视地上茎叶成熟情况第一季采割期。
- 7月：注意防旱排涝，鱼腥草总干旱积水，做好排水防高温，防止白绢病和螨类病虫害。
- 8月：第二季鱼腥草茎叶生长期，追施叶面肥，可喷施2次或3次0.2%的磷酸二氢钾溶液等微肥。
- 9月：注意高温干旱，同时防止出现涝害，保持土壤湿润，防止白绢病及螨类虫害，增施磷钾肥，加强植株管理，提高植株抗病力。
- 10月：第二季茎叶采制器，注意要在霜冻前采收，采收后晒干。
- 11月：整地，做畦草，做畦宽120~150厘米，沟宽25厘米，沟深25厘米，做好栽种前准备工作。
- 12月：选择种茎按株行距5厘米×20厘米平铺畦床上，覆土3~4厘米，然后浇透水，用稻草或秸秆覆盖。

果园

- 1~2月：备好长30厘米的薄竹片，根据畦的长度按每50厘米放1竹片，把竹片搭成拱架，盖上薄膜，用土块将薄膜压住，使畦面与外层薄膜保持15~20厘米的距离。
- 3月：对果园内进行翻耕松土和精耕细作，一方面保证鱼腥草生长，另一方面又可促进果树生长。
- 3~5月：注意观察果园内的鱼腥草长势，做好果园的整枝和果园内土壤的干旱情况，如果有积水，及时做好排水工作。
- 6月：采收鱼腥草的时候，注意对果树进行保护，防止伤到果树，影响挂果。
- 7~8月：对果园进行挖沟，顺着果园的走到方向挖，留足果园的工作走道，以便于果园中后期的田间管理及收获。
- 10~11月：对果园空地进行翻耕松土，精耕细作，有效抑制杂草生长，提高土壤肥力。
- 10~12月：撒施腐熟农家肥250~350千克/公顷，草木灰15~20千克/公顷，耕翻后根据果树行间大小作定植畦。

27. 幼龄红花-油茶和林下玉竹套种栽培模式简表

月份	1月	2月	3月	4月	5月	6月	7月	8月	9月	10月	11月	12月
节气	小寒 大寒	立春 雨水	惊蛰 春分	清明 谷雨	立夏 小满	芒种 夏至	小暑 大暑	立秋 处暑	白露 秋分	寒露 霜降	立冬 小雪	大雪 冬至

管理主要内容

玉竹

春季出苗前基地防寒抗练，做好日常基地管理维护工作。

①玉竹一般在3月出苗，苗茎脆弱易断，且为弱生苗要做好防踩。

②追肥。一般一年两次，以有机肥为主，复合肥、磷肥等。春季萌芽前进行第一次追肥，亩用腐熟人粪600~1000千克和尿素3~5千克，以促进茎叶生长。当苗长到7~10厘米高的，再亩用45%硫酸钾复合肥10千克或5~8千克尿素追一次提苗肥。

③中耕除草。

做好褐斑病、锈病等防治。

春畦沟以利排灌；疏通合施基肥。

①栽种选地，结合整地，施基肥。

②栽种后的第3年在入秋后的8—10月收获，及时挖出根状茎，按长、短、粗、细分等，摊晾2~3天至茎软，不易折断后，放入参篷内撞去须根和泥沙，再撞加工。

①8—11月播种，在11月下旬前栽完；注意种茎用70%托布津加代森锰锌消毒；根据基地实际布局合理安排种植密度；亩施用复合肥30千克+有机肥1000千克基肥。

②种植期间做好曲霉病、根腐病害防治。

冬季倒苗后在畦面上及时培土覆盖。

幼龄油茶

新建基地或幼林，造林，垦复，施基肥，大苗移栽补植，修剪，除去病弱、残枝及老密生枝，徒长枝，对部分老枝条短截更新，增加春季萌发量。

容器苗造林，幼树整形（定干，促分枝）；基地管护：结合玉竹施肥进行林地除草，中油茶四周20厘米以内只松表土，不翻动幼根际土壤，尽量以人拔草为主。

基地维护，幼树打顶，保水，抗旱保苗，可适当浇青；做好病虫害防治。

除草施肥，做好覆盖，注意抗旱保苗；绿肥或人粪尿或尿素，做好病虫害防治。

摘花蕾，前3年摘掉花蕾，不挂果，维持树体营养生长，加快树冠成形。

林地挖带，施肥。

林地挖带，结合施有机肥进行块状松土除草抗旱。

28. 杜瓜-茶立体栽培种植模式简表

月份	1月	2月	3月	4月	5月	6月	7月	8月	9月	10月	11月	12月
节气	小寒 大寒	立春 雨水	惊蛰 春分	清明 谷雨	立夏 小满	芒种 夏至	小暑 大暑	立秋 处暑	白露 秋分	寒露 霜降	立冬 小雪	大雪 冬至
管理主要内容 · 杜瓜	越冬管理。	建园搭架，栽种准备	选块根栽种；土壤消毒，施基肥。	整枝引蔓；控肥控水，防止营养生长过旺，落花落果，苗长15厘米左右时追施1次提苗肥，亩施3~5千克尿素，5月下旬至7月中旬再追施2次或3次，每次每亩施5~7.5千克复合肥；预防病虫害。			重施1次追肥，粉促进坐果；预防病虫害。		结合人工授	适时采收	越冬管理。清除病株；在杜瓜基部每株施5~10千克有机肥，并复盖细泥保温防冻，检查维修保证棚架牢固安全。	
管理主要内容 · 白茶	抗寒越冬	防倒春寒，同时做好春茶生产前准备。	春茶生产期		修剪，施肥	防治茶尺蠖，茶叶螨等病虫害，勤施肥料；结合杜瓜栽培做好夏季抗旱。	勤施肥		防治茶叶螨类		施基肥：饼肥150~200千克/亩+复合肥20~30千克/亩，除草。	冬季做好防冻措施，一是铺草，二是浇水，三是拥土。

29. 油茶-前胡复合经营模式简表

月份	1月	2月	3月	4月	5月	6月	7月	8月	9月	10月	11月	12月
节气	小寒 大寒	立春 雨水	惊蛰 春分	清明 谷雨	立夏 小满	芒种 夏至	小暑 大暑	立秋 处暑	白露 秋分	寒露 霜降	立冬 小雪	大雪 冬至
管理主要内容 — 前胡	1. 前胡种植前每公顷油茶林地施腐熟有机肥15 000千克作基肥。 2. 将处理好的前胡种子均匀撒于畦面或按行距25厘米开沟播种，沟深3~5厘米，播后用木板轻压并覆盖一层薄薄的草木灰或泥土。 3. 幼苗长至8~10厘米的株行距定苗，按20~25厘米的株行距栽移，要移密补稀。			将植株打顶，抽薹植株从前胡地面除草，无机复混肥，注意部分折断茎基部。注意除草。覆土并在前胡行间的浅沟中，浇水。	对生长期的中耕除草，注意干旱及适当浇水，排水，防病虫害。600~750千克，肥料施在前胡行间的浅沟中，覆土并浇水。	野虫：用20%的吡虫啉2 500倍液或25%的吡蚜酮3 000倍液喷雾防治。	遇干旱时，每公顷追施无机复混肥450千克，防治根腐病，可喷洒50%多菌灵500~600倍液或50%代森铵300~500倍。		前胡成熟期，当果实表面呈紫褐色时即可采挖，注意做好排沙工作。			
管理主要内容 — 油茶	前胡的成熟基地根茎采挖，挖大留小，挖取不油茶的植根，去掉茎叶后，摊晒或低温烘干。注意设计作业道，排水沟和原生带（草带，水保带），挖栽植穴时，注意品字形配置。			春梢生长，松土除草，修剪，注意油茶炭疽病，做到不伤根，不伤皮，意注油茶发病，腐病，煤污病，兜病枝，死枝。	每公顷追施有机肥，注意干旱及适当浇水，排水，防病，注意清沟排水。防治根腐病，可喷覆土并浇水。	第一次夏梢长出，进行整形修剪，注意油茶林通风，透光，去除病枝，死枝。	每公顷追施45%（15-15-15）硫酸钾复合肥，注意做好排沙工作。	第二次夏梢长出，继续整形修剪80厘米，以上部分要及时摘心，促进侧枝过密枝条及时剪除，松土除草。	前胡成熟期，霜降后，当果实成熟时即可采，可持续采至翌年萌芽前。秋梢生长，整枝修剪，主干高保留不超过1.2~1.5米宽的平整畦面。头三年的花芽幼果及时摘除，以免消耗养分，影响树冠生长。	月底开始采收作枯物及做好油茶林过冬工作。	清理地上前及杂草，全面深翻土地，耙细整平，顺势做成1.2~1.5米宽的平整畦面。	

160

附 录 (二)
丽水市中药材面积、产量、产值表

1. 2012 年丽水市中药材种植面积表 （单位：亩）

类型	品种	莲都	龙泉	青田	云和	庆元	缙云	遂昌	松阳	景宁	合计
木本药材	厚 朴	4170	9600	402	4485	4430	10241	6300	6000	60500	106128
	红豆杉	2050	6200	1623	0	30	1025	100	100	700	11828
	杜 仲	47	695	105	225	300	304	300	0	3000	4976
	山 栀	0	0	0	0	0	12	0	0	1000	1012
	五加皮	0	0	1785	0	0	0	0	0	0	1785
	山茱萸	0	0	0	0	20	750	0	0	0	770
	柳叶蜡梅	0	0	97	0	0	0	0	200	0	297
	银 杏	0	0	103	0	0	0	0	0	200	303
	雷公藤	0	0	0	0	0	0	0	0	150	150
	山苍子	0	0	0	0	0	14	0	0	0	14
	肿节风	0	30	0	0	0	0	0	0	0	30
	吴茱萸	0	0	0	0	70	0	0	0	0	70
	秀球花	0	0	0	0	30	0	0	0	0	30
	花 椒	0	0	0	0	80	0	0	0	0	80
	小 计	6267	16525	4115	4710	4960	12346	6700	6300	65550	127473
草本药材	栝 楼	7036	3600	315	2050	17002	0	11600	11200	5500	58303
	杜 瓜	281	0	620	0	50	0	0	1800	0	2751
	浙贝母	30	850	100	90	51	2401	0	0	300	3822
	元 胡	80	200	100	50	0	2746	60	50	1200	4486
	白 术	39	500	0	110	156	1426	0	100	2100	4431
	温郁金	153	0	0	30	53	40	188	0	0	464
	玄 参	0	50	0	0	0	53	100	0	0	203
	白 芍	16	0	0	0	0	58	0	0	0	74
	金银花	660	500	367	133	479	650	997	800	3000	7586
	处州白莲	2053	0	0	0	0	0	0	0	0	2053
	菊 米	0	0	0	0	0	10	6600	0	0	6610
	杭白菊	0	0	0	0	11	0	0	0	0	11
	薏 苡	0	870	0	80	350	4720	0	0	3	6050
	百 合	0	160	0	130	931	0	515	200	2000	3936
	山 药	23	100	0	0	0	0	0	0	800	923
	铁皮石斛	20	26	0	1	196	30	5	0	1	279
	西红花	0	20	100	0	70	30	250	0	0	470

类型	品种	莲都	龙泉	青田	云和	庆元	缙云	遂昌	松阳	景宁	合计
草本药材	三叶青	0	0	0	10	0	0	20	0	0	30
	桔梗	0	0	50	10	23	0	0	0	400	483
	前胡	0	150	0	293	0	0	0	0	100	543
	太子参	0	15	0	170	0	0	0	0	100	285
	玉竹	0	100	100	120	0	0	0	0	0	320
	天麻	0	0	0	5	0	5	0	0	0	10
	苦参	0	0	0	0	0	0	0	0	0	0
	鱼腥草	11	230	210	0	0	0	0	60	0	511
	香茶菜	0	0	0	0	0	128	0	0	0	128
	覆盆子	75	0	0	0	35	50	0	0	0	160
	急性子	0	200	0	0	573	0	0	100	0	873
	何首乌	0	0	0	0	10	0	0	0	0	10
	重楼	0	0	0	0	5	0	0	0	0	5
	射干	0	0	0	0	76	0	0	0	0	76
	菊芋	0	0	0	0	20	0	0	0	0	20
	香根芹	0	0	0	0	56	0	0	0	0	56
	地兰花	0	0	0	0	50	0	0	0	0	50
	玄草	0	0	0	0	19	0	0	0	0	19
	紫珠草	0	0	0	330	0	0	0	0	0	330
	襄荷	0	30	0	0	0	0	0	0	0	30
	蓖麻	0	70	0	0	0	0	0	0	0	70
	三棱	0	18	0	0	0	0	0	0	0	18
	（其他）	0	0	0	0	45	0	0	0	0	45
	芙蓉	0	200	0	0	0	0	0	0	0	200
	小计	10477	7889	1962	3612	20261	12347	20335	14310	15531	106724
菌类药材	灵芝	11	810	0	30	5	0	105	0	200	1161
	灰树花	0	0	0	0	1650	0	0	0	10万袋	1650
	茯苓	15	50	0	0	200	0	0	0	0	265
	猴头菇	0	0	0	0	0	0	0	0	0	0
	北冬虫夏草	0	200平方	0	0	0	0	0	0	150万袋	0
	小计	26	860	0	30	1855	0	105	0	200	3076
合计		16770	25274	6077	8352	27076	24693	27140	20610	81281	237237

2. 2013 年丽水市中药材种植面积表 （单位：亩）

类型	品种	莲都	龙泉	青田	云和	庆元	缙云	遂昌	松阳	景宁	合计
木本药材	厚朴	4170	9600	402	4485	4430	10241	6300	6000	60500	106128
	红豆杉	2133	6200	1723	20	30	1125	100	100	700	12131
	杜仲	115	695	105	225	300	304	300	0	3000	5044
	山栀	0	0	0	0	0	12	0	0	1000	1012
	五加皮	0	0	1785	0	0	0	0	0	0	1785
	山茱萸	0	0	0	0	20	750	0	0	0	770
	柳叶蜡梅	0	0	97	0	0	0	0	200	0	297
	银杏	0	0	103	0	0	0	0	0	200	303
	雷公藤	0	0	0	0	0	0	0	0	150	150
	山苍子	0	0	0	0	0	14	0	0	0	14
	肿节风	0	30	0	0	0	0	0	0	0	30
	吴茱萸	0	0	0	0	70	0	0	0	0	70
	秀球花	0	0	0	0	30	0	0	0	0	30
	花椒	0	0	0	0	80	0	0	0	0	80
	小　计	6418	16525	4215	4730	4960	12446	6700	6300	65550	127844
草本药材	栝楼	7036	3600	315	1750	17244	0	11600	11200	5500	58245
	杜瓜	263	0	820	0	60	0	0	2300	0	3443
	浙贝母	30	650	100	110	60	2600	0	0	340	3890
	元胡	80	200	100	50	15	2776	150	0	1200	4571
	白术	5	500	0	210	156	1786	0	100	1815	4572
	温郁金	215	30	0	150	53	40	188	0	0	676
	玄参	40	50	20	0	0	83	0	0	0	193
	白芍	0	0	50	100	0	58	0	0	0	208
	金银花	660	500	367	282	479	650	997	800	3150	7885
	处州白莲	2335	0	0	0	0	0	0	0	0	2335
	菊米	0	0	0	0	0	10	6600	0	0	6610
	杭白菊	0	0	0	0	0	0	7	0	0	7
	薏苡	0	870	0	0	760	4720	0	0	70	6420
	百合	21	660	200	130	1082	0	850	400	2400	5743
	山药	0	200	0	0	0	0	0	0	800	1000
	铁皮石斛	58	226	5	1	231	50	10	20	11	612
	西红花	0	26	100	0	110	50	250	0	0	536
	三叶青	60	0	0	30	0	0	170	0	0	270
	桔梗	0	12	50	80	23	0	0	0	400	565
	前胡	0	150	0	100	0	0	52	0	0	302
	太子参	5	245	0	100	180	0	0	80	150	760
	玉竹	0	100	100	120	50	80	0	0	150	600

类型	品种	莲都	龙泉	青田	云和	庆元	缙云	遂昌	松阳	景宁	合计
草本药材	天麻	0	0	0	0	0	5	0	0	0	5
	苦参	0	0	0	0	0	0	0	0	0	0
	鱼腥草	50	230	210	0	0	0	76	60	0	626
	香茶菜	0	0	0	0	0	100	0	0	0	100
	覆盆子	120	0	0	0	35	50	0	0	0	205
	急性子	0	200	0	0	100	0	0	0	0	300
	何首乌	0	0	0	0	10	0	0	0	0	10
	重楼	0	0	0	0	5	0	0	0	0	5
	射干	0	0	0	0	30	0	0	0	0	30
	菊芋	0	0	0	0	20	0	0	0	0	20
	香根芹	0	0	0	0	56	0	0	0	0	56
	地兰花	0	0	0	0	50	0	0	0	0	50
	玄草	0	0	0	0	19	0	0	0	0	19
	紫珠草	0	0	0	860	0	0	0	0	0	860
	蘘荷	0	30	0	0	0	0	0	0	0	30
	蓖麻	0	70	0	0	0	0	270	0	0	340
	三棱	0	0	0	0	0	0	0	0	0	0
	泽泻	10	0	0	0	0	0	0	0	0	10
	芙蓉	0	200	0	0	0	0	0	0	0	200
	金花葵	100	0	0	0	0	0	0	0	0	100
	三叶木通	46	0	0	0	0	0	0	0	0	46
	皇菊	80	0	0	0	0	0	0	0	0	80
	黄精	0	0	0	0	180	0	0	0	0	180
	牛膝	0	0	0	0	140	0	0	0	0	140
	益母草	0	0	0	0	0	50	0	0	0	50
	决明子	0	0	0	0	0	0	0	0	150	150
	小计	1214	8749	2437	4073	21158	13108	21220	14960	16136	113055
菌类药材	灵芝	0	810	0	30	10	0	105	0	200	1155
	灰树花	0	0	0	0	1650	0	0	0	10万袋	1650
	茯苓	15	50	0	30	200	0	0	0	0	295
	猴头菇	0	0	0	0	0	0	0	0	0	0
	北冬虫夏草	0	0	0	0	0	0	0	0	150万袋	0
	小计	15	860	0	60	1860	0	105	0	200	3100
合计		17647	26134	6652	8863	27978	25554	28025	21260	81886	243999

3. 2014 年丽水市中药材种植面积表 （单位：亩）

类型	品种	莲都	龙泉	青田	云和	庆元	缙云	遂昌	松阳	景宁	合计
木本药材	厚朴	4170	9600	402	4485	4540	10241	6300	6000	60500	106238
	红豆杉	2133	6200	1723	20	30	1125	100	100	700	12131
	杜仲	115	695	105	225	300	304	300	0	3000	5044
	山栀	0	0	0	0	0	12	0	0	1000	1012
	五加皮	0	0	1785	0	0	0	0	0	0	1785
	山茱萸	0	0	0	0	20	750	0	0	0	770
	柳叶蜡梅	0	0	97	0	0	0	0	200	0	297
	银杏	0	0	103	0	0	100	0	0	200	403
	雷公藤	0	0	0	0	0	0	0	0	150	150
	山苍子	0	0	0	0	0	14	0	0	0	14
	肿节风	0	30	0	0	0	0	0	0	0	30
	吴茱萸	0	0	0	0	70	0	0	0	0	70
	青钱柳	0	0	0	0	0	0	480	0	0	480
	小　计	6418	16525	4215	4730	4960	12546	7180	6300	65550	128424
草本药材	栝楼	7036	3250	315	1056	172440	0	11600	11200	5500	57201
	杜瓜	263	0	820	0	60	0	0	2450	0	3593
	浙贝母	30	100	380	80	220	2750	0	0	553	4113
	元胡	80	400	100	170	15	2876	325	0	1062	5028
	白术	5	200	0	440	276	1866	0	200	1995	4982
	温郁金	215	50	0	182	53	0	0	0	0	500
	玄参	0	60	20	256	0	83	0	0	0	419
	白芍	0	0	50	100	0	58	0	0	0	208
	金银花	660	200	367	282	479	650	997	800	3150	7585
	处州白莲	3035	0	0	0	0	0	0	0	0	3035
	菊米	0	0	0	0	0	10	6600	0	0	6610
	杭白菊	0	0	0	0	0	0	7	0	0	7
	薏苡	0	500	0	0	760	4820	0	0	70	6150
	百合	71	660	250	130	1242	0	850	500	2270	5973
	山药	0	200	0	0	0	0	0	0	800	1000
	铁皮石斛	88	356	65	1	251	50	20	50	61	942
	西红花	0	26	100	0	110	50	250	0	0	536
	三叶青	60	60	0	30	10	0	300	0	30	490
	桔梗	136	12	50	30	63	30	0	0	400	721
	前胡	0	150	10	0	0	0	52	0	100	312

类型	品种	莲都	龙泉	青田	云和	庆元	缙云	遂昌	松阳	景宁	合计
草本药材	太子参	5	245	50	128	180	0	0	200	270	1078
	玉竹	0	150	100	176	80	130	0	0	150	786
	天麻	0	0	0	0	0	5	0	0	53	58
	鱼腥草	50	230	210	0	0	0	76	60	0	626
	香茶菜	0	0	0	0	0	100	0	0	0	100
	覆盆子	120	0	0	0	0	80	0	0	0	200
	急性子	0	200	0	0	0	0	0	0	0	200
	何首乌	0	1900	0	360	0	0	0	0	0	2260
	重楼	0	0	0	0	5	0	0	0	0	5
	射干	0	0	0	0	30	0	0	0	0	30
	香根芹	0	0	0	0	56	0	0	0	0	56
	紫珠草	0	0	0	1120	0	0	0	0	0	1120
	蘘荷	0	230	0	0	0	0	0	0	0	230
	蓖麻	0	70	0	0	0	0	270	0	0	340
	芙蓉	0	200	0	0	0	0	0	0	0	200
	三叶木通	46	0	0	0	0	0	0	0	0	46
	皇菊	180	0	0	0	0	0	0	0	0	180
	黄精	0	0	0	20	485	0	0	0	0	485
	牛膝	0	0	0	0	140	0	0	0	0	140
	益母草	0	0	0	0	0	50	0	0	0	50
	决明子	0	0	0	0	0	0	0	0	200	200
	金线莲	0	20	0	0	0	0	0	0	0	20
	小计	12080	9469	2887	4561	21759	13608	21347	15460	16664	117835
菌类药材	灵芝	0	810	0	30	30	0	105	0	100	1075
	灰树花	0	0	0	0	1630	0	0	0	10	1640
	茯苓	15	50	0	45	200	0	0	0	60	370
	北冬虫夏草	0	0	0	0	0	0	0	0	30	30
	小计	15	860	0	75	1860	0	105	0	200	3115
合计		18513	26854	7102	9366	28579	26154	28632	21760	82414	249374

4. 2015 年丽水市中药材种植面积表（单位:亩）

类型	品种	莲都	龙泉	青田	云和	庆元	缙云	遂昌	松阳	景宁	合计
木本药材	厚朴	4170	9600	402	4485	4540	10241	6300	6000	60500	106238
	红豆杉	2133	6200	1723	20	30	1125	100	100	700	12131
	杜仲	115	695	105	225	300	304	300	0	3000	5044
	山栀	0	0	0	0	0	12	0	0	500	512
	五加皮	0	0	1785	0	0	0	0	0	0	1785
	山茱萸	0	0	0	0	20	750	0	0	0	770
	食凉茶	0	0	97	0	0	0	0	600	0	697
	银杏	0	0	103	0	0	100	0	0	200	403
	雷公藤	0	0	0	0	0	0	0	0	150	150
	山苍子	0	0	0	0	0	14	0	0	0	14
	肿节风	0	30	0	0	0	0	0	0	0	30
	吴茱萸	0	0	0	0	70	0	0	0	0	70
	青钱柳	0	0	0	0	0	0	965	0	0	965
	药用木瓜	0	0	0	0	0	0	0	0	478	478
	小计	6418	16525	4215	4730	4960	12546	7665	6700	65528	129287
草本药材	栝楼	7036	3250	315	1056	17244	0	11600	11200	5227	56928
	杜瓜	263	0	820	0	60	0	0	2450	0	3593
	浙贝母	45	100	580	80	430	2750	0	0	485	4470
	元胡	80	490	100	230	15	3023	325	0	984	5247
	白术	83	200	0	256	276	1766	0	200	1795	4576
	温郁金	215	95	0	212	53	0	0	0	0	575
	玄参	0	60	20	166	0	83	0	0	30	359
	白芍	0	0	50	100	0	58	0	0	0	208
	金银花	308	200	367	168	517	650	997	800	3150	7229
	处州白莲	3635	0	0	0	200	100	0	0	0	3935
	菊米	0	160	0	0	0	10	6600	0	0	6770
	杭白菊	0	0	0	0	0	0	7	0	0	7
	薏苡	0	500	0	0	760	4668	0	0	168	6096
	百合	71	640	250	130	1080	0	850	500	2160	5681
	山药	0	200	0	0	0	0	0	0	1134	1334
	铁皮石斛	198	450	65	105	251	50	35	50	111	1315
	西红花	0	26	100	0	110	70	250	0	0	556
	三叶青	210	110	0	30	8	150	488	50	30	1076
	桔梗	0	12	50	30	50	80	0	0	400	622

类型	品种	莲都	龙泉	青田	云和	庆元	缙云	遂昌	松阳	景宁	合计
草本药材	前　胡	0	150	10	0	0	0	52	0	162	374
	太子参	0	245	50	20	0	0	0	200	548	1063
	玉　竹	0	150	100	270	85	130	0	0	178	913
	天　麻	0	0	0	0	0	5	0	0	65	70
	鱼腥草	50	230	210	0	0	0	76	60	0	626
	香茶菜	0	0	0	0	0	100	0	0	0	100
	覆盆子	120	0	250	200	0	180	0	0	59	809
	急性子	0	200	0	0	0	0	0	0	0	200
	何首乌	0	2220	0	580	0	0	0	0	270	3070
	重　楼	45	0	0	0	5	0	0	0	0	50
	射　干	0	0	0	0	0	0	0	0	0	0
	香根芹	0	0	0	0	56	0	0	0	0	56
	紫珠草	0	0	0	1120	0	0	0	0	0	1120
	蘘　荷	0	230	0	0	0	0	0	0	0	230
	蓖　麻	0	0	0	0	0	0	270	0	0	270
	芙　蓉	0	0	0	0	0	0	0	0	0	0
	三叶木通	46	30	0	0	0	0	0	0	0	76
	皇　菊	344	150	0	0	0	0	0	0	0	494
	黄　精	0	100	0	280	1020	0	0	50	0	1450
	牛　膝	0	0	0	0	140	0	0	0	0	140
	益母草	0	0	0	0	0	50	0	0	0	50
	决明子	0	0	0	0	0	0	0	0	185	185
	金线莲	0	20	0	0	0	0	0	0	0	20
	三　棱	30	30	0	0	0	0	0	0	0	60
	迷迭香	0	0	0	0	0	360	0	0	0	360
	唐菖蒲	0	0	0	0	0	0	0	0	35	35
	木槿花	0	0	0	0	0	0	0	0	62	62
	小　计	12851	10248	3337	5033	22360	14283	21550	15560	17238	122460
菌类药材	灵　芝	0	810	0	30	30	0	55	0	20	945
	灰树花	0	0	0	0	1590	0	0	0	10	1600
	茯　苓	15	50	0	45	200	0	0	0	140	450
	北冬虫夏草	0	0	0	0	0	0	0	0	30	30
	小　计	15	860	0	75	1820	0	55	0	200	3025
合　计		19284	27633	7552	9838	29140	26829	29270	22260	82966	254772

5. 2016 年丽水市中药材种植面积表（单位：亩）

类型	品种	莲都	龙泉	青田	云和	庆元	缙云	遂昌	松阳	景宁	合计
木本药材	厚朴	4170	13548	402	4955	6619	10976	7722	6000	60500	114892
	红豆杉	2133	6200	1723	20	30	1988	100	100	700	12994
	杜仲	215	695	105	225	1010	405	300	0	3000	5955
	山栀	0	0	250	0	0	67	0	0	500	817
	五加皮	0	0	1785	0	0	0	0	0	0	1785
	山茱萸	0	0	0	0	20	750	0	0	0	750
	柳叶蜡梅	0	0	97	0	0	0	0	600	100	797
	银杏	0	0	103	0	0	250	0	0	200	553
	雷公藤	0	0	0	0	0	0	0	0	150	150
	山苍子	0	0	0	0	0	14	0	0	0	14
	肿节风	0	30	0	0	0	0	0	0	0	30
	吴茱萸	0	0	0	0	70	310	0	0	0	380
	青钱柳	120	0	0	0	0	0	1650	0	50	1820
	药用木瓜	0	0	0	0	0	0	0	0	478	478
	小　计	6638	20473	4465	5200	7749	14760	9772	6700	65678	141435
草本药材	栝楼	6276	500	315	250	15000	0	10600	11200	5227	49368
	杜瓜	173	0	820	0	60	110	0	2450	0	3613
	浙贝母	45	130	580	80	430	2310	50	0	525	4150
	元胡	80	490	100	230	15	3706	325	0	864	5810
	白术	83	50	0	256	261	720	0	100	1645	3115
	温郁金	115	295	0	212	0	0	70	0	0	692
	玄参	0	60	20	96	0	75	0	0	30	281
	白芍	0	0	50	100	0	65	0	0	0	215
	金银花	380	0	367	168	488	110	197	500	3150	5360
	处州白莲	4135	0	0	0	200	100	0	0	0	4435
	菊米	0	160	0	0	0	0	6600	0	0	6760
	杭白菊	0	0	0	0	0	0	7	0	0	7
	薏苡	0	200	0	0	760	3100	0	0	473	4533
	百合	71	140	450	130	880	0	450	500	2160	4781
	山药	0	200	0	0	0	0	0	0	1114	1314
	铁皮石斛	332	450	65	105	251	70	35	60	111	1479
	西红花	0	0	100	0	110	92	250	0	0	552
	三叶青	310	240	0	80	208	170	860	50	30	1948
	桔梗	0	12	50	0	50	80	0	0	510	702

类型	品种	莲都	龙泉	青田	云和	庆元	缙云	遂昌	松阳	景宁	合计
草本药材	前　胡	0	0	10	0	0	0	52	0	162	224
	太子参	0	100	50	0	0	0	0	200	778	1128
	玉　竹	0	150	100	270	85	130	0	0	178	913
	天　麻	0	0	0	0	0	5	0	0	65	70
	鱼腥草	50	230	210	0	0	0	76	60	0	626
	香茶菜	0	0	0	0	0	0	0	0	0	0
	覆盆子	200	68	250	200	20	620	495	50	306	2209
	急性子	0	200	0	0	0	0	0	0	0	200
	何首乌	20	2380	0	810	0	0	0	0	270	3480
	重　楼	45	20	0	0	30	0	0	0	0	95
	四叶参	0	0	0	0	0	150	0	0	0	150
	香根芹	0	0	0	0	56	0	0	0	0	56
	紫珠草	0	0	0	1120	0	0	0	0	0	1120
	蘘　荷	0	230	0	0	10	0	0	0	0	240
	蓖　麻	0	0	0	0	0	0	0	0	0	0
	白　芨	0	0	0	0	0	0	56	0	0	56
	三叶木通	46	30	0	0	0	0	0	0	0	76
	皇　菊	464	150	0	0	0	0	0	100	0	714
	黄　精	0	310	0	580	1420	0	0	250	0	2560
	牛　膝	0	0	0	0	140	0	0	0	0	140
	益母草	0	0	0	0	0	20	0	0	0	20
	决明子	0	0	0	0	0	0	0	0	0	0
	金线莲	0	20	0	0	0	0	0	0	0	20
	三　棱	30	30	0	0	0	0	0	0	0	60
	迷迭香	0	0	0	0	0	360	0	0	0	360
	唐菖蒲	0	0	0	0	0	0	0	0	35	35
	木槿花	0	0	0	0	0	0	0	0	62	62
	小　计	12855	6845	3537	4687	20474	11993	20123	15520	17695	113729
菌类药材	灵　芝	7	810	0	30	30	0	55	0	20	952
	灰树花	0	0	0	0	1220	0	0	0	10	1230
	茯　苓	15	50	0	53	200	0	0	0	140	458
	北冬虫夏草	0	0	0	0	0	0	0	0	30	30
	小　计	22	860	0	83	1450	0	55	0	200	2670
合　计		19515	28178	8002	9970	29673	26603	29950	22220	83573	257684

6. 2012 年丽水市中药材种植产量表 （单位：吨 干品）

类型	品种	莲都	龙泉	青田	云和	庆元	缙云	遂昌	松阳	景宁	合计
木本药材	厚 朴	95.91	220.8	9.246	103.155	101.89	235.543	144.9	119.6	1391.5	2422.544
	红豆杉	492	1488	389.52	0	7.2	246	24	24	168	2838.72
	杜 仲	5.64	15.9	7.2	1.25	6	20	10	0	72	147.99
	山 栀	0	0	0	0	0	1.5	0	0	125	126.5
	五加皮	0	0	110	0	0	0	0	0	0	110
	山茱萸	0	0	0	0	0.96	22.5	0	0	0	23.46
	柳叶蜡梅	0	0	15	0	0	0	0	10	0	25
	银 杏	0	0	12	0	0	0	0	0	13	25
	雷公藤	0	0	0	0	0	0	0	0	0	0
	山苍子	0	0	0	0	0	2.52	0	0	0	2.52
	肿节风	0	0	0	0	0	0	0	0	0	0
	吴茱萸	0	0	0	0	5.25	0	0	0	0	5.25
	秀球花	0	0	0	0	1.5	0	0	0	0	1.5
	花 椒	0	0	0	0	0	0	0	0	0	0
	小 计	593.55	1724.7	542.966	114.405	122.8	528.063	178.9	153.6	1769.5	5728.484
草本药材	栝 楼	745.816	450	47.25	240	1870.22	0	1276	1344	605	6578.286
	杜 瓜	23.1825	0	93	0	1.3	0	0	225	0	342.4825
	浙贝母	6.6	255	3	16.1	4.8	384.16	22	0	52.8	744.46
	元 胡	4.104	30	1.5	6.5	0	411.9	49.4	5	147.6	656.004
	白 术	6.3375	140	0	5.4	1.05	427.8	0	12.5	455.7	1048.7875
	温郁金	221.85	0	0	0	159	23.28	32.9	0	0	437.03
	玄 参	0	15	0	0	0	13.78	38	0	0	66.78
	白 芍	2.56	0	0	0	0	0	0	0	0	2.56
	金银花	0	15	3	2.5	0	18	16.8	33	26.3	114.6
	处州白莲	103.6765	0	0	0	0	0	0	0	0	103.6765
	菊 米	0	0	0	0	0	0.8	231	0	0	231.8
	杭白菊	0	0	0	0	0	0	0	0	0	0
	薏 苡	0	126	0	0	19	1180	0	0	6.3	1331.3
	百 合	0	26.72	0	0	50.1	0	0	33.4	200.4	310.62
	山 药	6.9	30	0	0	0	0	0	0	576	612.9
	铁皮石斛	0	2	0	0	3	0	0	0	0	5
	西红花	0	0	0.04	0	0.014	0.012	0.1	0	0	0.166
	三叶青	0	0	0	0	0	0	0	0	0	0
	桔 梗	0	0	7.5	0	1.05	0	0	0	19.8	28.35

类型	品种	莲都	龙泉	青田	云和	庆元	缙云	遂昌	松阳	景宁	合计
草本药材	前　胡	0	22.5	0	21.7	0	0	0	0	23.1	67.3
	太子参	0	3	0	1.8	0	0	0	0	8.3	13.1
	玉　竹	0	0	0	0	0	0	0	0	0	0
	天　麻	0	0	0	4	0	0	0	0	0	4
	苦　参	0	0	0	0	0	0	0	0	0	0
	鱼腥草	5.5	115	105	0	0	0	0	30	0	255.5
	香茶菜	0	0	0	0	0	192	0	0	0	192
	覆盆子	7.2375	0	0	0	0	5	0	0	0	12.2375
	急性子	0	24	0	0	10	0	0	6	0	40
	何首乌	0	0	0	0	0.3	0	0	0	0	0.3
	重　楼	0	0	0	0	0	0	0	0	0	0
	射　干	0	0	0	0	2.4	0	0	0	0	2.4
	菊　芋	0	0	0	0	2.5	0	0	0	0	2.5
	香根芹	0	0	0	0	5.6	0	0	0	0	5.6
	地兰花	0	0	0	0	0	0	0	0	0	0
	玄　草	0	0	0	0	1.5	0	0	0	0	1.5
	紫珠草	0	0	0	0	0	0	0	0	0	0
	襄　荷	0	45	0	0	0	0	0	0	0	45
	蓖　麻	0	0	0	0	0	0	0	0	0	0
	三　棱	0	0	0	0	0	0	0	0	0	0
	（其他）	0	0	0	0	3	0	0	0	0	3
	芙　蓉	0	400	0	0	0	0	0	0	0	400
	小　计	1133.764	1699.22	260.29	298	2134.834	2656.732	1666.2	1688.9	2121.3	13659.24
菌类药材	灵　芝	8.25	800	0	356	2.4	0	36.75	0	140	1343.4
	灰树花	0	0	0	0	500	0	0	0	0	500
	茯　苓	6.975	20	0	0	20	0	0	0	0	46.975
	猴头菇	0	0	0	0	0	0	0	0	0	0
	北冬虫夏草	0	0	0	0	0	0	0	0	0	0
	小　计	15.225	820	0	356	522.4	0	36.75	0	140	1890.375
合　计		1742.539	4243.92	803.256	768.405	2780.034	3184.795	1881.85	1842.5	4030.88	21278.099

7. 2013 年丽水市中药材种植产量表 （单位：吨 干品）

类型	品种	莲都	龙泉	青田	云和	庆元	缙云	遂昌	松阳	景宁	合计
木本药材	厚朴	166.8	384	16.08	179.4	177.2	409.64	252	240	2420	4245.12
	红豆杉	575.91	1674	465.21	5.4	8.1	303.75	27	27	189	3275.37
	杜 仲	5.64	15.9	7.2	11.25	6	20	10	0	72	147.99
	山 栀	0	0	0	0	0	1.5	0	0	125	126.5
	五加皮	0	0	110	0	0	0	0	0	0	110
	山茱萸	0	0	0	0	0.96	22.5	0	0	0	23.46
	柳叶蜡梅	0	0	15	0	0	0	0	10	0	25
	银 杏	0	0	12	0	0	0	0	0	13	25
	雷公藤	0	0	0	0	0	0	0	0	0	0
	山苍子	0	0	0	0	0	2.52	0	0	0	2.52
	肿节风	0	0	0	0	0	0	0	0	0	0
	吴茱萸	0	0	0	0	0	5.25	0	0	0	5.25
	秀球花	0	0	0	0	1.5	0	0	0	0	1.5
	花 椒	0	0	0	0	0	0	0	0	0	0
	小 计	748.35	2073.9	625.49	196.05	199.01	759.91	289	277	2819	7987.71
草本药材	栝 楼	773.96	396	34.65	192.5	1896.84	0	1276	1232	605	6406.95
	杜 瓜	26.3	0	82	0	6	0	0	230	0	344.3
	浙贝母	5.16	146.2	17.2	5.16	8.772	477.2	0	0	51.6	684.292
	元 胡	10.24	25.6	12.8	7.68	1.28	355.328	7.68	0	153.6	574.209
	白 术	8.58	110	0	24.2	34.32	313.72	0	22	462	974.82
	温郁金	70.95	9.9	0	49.5	17.49	13.2	62.04	0	0	223.08
	玄 参	13.2	16.5	6.6	0	0	27.39	0	0	0	63.69
	白 芍	0	0	0	0	0	0	0	0	0	未投产
	金银花	2	2	1.2	2	2	2.8	4	6	18	40
	处州白莲	123.755	0	0	0	0	0	0	0	0	123.755
	菊 米	0	0	0	0	0	0.33	217.8	0	0	218.13
	杭白菊	0	0	0	0	0	0	0	0	0	未投产
	薏 苡	0	191.4	0	0	167.2	1038.4	0	0	15.4	1412.4
	百 合	0	27.2	0	22.1	158.27	0	87.55	34	340	669.12
	山 药	0	100	0	0	0	0	0	0	400	500
	铁皮石斛	0	0	0	0	5	1	0	0	0	6
	西红花	0	0.0156	0.06	0	0.066	0.03	0.15	0	0	0.3216
	三叶青	0	0	0	0	0	0	0	0	0	0
	桔 梗	0	2.64	11	17.6	5.06	0	0	0	88	124.3

类型	品种	莲都	龙泉	青田	云和	庆元	缙云	遂昌	松阳	景宁	合计
草本药材	前　胡	0	18	0	12	0	0	6.24	0	0	36.24
	太子参	0.2	24.5	0	18.9	18	0	0	0	15	76.6
	玉　竹	0	0	0	0	0	0	0	0	0	0
	天　麻	0	0	0	0	0	2	0	0	0	2
	苦　参	0	0	0	0	0	0	0	0	0	0
	鱼腥草	25	115	105	0	0	0	38	30	0	313
	香茶菜	0	0	0	0	0	40	0	0	0	40
	覆盆子	12	0	0	0	3.5	5	0	0	0	20.5
	急性子	0	15	0	0	7.5	0	0	0	0	22.5
	何首乌	0	0	0	0	0	0	0	0	0	未投产
	重　楼	0	0	0	0	0	0	0	0	0	未投产
	射　干	0	0	0	0	3.6	0	0	0	0	3.6
	菊　芋	0	0	0	0	2.5	0	0	0	0	2.5
	香根芹	0	0	0	0	5.6	0	0	0	0	5.6
	地兰花	0	0	0	0	5	0	0	0	0	5
	玄　草	0	0	0	0	9.5	0	0	0	0	9.5
	紫珠草	0	0	0	688	0	0	0	0	0	688
	襄　荷	0	22.5	0	0	0	0	0	0	0	22.5
	蓖　麻	0	16.8	0	0	0	0	64.8	0	0	81.6
	三　棱	0	0	0	0	0	0	0	0	0	0
	泽泻	0	0	0	0	0	0	0	0	0	未投产
	芙　蓉	0	120	0	0	0	0	0	0	0	120
	金花葵	0	0	0	0	0	0	0	0	0	未投产
	三叶木通	0	0	0	0	0	0	0	0	0	未投产
	皇　菊	0.64	0	0	0	0	0	0	0	0	0.64
	黄　精	0	0	0	0	0	0	0	0	0	未投产
	牛　膝	0	0	0	0	0	0	0	0	0	未投产
	益母草	0	0	0	0	0	0	0	0	0	未投产
	决明子	0	0	0	0	0	0	0	0	60	60
	小　计	1071.985	1359.2556	270.51	1039.64	2357.498	2246.398	1764.26	1554	2208.6	13872.1466
菌类药材	灵　芝	8.25	800	0	356	2.4	0	36.75	0	140	1343.4
	灰树花	0	0	0	0	500	0	0	0	0	500
	茯　苓	6.975	20	0	0	20	0	0	0	0	46.975
	猴头菇	0	0	0	0	0	0	0	0	0	0
	北冬虫夏草	0	0	0	0	0	0	0	0	0	0
	小　计	15.225	820	0	356	522.4	0	36.75	0	140	1890.375
合　计		1835.56	4253.1556	896	1591.69	3078.908	3006.308	2090.01	1831	5167.6	23750.2316

8. 2014 年丽水市中药材种植产量表 （单位：吨 干品）

类型	品种	莲都	龙泉	青田	云和	庆元	缙云	遂昌	松阳	景宁	合计
木本药材	厚朴	166.8	384	16.08	179.4	181.6	409.64	252	240	2420	4249.52
	红豆杉	575.91	1674	465.21	5.4	8.1	303.75	27	27	189	3275.37
	杜仲	3.45	20.85	3.15	6.75	9	9.12	9	0	90	151.32
	山栀	0	0	0	0	0	1.5	0	0	125	126.5
	五加皮	0	0	110	0	0	0	0	0	0	110
	山茱萸	0	0	0	0	0.96	22.5	0	0	0	23.46
	柳叶蜡梅	0	0	15	0	0	0	0	10	0	25
	银杏	0	0	12	0	0	0	0	0	13	25
	雷公藤	0	0	0	0	0	0	0	0	0	0
	山苍子	0	0	0	0	0	2.52	0	0	0	2.52
	肿节风	0	0	0	0	0	0	0	0	0	0
	吴茱萸	0	0	0	0	5.25	0	0	0	0	5.25
	秀球花	0	0	0	0	1.5	0	0	0	0	1.5
	花椒	0	0	0	0	0	0	0	0	0	0
	（其他）	0	0	0	0	0	0	0	0	0	0
	青钱柳	0	0	0	0	0	0	1	0	0	1
	小 计	746.16	2078.85	621.44	191.55	206.41	749.03	289	277	2837	7995.44
草本药材	栝楼	773.96	357.5	34.65	116.16	1896.84	0	1276	1232	605	6292.11
	杜瓜	26.3	0	82	0	6	0	0	245	0	359.3
	浙贝母	5.43	117.65	18.1	19.91	10.86	470.6	0	0	61.54	704.09
	元胡	10.88	27.2	13.6	6.8	2.04	377.536	20.4	0	163.2	621.656
	白术	1.065	42.6	0	93.72	58.788	397.458	0	42.6	424.935	1061.166
	温郁金	70.95	16.5	0	60.06	17.49	0	0	0	0	165
	玄参	0	19.8	6.6	84.48	0	27.39	0	0	0	138.27
	白芍	0	0	0	0	0	0	0	0	0	未投产
	金银花	5.28	4	2.936	2.256	3.832	5.2	7.976	6.4	25.2	63.08
	处州白莲	151.75	0	0	0	0	0	0	0	0	151.75
	菊米	0	0	0	0	0	0.33	217.8	0	0	218.13
	杭白菊	0	0	0	0	0	0	0	0	0	未投产
	薏苡	0	110	0	0	167.2	1060.4	0	0	15.4	1353
	百合	3.78	118.8	36	23.4	194.76	0	153	72	432	1033.74
	山药	0	100	0	0	0	0	0	0	400	500
	铁皮石斛	3	6	0.5	0.1	12	3	0.5	2	0.5	27.6
	西红花	0	3.9	15	0	16.5	7.5	37.5	0	0	80.4
	三叶青	0	0	0	0	0	0	0	0	0	未投产

176

类型	品种	莲都	龙泉	青田	云和	庆元	缙云	遂昌	松阳	景宁	合计
草本药材	桔 梗	29.92	2.64	11	6.6	13.86	6.6	0	0	88	158.62
	前 胡	0	18	1.2	0	0	0	6.24	0	12	37.44
	太子参	0.5	24.5	0	10	18	0	0	8	15	76
	玉 竹	0	0	0	12.5	0	0	0	0	0	12.5
	天 麻	0	0	0	0	0	2	0	0	8	10
	鱼腥草	25	115	105	0	0	0	38	30	0	313
	香茶菜	0	0	0	0	0	40	0	0	0	40
	覆盆子	12	0	0	0	3.5	5	0	0	0	20.5
	急性子	0	15	0	0	0	0	0	0	0	15
	何首乌	0	0	0	0	0	0	0	0	0	未投产
	重 楼	0	0	0	0	0	0	0	0	0	未投产
	射 干	0	0	0	0	3.6	0	0	0	0	3.6
	香根芹	0	0	0	0	5.6	0	0	0	0	5.6
	紫珠草	0	0	0	896	0	0	0	0	0	896
	襄 荷	0	40	0	0	0	0	0	0	0	40
	蓖 麻	0	16.8	0	0	0	0	64.8	0	0	81.6
	芙 蓉	0	120	0	0	0	0	0	0	0	120
	三叶木通	0	0	0	0	0	0	0	0	0	未投产
	皇 菊	1.44	0	0	0	0	0	0	0	0	1.44
	黄 精	0	0	0	0	0	0	0	0	0	未投产
	牛 膝	0	0	0	0	0	0	0	0	0	未投产
	益母草	0	0	0	0	0	0	0	0	0	未投产
	决明子	0	0	0	0	0	0	0	0	20	20
	金线莲	2	0	0	0	0	0	0	0	0	2
	小 计	1123.255	1275.89	326.586	1331.986	2430.87	2403.014	1822.216	1638	2270.775	14622.592
菌类药材	灵 芝	0	931.5	0	34.5	34.5	0	120.75	0	115	1236.25
	灰树花	0	0	0	0	489	0	0	0	3	492
	茯 苓	9	30	0	27	120	0	0	0	36	222
	北冬虫夏草	0	0	0	0	0	0	0	0	0	0
	小 计	9	961.5	0	61.5	643.5	0	120.75	0	154	1950.25
合 计		1878.415	4316.24	948.026	1585.036	3280.78	3152.044	2231.966	1915	5261.775	24569.282

9. 2015 年丽水市中药材种植产量表 （单位：吨 干品）

类型	品种	莲都	龙泉	青田	云和	庆元	缙云	遂昌	松阳	景宁	合计
木本药材	厚朴	166.8	384	16.08	179.4	181.6	409.64	252	240	2420	4249.52
	红豆杉	575.91	1674	465.21	5.4	8.1	303.75	27	27	189	3275.37
	杜 仲	3.45	20.85	3.15	6.75	9	9.12	9	0	90	151.32
	山 栀	0	0	0	0	0	1.5	0	0	125	126.5
	五加皮	0	0	110	0	0	0	0	0	0	110
	山茱萸	0	0	0	0	0.96	22.5	0	0	0	23.46
	柳叶蜡梅	0	0	15	0	0	0	0	10	0	25
	银 杏	0	0	12	0	0	0	0	0	13	25
	雷公藤	0	0	0	0	0	0	0	0	0	0
	山苍子	0	0	0	0	0	2.52	0	0	0	2.52
	肿节风	0	0	0	0	0	0	0	0	0	0
	吴茱萸	0	0	0	0	5.25	0	0	0	0	5.25
	青钱柳	0	0	0	0	0	0	2	0	0	2
	小 计	746.16	2078.85	621.44	191.55	204.91	749.03	290	277	2837	7995.94
草本药材	栝 楼	773.96	357.5	34.65	116.16	1896.84	0	1276	1232	605	6292.11
	杜 瓜	26.3	0	82	0	6	0	0	245	0	359.3
	浙贝母	4.5	15	57	12	33	412.5	0	0	82.95	616.95
	元 胡	8	40	10	17	1.5	287.6	32.5	0	106.2	502.8
	白 术	17.68	42.6	0	54.53	58.788	376.16	0	42.6	382.34	974.698
	温郁金	70.95	31.35	0	69.96	17.49	0	0	0	0	189.75
	玄 参	0	19.8	6.6	84.48	0	27.39	0	0	0	138.27
	白 芍	0	0	0	0	0	0	0	0	0	0
	金银花	3.96	3	2.202	1.692	2.874	3.9	5.982	4.8	18.9	47.31
	处州白莲	181.75	0	0	0	10	5	0	0	0	196.75
	菊 米	0	0	0	0	0	0.33	217.8	0	0	218.13
	杭白菊	0	0	0	0	0	0	0	0	0	0
	薏 苡	0	110	0	0	167.2	1060.4	0	0	15.4	1353
	百 合	13.49	125.4	47.5	24.7	235.98	0	161.5	95	431.3	1134.87
	山 药	0	15	0	0	0	0	0	0	30	45
	铁皮石斛	15	30	6	1.5	27	4.5	1.5	4.5	3	93
	西红花	0	3.9	15	0	16.5	9.8	37.5	0	0	82.7
	三叶青	0	0	0	0	0	0	10	0	0	10
	桔 梗	0	2.64	11	6.6	13.86	6.6	0	0	88	128.7
	前 胡	0	18	1.2	0	0	0	6.24	0	12	37.44

类型	品种	莲都	龙泉	青田	云和	庆元	缙云	遂昌	松阳	景宁	合计
草本药材	太子参	0.5	24.5	0	10	18	0	0	8	15	76
	玉 竹	0	0	0	12.5	0	0	0	0	0	12.5
	天 麻	0	0	0	0	0	2	0	0	8	10
	鱼腥草	25	115	105	0	0	0	38	30	0	313
	覆盆子	12	0	0	0	3.5	5	0	0	0	20.5
	何首乌	0	0	0	0	0	0	0	0	0	0
	紫珠草	0	0	0	896	0	0	0	0	0	896
	皇 菊	2.75	0.4	0	0	0	0	0	0	0	3.15
	黄 精	0	1	0	0	5	0	0	0	0	6
	决明子	0	0	0	0	0	0	0	0	20	20
	金线莲	0	2	0	0	0	0	0	0	0	2
	小 计	1155.84	957.09	378.152	1307.122	2513.532	2201.18	1787.022	1661.9	1818.09	13779.928
菌类药材	灵 芝	0	931.5	0	34.5	34.5	0	63.25	0	25.3	1236.25
	灰树花	0	0	0	0	489	0	0	0	3	492
	茯 苓	9	30	0	27	120	0	0	0	36	222
	小 计	9	961.5	0	61.5	643.5	0	63.25	0	64.3	1950.25
合 计		1911	3997.44	999.592	1560.172	3361.942	2950.21	2140.272	1938.9	4719.39	23726.118

10. 2016 年丽水市中药材种植产量表 （单位：吨 干品）

类型	品种	莲都	龙泉	青田	云和	庆元	缙云	遂昌	松阳	景宁	合计
木本药材	厚朴	166.8	584	16.08	179.4	181.6	564.6	364	240	2420	4716.48
	红豆杉	575.91	1674	465.21	5.4	8.1	303.75	27	27	189	3275.37
	杜仲	3.45	20.85	3.15	6.75	9	9.12	9	0	90	151.32
	山栀	0	0	0	0	0	1.5	0	0	125	126.5
	五加皮	0	0	110	0	0	0	0	0	0	110
	山茱萸	0	0	0	0	0.96	22.5	0	0	0	23.46
	柳叶蜡梅	0	0	15	0	0	0	0	10	0	25
	银杏	0	0	12	0	0	0	0	0	13	25
	雷公藤	0	0	0	0	0	0	0	0	0	0
	山苍子	0	0	0	0	0	2.52	0	0	0	2.52
	肿节风	0	0	0	0	0	0	0	0	0	0
	吴茱萸	0	0	0	0	5.25	25	0	0	0	30.25
	青钱柳	0	0	0	0	0	0	3	0	0	3
	小 计	746.16	2278.85	621.44	191.55	204.91	928.99	403	277	2837	8488.9
草本药材	栝楼	753.12	60	37.8	30	1800	0	1272	1344	627.24	5924.16
	杜瓜	26.3	0	82	0	6	0	0	245	0	359.3
	浙贝母	8.1	23.4	104.4	14.4	77.4	415.8	9	0	94.5	747
	元胡	8.8	53.9	11	25.3	1.65	407.66	35.75	0	95.04	639.1
	白术	17.68	42.6	0	54.53	58.788	376.16	0	42.6	382.34	974.698
	温郁金	43.7	112.1	0	80.56	0	0	26.6	0	0	262.96
	玄参	0	19.8	6.6	84.48	0	27.39	0	0	0	138.27
	白芍	0	0	0	0	0	0	0	0	0	0
	金银花	3.96	3	2.202	1.692	2.874	3.9	5.982	4.8	18.9	47.31
	处州白莲	192.36	0	0	0	10	5	0	0	0	207.36
	菊米	0	0	0	0	0	0.33	217.8	0	0	218.13
	杭白菊	0	0	0	0	0	0	0	0	0	0
	薏苡	0	50	0	0	190	775	0	0	118.25	1133.25
	百合	15.62	140.8	55	28.6	273.24	0	187	110	475.2	1285.46
	山药	0	15	0	0	0	0	0	0	30	45
	铁皮石斛	36	46.8	5.4	3.6	27	9	3.6	7.2	5.4	144
	西红花	0	3.9	15	0	16.5	9.8	37.5	0	0	82.7
	三叶青	0	0	0	0	0	0	10	0	0	10
	桔梗	0	2.64	11	6.6	13.86	6.6	0	0	88	128.7
	前胡	0	18	1.2	0	0	0	6.24	0	12	37.44

类型	品种	莲都	龙泉	青田	云和	庆元	缙云	遂昌	松阳	景宁	合计
草本药材	玉竹	0	0	0	12.5	0	0	0	0	0	12.5
	天麻	0	0	0	0	0	2	0	0	8	10
	鱼腥草	25	115	105	0	0	0	38	30	0	313
	覆盆子	12	0.8	1.6	0.8	0.4	24	4	0.8	0	44.4
	何首乌	0	0	0	0	0	0	0	0	0	0
	紫珠草	0	0	0	896	0	0	0	0	0	896
	皇菊	3.12	0.56	0	0	0	0	0	0	0	3.68
	黄精	0	1	0	0	5	0	0	0	0	6
	决明子	0	0	0	0	0	0	0	0	20	20
	金线莲	0	2	0	0	0	0	0	0	0	2
	小　计	1146.26	735.8	438.202	1249.062	2500.712	2062.64	1853.472	1792.4	1989.87	13768.418
菌类药材	灵芝	0	865.72	0	34.5	34.5	0	63.25	0	25.3	1023.27
	灰树花	0	0	0	0	489	0	0	0	3	492
	茯苓	9	30	0	27	120	0	0	0	36	222
	小　计	9	895.72	0	61.5	643.5	0	63.25	0	64.3	1737.27
合　计		1901.42	3910.37	1059.642	1502.112	3349.122	2991.63	2319.722	2069.4	4891.17	23994.588

11. 2012年丽水市中药材种植产值表 （单位:万元）

类型	品种	莲都	龙泉	青田	云和	庆元	缙云	遂昌	松阳	景宁	合计
木本药材	厚朴	291.9	672	28.14	313.95	310.1	716.87	441	364	4235	7372.96
	红豆杉	369	1116	292.14	0	5.4	184.5	18	18	126	2129.04
	杜仲	4.512	20.67	5.76	22.5	7.8	24	13	0	82.8	181.042
	山栀	0	0	0	0	0	3.6	0	0	300	303.6
	五加皮	0	0	110	0	0	0	0	0	0	110
	山茱萸	0	0	0	0	4.608	45	0	0	0	49.608
	柳叶蜡梅	0	0	4	0	0	0	0	40	0	44
	银杏	0	0	7.2	0	0	0	0	0	13	20.2
	雷公藤	0	0	0	0	0	0	0	0	0	0
	山苍子	0	0	0	0	0	3.6792	0	0	0	3.6792
	肿节风	0	0	0	0	0	0	0	0	0	0
	吴茱萸	0	0	0	0	13.65	0	0	0	0	13.65
	秀球花	0	0	0	0	6	0	0	0	0	6
	花椒	0	0	0	0	0	0	0	0	0	0
	小计	665.412	1808.67	447.24	336.45	347.558	977.6492	472	422	4756.8	10233.7792
草本药材	栝楼	1794.18	945	94.5	528	4488.528	0	3062.4	2956.8	1391.5	15260.908
	杜瓜	83.457	0	316.2	0	3.64	0	0	360	0	763.297
	浙贝母	59.4	229.5	25.5	136.5	43.2	3457.44	211.2	0	485.76	4648.5
	元胡	19.68	150	6.75	22.5	0	2059.5	228	15	501.84	3003.27
	白术	12.675	400	0	10.5	2.1	855.6	0	25	1139.25	2445.125
	温郁金	88.74	0	0	0	41.34	19.788	59.22	0	0	209.088
	玄参	0	90	0	0	0	21.518	36.1	0	0	147.618
	白芍	6.16	0	0	0	0	0	0	0	0	6.16
	金银花	0	150	30	20	0	216	134.4	198	368.2	1116.6
	处州白莲	518.3825	0	0	0	0	0	0	0	0	518.3825
	菊米	0	0	0	0	0	3.6	2178	0	0	2181.6
	杭白菊	0	0	0	0	0	0	0	0	0	0
	薏苡	0	126	0	0	26.6	1062	0	0	7.56	1222.16
	百合	0	204	0	0	511.2	0	0	360	879.4968	1954.6968
	山药	10.45925	36	0	0	0	0	0	0	660.48	706.93925
	铁皮石斛	0	10	0	0	390	0	0	0	0	400
	西红花	0	0	300	0	42	30	795	0	0	1167
	三叶青	0	0	0	0	0	0	0	0	0	0
	桔梗	0	0	30	0	4.2	0	0	0	79.2	113.4
	前胡	0	56.25	0	53.2	0	0	0	0	46.2	155.65

类型	品种	莲都	龙泉	青田	云和	庆元	缙云	遂昌	松阳	景宁	合计
草本药材	太子参	0	72	0	36	0	0	0	0	99.6	207.6
	玉竹	0	0	0	0	0	0	0	0	0	0
	天麻	0	0	0	35	0	0	0	0	0	35
	苦参	0	0	0	0	0	0	0	0	0	0
	鱼腥草	3.795	345	110.25	0	0	0	0	36	0	495.045
	香茶菜	0	0	0	0	0	57.6	0	0	0	57.6
	覆盆子	36.1875	0	0	0	0	24.5	0	0	0	60.6875
	急性子	0	120	0	0	60	0	0	9.6	0	189.6
	何首乌	0	0	0	0	0.6	0	0	0	0	0.6
	重楼	0	0	0	0	0	0	0	0	0	0
	射干	0	0	0	0	8.64	0	0	0	0	8.64
	菊芋	0	0	0	0	2.5	0	0	0	0	2.5
	香根芹	0	0	0	0	5.6	0	0	0	0	5.6
	地兰花	0	0	0	0	0	0	0	0	0	0
	玄草	0	0	0	0	1.8	0	0	0	0	1.8
	紫珠草	0	0	0	0	0	0	0	0	0	0
	襄荷	0	8.4	0	0	0	0	0	0	0	8.4
	蓖麻	0	0	0	0	0	0	0	0	0	0
	三棱	0	0	0	0	0	0	0	0	0	0
	（其他）	0	0	0	0	6.3	0	0	0	0	6.3
	芙蓉	0	80	0	0	0	0	0	0	0	80
	小计	2633.11624	3022.15	913.2	841.7	5638.248	7807.546	6704.32	3960.4	5659.0868	37179.76705
菌类药材	灵芝	59.4	4500	0	40	12	0	477.75	0	1400	6489.15
	灰树花	0	0	0	0	2500	0	0	0	50	2550
	茯苓	9.0675	60	0	0	60	0	0	0	0	129.0675
	猴头菇	0	0	0	0	0	0	0	0	0	0
	北冬虫夏草	0	0	0	0	0	0	0	0	40	40
	小计	68.4675	4560	0	40	2572	0	477.75	0	1490	9208.2175
合计		3366.99575	9390.82	1360.44	1218.15	8557.806	8785.1952	7654.07	4382.4	11905.8868	56621.76375

12. 2013 年丽水市中药材种植产值表 （单位:万元）

类型	品种	莲都	龙泉	青田	云和	庆元	缙云	遂昌	松阳	景宁	合计
木本药材	厚朴	291.9	672	28.14	313.95	310.1	716.87	441	364	4235	7372.96
	红豆杉	369	1116	292.14	0	5.4	184.5	18	18	126	2129.04
	杜仲	4.512	20.67	5.76	22.5	7.8	24	13	0	82.8	181.042
	山栀	0	0	0	0	0	3.6	0	0	300	303.6
	五加皮	0	0	110	0	0	0	0	0	0	110
	山茱萸	0	0	0	0	4.608	45	0	0	0	49.608
	柳叶蜡梅	0	0	4	0	0	0	0	40	0	44
	银杏	0	0	7.2	0	0	0	0	0	13	20.2
	雷公藤	0	0	0	0	0	0	0	0	0	0
	山苍子	0	0	0	0	0	3.6792	0	0	0	3.6792
	肿节风	0	0	0	0	0	0	0	0	0	0
	吴茱萸	0	0	0	0	13.65	0	0	0	0	13.65
	秀球花	0	0	0	0	6	0	0	0	0	6
	花椒	0	0	0	0	0	0	0	0	0	0
	小　计	665.412	1808.67	447.24	336.45	347.558	977.6492	472	422	4756.8	10233.7792
草本药材	栝楼	1864.54	954	83.475	463.75	4569.66	0	3074	2968	1457.5	15434.925
	杜瓜	105.2	0	328	0	24	0	0	920	0	1377.2
	浙贝母	42	1190	140	42	71.4	3640	0	0	420	5545.4
	元胡	64	160	80	48	8	2220.8	48	0	960	3588.8
	白术	19.734	253	0	55.66	78.936	721.556	0	50.6	1062.6	2242.086
	温郁金	92.45	12.9	0	64.5	22.79	17.2	80.84	0	0	290.68
	玄参	12.8	16	6.4	0	0	26.56	0	0	0	61.76
	白芍	0	0	0	0	0	0	0	0	0	未投产
	金银花	20	20	12	20	20	28	40	60	180	400
	处州白莲	653.8	0	0	0	0	0	0	0	0	653.8
	菊米	0	0	0	0	0	3.96	2613.6	0	0	2617.56
	杭白菊	0	0	0	0	0	0	0	0	0	未投产
	薏苡	0	191.4	0	0	167.2	1038.4	0	0	15.4	1412.4
	百合	0	160	0	130	931	0	515	200	2000	3936
	山药	0	240	0	0	0	0	0	0	960	1200
	铁皮石斛	0	0	0	0	350	70	0	0	0	420
	西红花	0	71.5	275	0	302.5	137.5	687.5	0	0	1474
	三叶青	0	0	0	0	0	0	0	0	0	未投产
	桔梗	0	6	25	40	1.5	0	0	0	200	282.5
	前胡	0	45	0	30	0	0	15.6	0	0	90.6
	太子参	2	245	0	189	180	0	0	0	150	766
	玉竹	0	0	0	0	0	0	0	0	0	0

类型	品种	莲都	龙泉	青田	云和	庆元	缙云	遂昌	松阳	景宁	合计
草本药材	天麻	0	0	0	0	0	17.5	0	0	0	17.5
	苦参	0	0	0	0	0	0	0	0	0	0
	鱼腥草	25	115	105	0	0	0	38	30	0	313
	香茶菜	0	0	0	0	0	35	0	0	0	35
	覆盆子	84	0	0	0	24.5	35	0	0	0	143.5
	急性子	0	42	0	0	21	0	0	0	0	63
	何首乌	0	0	0	0	0	0	0	0	0	未投产
	重楼	0	0	0	0	0	0	0	0	0	未投产
	射干	0	0	0	0	18	0	0	0	0	18
	菊芋	0	0	0	0	6	0	0	0	0	6
	香根芹	0	0	0	0	11.2	0	0	0	0	11.2
	地兰花	0	0	0	0	15	0	0	0	0	15
	玄草	0	0	0	0	5.7	0	0	0	0	5.7
	紫珠草	0	0	0	178.88	0	0	0	0	0	178.88
	襄荷	0	9	0	0	0	0	0	0	0	9
	蓖麻	0	15.12	0	0	0	0	58.32	0	0	73.44
	三棱	0	0	0	0	0	0	0	0	0	0
	泽泻	0	0	0	0	0	0	0	0	0	未投产
	芙蓉	0	67.2	0	0	0	0	0	0	0	67.2
	金花葵	0	0	0	0	0	0	0	0	0	未投产
	三叶木通	0	0	0	0	0	0	0	0	0	未投产
	皇菊	281.6	0	0	0	0	0	0	0	0	281.6
	黄精	0	0	0	0	0	0	0	0	0	未投产
	牛膝	0	0	0	0	0	0	0	0	0	未投产
	益母草	0	0	0	0	0	0	0	0	0	未投产
	决明子	0	0	0	0	0	0	0	0	42	42
	小计	3267.124	3813.12	1054.875	1261.79	6838.386	7991.476	7170.86	4228.6	7447.5	43073.731
菌类药材	灵芝	59.4	4500	0	40	12	0	477.75	0	1400	6489.15
	灰树花	0	0	0	0	2500	0	0	0	50	2550
	茯苓	9.0675	60	0	0	60	0	0	0	0	129.0675
	猴头菇	0	0	0	0	0	0	0	0	0	0
	北冬虫夏草	0	0	0	0	0	0	0	0	40	40
	小计	68.4675	4560	0	40	2572	0	477.75	0	1490	9208.2175
合计		4001.0035	10181.79	1502.115	1638.24	9757.944	8969.1252	8120.61	4650.6	13694.3	62515.7277

13. 2014年丽水市中药材种植产值表 （单位：万元）

类型	品种	莲都	龙泉	青田	云和	庆元	缙云	遂昌	松阳	景宁	合计
木本药材	厚朴	291.9	672	28.14	313.95	317.8	716.87	441	420	4235	7436.66
	红豆杉	383.94	1116	310.14	3.6	5.4	202.5	18	18	126	2183.58
	杜仲	4.14	25.02	3.78	8.1	10.8	10.944	10.8	0	108	181.584
	山栀	0	0	0	0	0	3.6	0	0	300	303.6
	五加皮	0	0	110	0	0	0	0	0	0	110
	山茱萸	0	0	0	0	4.608	45	0	0	0	49.608
	柳叶蜡梅	0	0	4	0	0	0	0	40	0	44
	银杏	0	0	7.2	0	0	0	0	0	13	20.2
	雷公藤	0	0	0	0	0	0	0	0	0	0
	山苍子	0	0	0	0	0	3.6792	0	0	0	3.6792
	肿节风	0	0	0	0	0	0	0	0	0	0
	吴茱萸	0	0	0	0	13.65	0	0	0	0	13.65
	秀球花	0	0	0	0	6	0	0	0	0	6
	花椒	0	0	0	0	0	0	0	0	0	0
	青钱柳	0	0	0	0	0	0	100	0	0	100
	小　计	679.98	1813.02	463.26	325.65	358.258	982.5932	569.8	478	4782	10452.5612
草本药材	栝楼	1864.54	861.25	83.475	279.84	4569.66	0	3074	2968	1457.5	15158.265
	杜瓜	105.2	0	328	0	24	0	0	980	0	1437.2
	浙贝母	57	1235	190	209	114	4940	0	0	646	73.91
	元胡	62.4	156	78	39	11.7	2165.28	117	0	936	3565.38
	白术	2.45	98	0	215.6	135.24	914.34	0	98	977.55	2441.18
	温郁金	92.45	21.5	0	78.26	22.79	0	0	0	0	215
	玄参	0	21	7	89.6	0	29.05	0	0	0	146.65
	白芍	0	00	0	0	0	0	0	0	0	未投产
	金银花	52.8	40	29.36	22.56	38.32	52	79.76	64	252	630.8
	处州白莲	910.5	0	0	0	0	0	0	0	0	910.5
	菊米	0	0	0	0	0	5	3300	0	0	3305
	杭白菊	0	0	0	0	0	0	0	0	0	未投产
	薏苡	0	110	0	0	167.2	1060.4	0	0	15.4	1353
	百合	14.7	462	140	91	757.4	0	595	280	1680	4020.1
	山药	0	200	0	0	0	0	0	0	800	1000
	铁皮石斛	240	480	40	8	960	240	40	160	40	2208
	西红花	0	104	400	0	440	200	1000	0	0	2144
	三叶青	0	0	0	0	0	0	0	0	0	未投产
	桔梗	54.4	4.8	20	12	25.2	12	0	0	160	288.4
	前胡	0	45	3	0	0	0	15.6	0	30	93.6

类型	品种	莲都	龙泉	青田	云和	庆元	缙云	遂昌	松阳	景宁	合计
草本药材	太子参	4	196	0	80	144	0	0	64	120	608
	玉竹	0	0	0	35	0	0	0	0	0	35
	天麻	0	0	0	0	0	5	0	0	20	25
	苦参	0	0	0	0	0	0	0	0	0	0
	鱼腥草	25	115	105	0	0	0	38	30	0	313
	香茶菜	0	0	0	0	0	35	0	0	0	35
	覆盆子	144	0	0	0	42	60	0	0	0	246
	急性子	0	15	0	0	0	0	0	0	0	15
	何首乌	0	0	0	0	0	0	0	0	0	未投产
	重楼	0	0	0	0	0	0	0	0	0	未投产
	射干	0	0	0	0	0	0	0	0	0	未投产
	菊芋	0	0	0	0	0	0	0	0	0	0
	香根芹	0	0	0	0	11.2	0	0	0	0	11.2
	地兰花	0	0	0	0	0	0	0	0	0	0
	玄草	0	0	0	0	0	0	0	0	0	0
	紫珠草	0	0	0	230	0	0	0	0	0	230
	蘘荷	0	15	0	0	0	0	0	0	0	15
	蓖麻	0	15.12	0	0	0	0	58.32	0	0	73.44
	三棱	0	0	0	0	0	0	0	0	0	0
	泽泻	0	0	0	0	0	0	0	0	0	0
	芙蓉	0	67.2	0	0	0	0	0	0	0	67.2
	金花葵	0	0	0	0	0	0	0	0	0	0
	三叶木通	0	0	0	0	0	0	0	0	0	未投产
	皇菊	633.6	0	0	0	0	0	0	0	0	633.6
	黄精	0	0	0	0	0	0	0	0	0	未投产
	牛膝	0	0	0	0	0	0	0	0	0	未投产
	益母草	0	0	0	0	0	0	0	0	0	未投产
	决明子	0	0	0	0	0	0	0	0	20	20
	金线莲	0	200	0	0	0	0	0	0	0	200
	小计	4263.04	4461.87	1423.835	1389.86	7462.71	9718.07	8317.68	4644	7154.45	48835.515
菌类药材	灵芝	0	4698	0	174	174	0	608	0	580	6235
	灰树花	0	0	0	0	2608	0	0	0	16	2624
	茯苓	18	60	0	54	240	0	0	0	72	444
	猴头菇	0	0	0	0	0	0	0	0	0	0
	北冬虫夏草	0	0	0	0	0	0	0	0	40	40
	小计	18	4758	0	228	3022	0	609	0	708	9343
合计		4961.02	11032.89	1887.095	1943.51	10842.968	10700.6632	9496.48	5122	12644.45	68631.0762

14. 2015 年丽水市中药材种植产值表 （单位：万元）

类型	品种	莲都	龙泉	青田	云和	庆元	缙云	遂昌	松阳	景宁	合计
木本药材	厚朴	291.9	672	28.14	313.95	317.8	716.87	441	420	4235	7436.66
	红豆杉	383.94	1116	310.14	3.6	5.4	202.5	18	18	126	2183.58
	杜仲	4.14	25.02	3.78	8.1	10.8	10.95	10.8	0	108	181.59
	山栀	0	0	0	0	0	3.6	0	0	300	303.6
	五加皮	0	0	110	0	0	0	0	0	0	110
	山茱萸	0	0	0	0	4.61	45	0	0	0	49.61
	柳叶蜡梅	0	0	4	0	0	0	0	40	0	44
	银杏	0	0	7.2	0	0	0	0	0	13	20.2
	雷公藤	0	0	0	0	0	0	0	0	0	0
	山苍子	0	0	0	0	0	3.68	0	0	0	3.68
	肿节风	0	0	0	0	0	0	0	0	0	0
	吴茱萸	0	0	0	0	13.65	0	0	0	0	13.65
	青钱柳	0	0	0	0	0	0	200	0	0	200
	小计	679.98	1813.02	463.26	325.65	352.26	982.6	669.8	478	4782	10546.57
草本药材	栝楼	1864.54	861.25	83.475	279.84	4569.66	0	3074	2968	1457.5	15158.265
	杜瓜	105.2	0	328	0	24	0	0	980	0	1437.2
	浙贝母	54	180	684	144	396	4950	0	0	995.4	7403.4
	元胡	48	240	60	102	9	1725.6	195	0	637.2	3016.8
	白术	41.5	98	0	128	135.24	883	0	98	897.5	2281.24
	温郁金	92.45	40.85	0	91.16	22.79	0	0	0	0	247.25
	玄参	0	21	7	89.6	0	29.05	0	0	0	146.65
	白芍	0	0	0	0	0	0	0	0	0	0
	金银花	42.24	32	23.488	18.048	30.656	41.6	63.808	51.2	201.6	504.64
	处州白莲	1272.25	0	0	0	70	35	0	0	0	1377.25
	菊米	0	0	0	0	0	5	3300	0	0	3305
	杭白菊	0	0	0	0	0	0	0	0	0	0
	薏苡	0	110	0	0	167.2	1060.4	0	0	15.4	1353
	百合	71	660	250	130	1242	0	850	500	2270	5973
	山药	0	40	0	0	0	0	0	0	80	120
	铁皮石斛	900	1800	360	90	1620	270	90	270	180	5580
	西红花	0	104	400	0	440	280	1000	0	0	2224
	三叶青	0	0	0	0	0	0	400	0	0	400
	桔梗	0	4.8	20	12	25.2	12	0	0	160	234
	前胡	0	45	3	0	0	0	15.6	0	30	93.6

类型	品种	莲都	龙泉	青田	云和	庆元	缙云	遂昌	松阳	景宁	合计
草本药材	太子参	3	147	0	60	108	0	0	48	90	456
	玉　竹	0	0	0	35	0	0	0	0	0	35
	天　麻	0	0	0	0	0	5	0	0	20	25
	鱼腥草	25	115	105	0	0	0	38	30	0	313
	覆盆子	144	0	0	0	42	60	0	0	0	246
	何首乌	0	0	0	0	0	0	0	0	0	0
	紫珠草	0	0	0	230	0	0	0	0	0	230
	皇　菊	530	50	0	0	0	0	0	0	0	580
	黄　精	0	10	0	0	50	0	0	0	0	60
	决明子	0	0	0	0	0	0	0	0	20	20
	金线莲	0	200	0	0	0	0	0	0	0	200
	小　　计	5193.18	4758.9	2323.963	1409.648	8951.746	9356.65	9026.408	4945.2	7054.6	53020.295
菌类药材	灵　芝	0	4698	0	174	174	0	319	0	127	5492
	灰树花	0	0	0	0	2608	0	0	0	16	2624
	茯　苓	18	60	0	54	240	0	0	0	72	444
	小　　计	18	4758	0	228	3022	0	319	0	215	8560
合　　计		5891.16	11329.92	2787.223	1963.298	12326.006	10339.25	10015.208	5423.2	12051.6	72126.865

15. 2016年丽水市中药材种植产值表 （单位：万元）

类型	品种	莲都	龙泉	青田	云和	庆元	缙云	遂昌	松阳	景宁	合计
木本药材	厚朴	291.90	920	28.14	313.95	317.8	923.6	564	420	4235	8014.39
	红豆杉	383.94	1116	310.14	3.6	5.4	202.5	18	18	126	2183.58
	杜　仲	4.14	25.02	3.78	8.1	10.8	10.95	10.8	0	108	181.59
	山　栀	0	0	0	0	0	3.6	0	0	300	303.6
	五加皮	0	0	110	0	0	0	0	0	0	110
	山茱萸	0	0	0	0	4.61	45	0	0	0	49.61
	柳叶蜡梅	0	0	4	0	0	0	0	40	0	41
	银　杏	0	0	7.2	0	0	0	0	0	13	20.2
	雷公藤	0	0	0	0	0	0	0	0	0	0
	山苍子	0	0	0	0	0	3.68	0	0	0	3.68
	肿节风	0	0	0	0	0	0	0	0	0	0
	吴茱萸	0	0	0	0	13.65	200	0	0	0	213.65
	青钱柳	0	0	0	0	0	0	300	0	0	300
	小　　计	679.98	2061.02	463.26	325.65	352.26	1389.33	892.8	478	4782	11424.3
草本药材	栝　楼	1757.28	140	88.2	70	4200	0	2968	3136	1463.56	13823.04
	杜　瓜	105.2	0	328	0	24	0	0	980	0	1437.2
	浙贝母	72	208	928	128	688	3696	80	0	840	6640
	元　胡	44.8	274.4	56	128.8	8.4	2075.36	182	0	483.84	3253.6
	白　术	41.5	98	0	128	135.24	883	0	98	897.5	2281.24
	温郁金	92	236	0	169.6	0	0	56	0	0	553.6
	玄　参	0	21	7	89.6	0	29.05	0	0	0	146.65
	白　芍	0	0	0	0	0	0	0	0	0	0
	金银花	42.24	32	23.488	18.048	30.656	41.6	63.808	51.2	201.6	504.64
	处州白莲	1386.26	0	0	0	70	35	0	0	0	1491.26
	菊　米	0	0	0	0	0	5	3300	0	0	3305
	杭白菊	0	0	0	0	0	0	0	0	0	0
	薏　苡	0	56	0	0	212.8	868	0	0	132.44	1269.24
	百　合	78.1	704	275	143	1366.2	0	935	550	2376	6427.3
	山　药	0	40	0	0	0	0	0	0	80	120
	铁皮石斛	1800	2340	270	180	1350	450	180	60	270	7200
	西红花	0	104	400	0	440	280	1000	0	0	2224
	三叶青	0	0	0	0	0	0	400	0	0	400
	桔　梗	0	4.8	20	12	25.2	12	0	0	160	234
	前　胡	0	45	3	0	0	0	15.6	0	30	93.6

类型	品种	莲都	龙泉	青田	云和	庆元	缙云	遂昌	松阳	景宁	合计
草本药材	太子参	3	147	0	60	108	0	0	48	90	456
	玉　竹	0	0	0	35	0	0	0	0	0	35
	天　麻	0	0	0	0	0	5	0	0	20	25
	鱼腥草	25	115	105	0	0	0	38	30	0	313
	覆盆子	273	18.2	36.4	18.2	9.1	546	91	18.2	0	1010.1
	何首乌	0	0	0	0	0	0	0	0	0	0
	紫珠草	0	0	0	230	0	0	0	0	0	230
	皇　菊	650	120	0	0	0	0	0	0	0	770
	黄　精	0	10	0	0	50	0	0	0	0	60
	决明子	0	0	0	0	0	0	0	0	20	20
	金线莲	0	200	0	0	0	0	0	0	0	200
	小　计	6370.38	4913.4	2540.088	1410.248	8717.596	8926.01	9309.408	5271.4	7064.94	54523.47
菌类药材	灵　芝	0	5120	0	174	174	0	319	0	127	5914
	灰树花	0	0	0	0	2608	0	0	0	16	2624
	茯　苓	18	60	0	54	240	0	0	0	72	444
	小　计	18	5180	0	228	3022	0	319	0	215	8982
合　计		7068.36	12154.42	3003.348	1963.898	12091.856	10315.34	10521.208	5749.4	12061.94	74929.77

附 录（三）
正文第一章至第二十章黑白照片对应的彩照

彩图1-1　毛竹林下套种三叶青种植模式

彩图1-2　毛竹林下套种三叶青种植模式

彩图1-3　橘园套种三叶青

彩图1-4　葡萄套种三叶青

彩图2-1　铁皮石斛附生梨树仿野生栽培

彩图2-2　铁皮石斛附生梨树仿野生栽培

彩图2-3　铁皮石斛设施化栽培

彩图2-4　铁皮石斛设施化栽培

彩图 3-1　锥栗林下套种多花黄精种植　　　彩图 3-2　锥栗林下套种多花黄精种植

彩图 3-3　龙泉上垟黄精大田种植基地　　　彩图 3-4　龙泉上垟黄精大田种植基地

彩图 4-1　浙贝母-单季稻水旱轮作栽培　　　彩图 4-2　浙贝母-单季稻水旱轮作栽培

彩图 5-1 薏苡油菜轮作栽培

彩图 5-2 薏苡油菜轮作栽培

彩图 5-3 薏苡西瓜-荷兰豆套种栽培

彩图 5-4 薏苡西瓜-荷兰豆套种栽培

彩图 6-1 青钱柳套种旱稻栽培

彩图 6-2 青钱柳套种旱稻栽培

彩图 7-1 西红花-水稻轮作种植

彩图 7-2 西红花-稻鱼共生轮作高效种养